人工智能在农业中的应用研究

师　翊　赵　龙◎著

中国原子能出版社

图书在版编目（CIP）数据

人工智能在农业中的应用研究 / 师翊，赵龙著. –
北京：中国原子能出版社，2024.5
ISBN 978-7-5221-2152-9

Ⅰ. ①人… Ⅱ. ①师… ②赵… Ⅲ. ①人工智能–应
用–农业–研究 Ⅳ. ①S-39

中国国家版本馆 CIP 数据核字（2024）第 054862 号

人工智能在农业中的应用研究

出版发行	中国原子能出版社（北京市海淀区阜成路 43 号　100048）
责任编辑	张　磊
责任印制	赵　明
印　　刷	河北宝昌佳彩印刷有限公司
经　　销	全国新华书店
开　　本	787 mm×1092 mm　1/16
印　　张	18
字　　数	280 千字
版　　次	2024 年 5 月第 1 版　2024 年 5 月第 1 次印刷
书　　号	ISBN 978-7-5221-2152-9　　**定　价　98.00 元**

发行电话：010-88821568

前　言

随着信息时代的到来，人工智能在各个领域展现出巨大的发展潜力和应用前景。在多学科交叉融合的背景下，人工智能在农业领域发挥着越来越重要的作用。农业人工智能作为未来农业的发展方向，将为农业生产带来革命性的变革和突破。在传统的农业管理过程中，农民通常依靠经验和直觉进行作物管理和灾害预防，但效果有限。借助人工智能技术，农民可以基于大量农业数据进行分析和建模，预测农作物生长状况、病虫害发生等情况，为他们提供准确的决策依据。利用人工智能技术，还可以对不同农田进行精确的测量和分析，了解每块土地的特征、质量和适合种植的作物类型。同时，通过结合无人机、卫星遥感等技术，可以实现对农田的高精度定位和监测，为农民提供精准的施肥、灌溉、植保等农事服务。应用人工智能技术可以挖掘农业领域的大数据，进行深度学习和模型训练，不断提升预测和分析的准确性和效果。加强对农业人工智能技术的研发和应用，将有助于促进我国农业的现代化转型，提高农业生产效率，提升农业产业竞争力，推动农业的可持续发展。

本书主要介绍人工智能在农业中的应用，全书包含六章。第一章为绪论，介绍了农业人工智能的产生与发展。第二章和第三章涵盖了农业人工智能相关的技术。第四章探讨了设施农业的发展及其相关应用。第五章介绍了动物水产农业中的人工智能技术。第六章则专注于无人农场的发展与应用。

本书由河南科技大学师翊和赵龙共同撰写完成，其中师翊撰写 14 万字，赵龙撰写 14 万字。本书受到国家自然科学基金青年基金项目（项目编号：52309050）、河南省重点研发与推广专项（科技攻关）项目（项目编号：232102110264、222102110452）的资助。

由于作者水平有限，书中难免存在不足之处，诚恳希望广大读者能提出宝贵的批评与建议。

师　翊

2023 年 12 月

目 录

第一章 绪论……1

第一节 传统农业与现代农业的主要研究内容……1

一、传统农业的研究内容……1

二、现代农业的研究内容……2

第二节 农业人工智能的主要研究内容和任务……4

一、人工智能的概念……4

二、农业人工智能主要研究任务……5

三、人工智能在农业现代化的应用价值……5

四、农业人工智能的技术……5

第三节 农业人工智能的产生与发展……9

一、农业人工智能的发展阶段……10

二、从农业 1.0 到农业 4.0……14

第四节 农业人工智能的机遇和挑战……16

一、农业的“卡脖子”问题及相关措施……17

二、大数据等技术带来的机遇和挑战……19

三、人工智能的发展带来的机遇和挑战……23

四、国家粮食安全战略带来的机遇和挑战……25

五、城市化发展带来的机遇和挑战……26

第二章　农业人工智能技术基础……33
第一节　农业人工智能技术概述……33
一、人工智能简介……33
二、人工智能在农业领域的应用分析……34
三、人工智能在农业领域的应用优势……35
四、农业人工智能的应用实例……36
五、人工智能机械在农业的应用……37
第二节　农业人工智能框架……40
一、农业人工智能框架设计原则……40
二、农业人工智能框架的主要技术……40
三、农业人工智能技术框架的构建……45
四、农业人工智能主要算法……46
第三节　农业数据采集与获取……49
一、中国农业数据的相关介绍……49
二、精确农业……51
三、物联网简介……52
四、农业物联网的介绍……52
五、农业物联网的主要应用场景……54
六、农业物联网技术应用……54
第四节　农业人工智能决策……56
一、云计算技术……56
二、数据挖掘……60
三、机器学习……64
第五节　农业人工智能应用……66
一、农业人工智能在农业机械方面应用……66
二、农业人工智能在信息方面应用……68
三、农业人工智能应用于水利方面……70

四、农业人工智能在病虫害防治方面的应用 …………………… 72
五、农业人工智能在农业生产方面的应用 ……………………… 76

第三章 农田人工智能技术 ………………………………………… 80
第一节 农业人工智能技术的概述 ……………………………… 80
一、智能感知技术 ………………………………………………… 81
二、农业物联网技术 ……………………………………………… 82
三、智能装备系统 ………………………………………………… 83
四、专家系统 ……………………………………………………… 84
五、农业认知计算 ………………………………………………… 85
第二节 农业育种技术 …………………………………………… 85
一、育种技术和现代农业生产概述 ……………………………… 85
二、杂交育种 ……………………………………………………… 89
三、诱变育种 ……………………………………………………… 90
四、回交育种 ……………………………………………………… 91
五、DNA 重组育种 ………………………………………………… 91
六、基因编辑技术在农业作物育种上的应用 …………………… 93
第三节 农业病虫害识别技术 …………………………………… 96
一、农业病害预警概述 …………………………………………… 97
二、农业病害预警关键技术 ……………………………………… 98
第四节 农业机械自动导航技术 ………………………………… 102
一、农业机械化自动导航技术发展趋势 ………………………… 102
二、农业机械化自动导航技术研究 ……………………………… 103
三、自动导航技术在农业机械化中的应用价值 ………………… 104
四、农机导航智能控制系统应用探讨 …………………………… 105
第五节 农业作业智能测控 ……………………………………… 108
一、农机智能检测系统概述 ……………………………………… 108

二、农机检测系统背景分析……110
三、农机监测管理系统需求分析……114
四、农机监测管理系统的设计……119
五、数据分析子系统设计……123
第六节 农用无人机平台……125
一、建设植保无人机调度平台的必要性……126
二、植保无人机调度平台的建设原则……127
三、植保无人机调度平台架构及各组件功能……127
四、植保无人机调度平台的发展建议……128

第四章 设施农业人工智能技术……130
第一节 设施农业人工智能技术的概述……130
一、外国设施农业发展现状与趋势……134
二、我国设施农业发展概况与趋势……137
第二节 设施农业专家系统……143
一、发展概述……143
二、专家系统研究现状……144
三、模糊专家系统……145
第三节 设施农业环境调控技术……147
一、设施光环境及其调控……147
二、设施温度环境及其调控……153
三、设施湿度环境及其调控……158
四、设施环境的综合调控……164
第四节 水肥一体化……169
一、水肥一体化概述……169
二、水肥一体化的价值体现……174
三、水肥一体化相关装置……175

四、水肥一体化主要技术体系 …………………………………176
五、水肥一体化其他相关技术 …………………………………177
第五节 设施农业典型农业机器人 ………………………………178
一、茄果类嫁接机器人 …………………………………………179
二、果蔬采摘机器人 ……………………………………………180
三、除草机器人……………………………………………………181
四、农产品分拣机器人 …………………………………………182
第六节 果蔬采收无损检测技术 …………………………………183
一、无损检测技术研究进展 ……………………………………184
二、无损检测技术应用 …………………………………………185

第五章 动物水产农业人工智能技术 ………………………………189
第一节 动物水产养殖人工智能技术的概述 ……………………189
一、智能水产养殖背景 …………………………………………189
二、水产智能养殖概述 …………………………………………190
三、动物水产养殖的现状分析 …………………………………192
四、水产生物生命信息获取 ……………………………………194
五、水产生物生长调控与决策 …………………………………196
六、疾病预测与诊断 ……………………………………………197
第二节 动物水产养殖环境监控 …………………………………198
一、基于物联网的水质监控系统 ………………………………198
二、基于 LoRa 的水产养殖水质监控系统设计 ………………204
第三节 动物水产养殖精细喂养决策 ……………………………210
一、动物水产养殖精细喂养决策分析 …………………………210
二、精细喂养决策系统 …………………………………………211
第四节 动物水产养殖疾病预警和远程诊断 ……………………212
一、水产养殖疾病方面面临的问题 ……………………………212

二、远程疾病诊断原理 …… 213
三、全国远诊网 …… 214
四、基于专家系统的疾病诊断 …… 217
第五节　水产养殖管理专家系统 …… 221
一、专家系统简介 …… 221
二、专家系统设计 …… 221
三、专家系统在水产中的应用 …… 223
四、基于 BP 神经网络的水产养殖专家系统 …… 225

第六章　无人农场人工智能技术 …… 227
第一节　无人农场人工智能技术 …… 227
一、概述 …… 227
二、无人农场类型 …… 228
三、无人农场系统 …… 229
四、无人农场人工智能技术 …… 231
五、农业人工智能的主要技术 …… 232
第二节　农业 3S 技术 …… 234
一、3S 技术概括 …… 235
二、3S 技术分别在精准农业中的应用 …… 236
三、3S 技术在农业方面的应用 …… 237
四、3S 技术在农业应用上的不足 …… 238
五、促进 3S 技术在农业方面应用的对策 …… 239
第三节　无人化农业 …… 241
一、无人化农业在我国的发展现状 …… 241
二、无人化农业的基本内涵 …… 241
三、国内外无人化农机设备发展 …… 242
四、无人化农机的升级发展策略 …… 244

五、无人机在现代农业中的应用 ……245
第四节 云计算和大数据平台 ……246
一、云计算概念及特点 ……247
二、云计算技术在农业中的应用 ……250
三、大数据技术的概述 ……253
四、农业大数据……253
五、智慧农业中的大数据 ……257

参考文献……261

第一章 绪 论

农业是人们的衣食之源，也是生命之本，还是国家重要的经济命脉，也是国家稳定、长治久安的重要保证。2021 年中央一号文件《中共中央 国务院关于全面推进乡村振兴加快农业农村现代化的意见》（以下简称《意见》）提出，要“发展智慧农业，建立农业农村大数据体系，推动新一代信息技术与农业生产经营深度融合”[1]。由此可见，人工智能在未来农业发展中必大有可为，也必定大有作为。

第一节 传统农业与现代农业的主要研究内容

一、传统农业的研究内容

传统农业是在自然经济条件下，采用人力、畜力、手工工具、铁器等为主的手工劳动方式，靠世代积累下来的传统经验发展，以自给自足的自然经济居主导地位的农业，其基本特征如图 1-1 所示。

传统农业的思想包括以下 3 方面特征。

1. 发展“三才”论，树立生态系统与经济系统和谐的生态农业思想。

2. 实行因地制宜、因时制宜、因物制宜，强调农业生产的特殊性，要

按照天时、地利和农作物三者的不同特征，采取行之有效、各自相宜的生产技术，创造灵活多样的生态农业模式。

3. 尊重自然界生存发展规律，重视物质的循环利用，将各种农业废弃物处理后转变成肥料，使其资源化、变废为宝，形成良性循环。

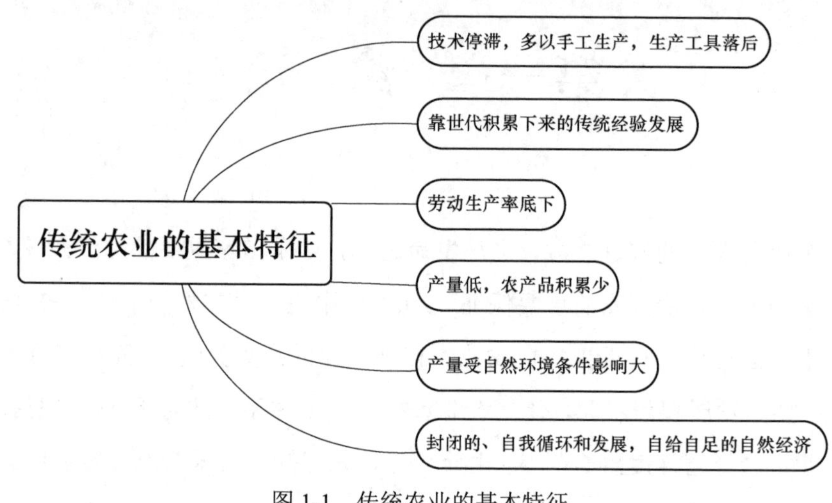

图 1-1　传统农业的基本特征

二、现代农业的研究内容

现代农业是在现代工业和现代科学技术基础上发展起来的农业，其主要特征是广泛地运用现代科学技术，由顺应自然变为自觉地利用自然和改造自然，由凭借传统经验变为依靠科学，成为科学化的农业，走上了区域化、专业化的道路，由自然经济变为高度发达的商品经济，成为商品化、社会化的农业。

（一）现代农业的标准

1. 农业基础设施现代化，大大增强抗御自然灾害的能力，形成稳产高产的农田和自然环境保障体系。

2. 农业生产手段现代化，普遍实现了机械化电气化，劳动生产率高，建立起发达的保障体系，使化肥、农药、农膜朝着高效，低毒、低污染的方向发展。

3. 农业科学技术现代化，科学技术不但在农业生产领域得到广泛应用，并且具有不断吸纳应用先进科学技术的机制。例如以色列科技水平很高，每立方米的水每年可生产 500 kg 鱼，并且这些水还可以循环利用。

4. 农业经济结构现代化，形成了具有市场竞争力和规模的农业支柱产业，品牌产品和特色农业产业带。

5. 劳动者素质现代化。现代农业要求劳动者具有一定的专业知识，具有较强的现代市场意识和管理才能，能熟练地使用农业先进机械和设备，达到的劳动生产率高。例如：荷兰农民中受过高等教育的比比皆是，博士硕士不乏其人，其农业最大特点是科研与生产紧密结合。

6. 农业资源环境现代化。用现代化的手段保护农业资源环境，始终把环境保护摆在第一位，使农村变得整齐、洁净。

（二）现代农业的基本特征

1. 标准化。现代农业讲究的是科学种植，什么样的土壤，什么样的气候，适宜种什么，什么时候种，耕作密度是多少，田间怎样管理，怎样收获晾晒，怎样储存等等，都有标准可循，用标准来保证农产品质量。

2. 专业化。现代农业的育种、种植、肥料、收获、粮食加工等都不指望一家一户，或一个企业来完成整个产业链，而是由各专业公司负责，这有助于充分利用农业资源，使农业的效益最大化。

3. 规模化。现代农业中一个现代人的能力完全可以种几百亩上千亩地。这要通过生产过程的机械化来完成。从种植到餐桌所有环节，大面积采用机械化电气化作业，使农产品的生产、加工、销售等各环节走向一体化，追求的是规模效益。

4. 企业化。现代农业是社会化大生产，使用的是企业化模式，所有商品的经营几乎都是由企业来完成。面向市场来组织生产的，是为了卖而生产的，从投入到产出到消费的经营行为都要在市场上来实现，农民单打独斗的经营方式将退出历史舞台。

5. 智能化和多元化。在现代农业中，劳动者不仅有丰富的生产和管理经验，而且手段要智能化能动化。现代农业不仅追求产量目标，而且追求质量目标；不仅追求经济效益，而且追求社会效益和生态效益。

（三）传统农业与现代农业区别

1. 传统农业生产水平低、剩余少、积累慢，产量受自然环境条件影响大。现代农业受自然条件限制小。

2. 传统农业采用简单的农用工具和机械，挖井修渠灌溉、人工沤肥、平整土地和修筑梯田，播种经济作物，广泛养殖家禽家畜，而现代农业采用农用机械、人工育种，现代化水利设施、温室大棚、无土栽培等技术。

3. 现代农业广泛应用现代科学技术，较传统农业更加先进、高产。

4. 传统农业主要是利用人力和畜力。而现代农业是利用现代机械技术、现代生物化学技术和现代管理技术，很大程度地解放了人力，畜力。

第二节　农业人工智能的主要研究内容和任务

一、人工智能的概念

人工智能即 AI，其英文全称为 Artificial Intelligence。人工智能的概念要从人工和智能两方面来了解，所谓人工就是指人工智能脱胎于人类的文明，是人类智慧的产物；而智能则是指具有人工智能的计算机或其他电子设备可以模拟人类的智能行为和思维方式，人工智能是计算机科学的一个分支，它的近期主要目标在于研究用机器来模仿和执行人脑的某些智能功能，并开发相关理论和技术。

人工智能学科研究的主要内容包括：知识表示、自动推理和搜索方法、机器学习和知识获取、知识处理系统、自然语言理解、计算机视觉、智能机器人、自动程序设计等方面。

二、农业人工智能主要研究任务

怎样提高劳动生产率，提高资源利用率，土地产出率。

如何增强农业抗风险能力，保障国家粮食安全和生态安全。

怎样实现农业可持续发展，促进从传统农业向现代农业的跨越。

三、人工智能在农业现代化的应用价值

在农业生产过程中，人工智能有助于优化农业生产，提高农业生产的质量和效率。利用人工智能模拟和分析作物和环境数据，实现农作物生产精准管控。

在农业部门中，人工智能可以缓解农业融资的问题。针对农产品供求不平衡和信息不对称的问题，建立一个农产品价格预测智慧模型，引导农业生产主体对生产能力进行动态调整，从而降低成本[2]。

人工智能可以进行农产品质量分拣和产品溯源。在各种微电子系统、纳米技术、传感器、现场快速检测技术、数据远程传输与处理技术等加持下，农产品检验检测系统趋向小型化和智能化，溯源技术走向精准化、集成化和物联化，可以实现农产品质量全程追踪与管控。

四、农业人工智能的技术

农业人工智能是多种信息技术的集成及其在农业领域的交叉应用，其技术范畴涵盖了智能感知、物联网、智能装备、专家系统、农业认知计算等。

（一）智能感知技术

智能感知技术是农业人工智能的基础，其技术领域涵盖了传感器、数据

分析与建模、图谱技术和遥感技术等。

传感器赋予机器感受万物的功能，是农业人工智能发展的一项关键技术[3]。多种传感器组合在一起，使得农情感知的信息种类更加多元化，对于智慧农业至关重要[4]。得益于三大传感器技术（传感器结构设计、传感器制造技术、信号处理技术）的发展，现在可以测量以前无法获取的数据，并得到影响作物产量、品质的多重数据，进而辅助决策[5]。当前在农业中使用较多的有温湿度传感器、光照度传感器、气体传感器、图像传感器、光谱传感器等，而检测农作物营养元素、病虫害的生物传感器较少。通过图像传感器获取动植物的信息，是目前农业人工智能广泛使用的感知方式。

深度学习算法是图像的农情分析与建模的利器。当前基于深度学习的农业领域应用较广泛，如植物识别与检测、病虫害诊断与识别、遥感区域分类与监测、果实载体检测与农产品分级、动物识别与姿态检测领域等[6]。深度学习无需人工对图像中的农情信息进行提取与分类，但其有效性依赖于海量的数据库。农业相关信息的数据缺乏，是深度学习在农业领域发展的主要瓶颈。

可见光波段可获得农情的局部信息，而成像与光谱相结合的图谱技术，可获得紫外光、可见光、近红外光和红外光区域的图像信息。其中，高光谱成像技术可以探测目标的二维几何空间和光谱信息，获得百位数量级高分辨率的窄波段图像数据；多光谱成像技术对不同的光谱分离进行多次成像，通过不同光谱下物体吸收和反射的程度，来采集目标对象在个位或十位数量级的光谱图像。基于多光谱图像和高光谱图像的农情解析，可有效弥补可见光图像感知的不足。

（二）农业物联网技术

农业物联网可以实时获取目标作物或农业装置设备的状态，监控作业过程中，实现设备间、设备与人的泛在连接，做到对网络上各个终端、节点的智能化感知、识别和精准管理。农业物联网将成为全球农业大数据共享的神经脉络，是智能化的关键一环。

随着人工智能应用领域的拓展，越来越多的应用和设备在边缘和端设备上开发部署[7]，且更加注重实时性，边缘计算成为新兴万物互联应用的支撑平台。对于农业应用领域，智能感知与精准作业一体化的系统尤其需要边缘智能，无人机精准施药是边缘人工智能的最佳应用场景。物联网设备类型复杂多样、数量庞大且分布广泛，由此带来网络速度、计算存储、运行维护管理等诸多挑战[8]。

云计算技术在物联网领域并非万能，但边缘计算可以拓展云边界，云端又具备边缘节点所没有的计算能力，两者可形成天然的互补关系[9-10]。将云计算、大数据、人工智能的优势拓展到更靠近端侧的边缘节点，打造云—边—端一体化的协同体系，实现边缘计算和云计算的融合才能更好解决物联网的实际问题[11]。

多个功能节点之间通过无线通信形成一个连接的网络，即无线传感器网络（Wireless Sensor Network，WSN）。无线传感器网络主要包括传感器节点和 Sink 节点[12]，采用 WSN 建设农业监测系统，全面获取风、光、水、电、热和农药喷施等数据，实现实时监测与调控，可有效提高农业集约化生产程度和生产种植的科学性，为作物产量提高与品质提升带来极大的帮助[13]。

（三）智能装备系统

智能装备系统是先进制造技术、信息技术和智能技术的集成和深度融合。针对农业应用需求，融入智能感知和决策算法，结合智能制造技术等，诞生出如农业无人机、农业无人车、智能收割机、智能播种机和采摘机器人等智能装备。

无人机融合 AI 技术，能有效解决大面积农田或果园的农情感知及植保作业等问题。从植保到测绘，农业无人机的应用场景正在不断延伸。如极飞科技的植保无人机，它具有一键启动、精准作业和自主飞行等能力，真正实现了无人机技术在喷施和播种等环节的应用，从而为农业生产者降本增效[14]。无人车利用了包括雷达、激光、超声波、GPS、里程计、计算机视觉等多种技术来感知周边环境，通过先进的计算和控制系统，来识别障碍物和各种标识牌，规划合适的路径来控制车辆行驶，在精准植保、农资运输、自动巡田、防疫消杀等领域有广阔的发展空间[15]。农业机器人可应用于果园采摘、植保作业、巡查、信息采集、移栽嫁接等方面[16]，其中果蔬采摘机器人如图 1-2 所示。

图 1-2　果蔬采摘机器人

（四）专家系统

专家系统是一个智能计算机程序系统，其内部集成了某个领域专家水平的知识与经验，能够以专家角度来处理该领域问题[17]。在农业领域，许多问题的解决需要相当的经验积累与研究基础。农业专家系统利用大数据技术将相关数据资料集成数据库，通过机器学习建立数学模型，从而进行启发式推理，能有效地解决农户所遇到的问题，科学指导种植。农业知识图谱、专家问答系统可将农业数据转换成农业知识，解决实际生产中出现的问题[18]。

农业生产涉及的因素复杂，因地域、季节、种植作物的不同需要差异对待，还与生产环境、作业方式和工作量等息息相关。目前人工智能在农业上的应用缺乏有关联性的深度分析，多数只停留在农情数据的获取与表层解析，缺乏农业生产规律的挖掘，研究与实际应用有出入，对农户的帮助甚微。农业知识图谱可以将多源异构信息连接在一起，构成复杂的关系网络，提供多维度分析问题的能力，是挖掘农业潜在价值的智能系统[19]。

专家问答系统（Question Answering System，QA）是信息检索系统的一种高级形式，它能用准确、简洁的自然语言回答用户用自然语言提出的问题，是人工智能和自然语言处理领域中一个备受关注并具有广泛发展前景的研究方向[20]。专家问答系统的出现，可以模拟专家一对一解答农户疑问，为农户提供快速、方便、准确的查询服务和知识决策。知识图谱与问答系统相结合，将成为一个涵盖知识表示、信息检索、自然语言处理等的新研究方向[21]。但这类系统的开发应用多数是针对一个特定的对象，系统内容一经确定就很难改变，是一种静态的系统。而在实际的农业生产中，一方面病虫害的种类在不断发生变化，另一方面由于抗药性及环境条件等影响因素的变化使得同一种病虫害的发生为害特点也在不断地变化。因此结合农业病虫害的发生为害特点，开发一种动态、开放的病虫害预测预报专家系统平台是十分必要的[22]。

（五）农业认知计算

认知计算模仿、学习人类的认知能力，从而实现自主学习、独立思考，为人们提供类似“智库”的系统，具有甚至超越人类的认知能力。该系统主要通过采集、处理和理解人类能力受限的大规模数据，辅助农业生产和贸易等活动、减少参与农业任务的人工、提高作业效率，基于认知分析提供农业领域的决策支持，推动智慧农业发展。目前认知计算在农业领域内的研究尚未形成规模，但因具有强人工智能特性，应用前景乐观。

第三节 农业人工智能的产生与发展

人工智能（Artificial Intelligence），一般称为AI。它是一门用于研究、开发用于模拟、延伸和扩展人的智能的理论、方法、技术及应用系统的一门新的技术科学。顾名思义，也就是人通过工作而出现的一种高端智能科学。

一、农业人工智能的发展阶段

（一）孕育阶段

这个阶段主要是指 1956 年以前。自古以来，人们就一直试图用各种机器来代替人的部分脑力劳动，以提高人们征服自然的能力，其中对人工智能的产生、发展有重大影响的主要研究成果包括：

早在公元前 384—公元前 322 年，伟大的哲学家亚里士多德（Aristotle）就在他的名著《工具论》中提出了形式逻辑的一些主要定律，他提出的三段论至今仍是演绎推理的基本依据。

英国哲学家培根（F.Bacon）曾系统地提出了归纳法，还提出了“知识就是力量”的警句。这对于研究人类的思维过程，以及自 20 世纪 70 年代人工智能转向以知识为中心的研究都产生了重要影响。

德国数学家和哲学家莱布尼茨（G.W.Leibniz）提出了万能符号和推理计算的思想，他认为可以建立一种通用的符号语言以及在此符号语言上进行推理的演算。这一思想不仅为数理逻辑的产生和发展奠定了基础，而且是现代机器思维设计思想的萌芽。

英国逻辑学家布尔（C.Boole）致力于使思维规律形式化和实现机械化，并创立了布尔代数。他在《思维法则》一书中首次用符号语言描述了思维活动的基本推理法则。

英国数学家图灵（A.M.Turing）在 1936 年提出了一种理想计算机的数学模型，即图灵机，为后来电子数字计算机的问世奠定了理论基础。

美国神经生理学家麦克洛奇（W.McCulloch）与数理学家皮兹（W.Pitts）在 1943 年建成了第一个神经网络模型（M-P 模型），开创了微观人工智能的研究领域，为后来人工神经网络的研究奠定了基础。

美国爱荷华州立大学的阿塔纳索夫（Atanasoff）教授和他的研究生贝瑞（Berry）在 1937 年至 1941 年间开发的世界上第一台电子计算机“阿塔纳索

夫-贝瑞计算机（Atanasoff-Berry Computer，ABC）”为人工智能的研究奠定了物质基础。需要说明的是：世界上第一台计算机不是许多书上所说的由美国的莫克利和埃柯特在1946年发明。

由上面的发展过程可以看出，人工智能的产生和发展绝不是偶然的，它是科学技术发展的必然产物。

（二）形成阶段

这个阶段主要是指1956—1969年。1956年夏季，由当时达特茅斯大学的年轻数学助教、现任斯坦福大学教授麦卡锡（J.McCarthy）联合哈佛大学年轻数学和神经学家、麻省理工学院教授明斯基（M.L.Minsky），IBM公司信息研究中心负责人罗切斯特（N.Rochester），贝尔实验室信息部数学研究员香农（C.E.Shannon）共同发起，邀请普林斯顿大学的莫尔（T.More）和IBM公司的塞缪尔（A.L.Samuel）、麻省理工学院的塞尔夫里奇（O.Selfridge）和索罗莫夫（R.Solomonff）以及兰德（RAND）公司和卡内基梅隆大学的纽厄尔（A.Newell）、西蒙（H.A.Simon）等在美国达特茅斯大学召开了一次为时两个月的学术研讨会，讨论关于机器智能的问题。会上经麦卡锡提议正式采用了“人工智能”这一术语。麦卡锡因而被称为人工智能之父。这是一次具有历史意义的重要会议，它标志着人工智能作为一门新兴学科正式诞生了。此后，美国形成了多个人工智能研究组织，如纽厄尔和西蒙的Carnegie-RAND协作组，明斯基和麦卡锡的MIT研究组，塞缪尔的IBM工程研究组等。

自这次会议之后的10多年间，人工智能的研究在机器学习、定理证明、模式识别、问题求解、专家系统及人工智能语言等方面都取得了许多引人注目的成就，例如：

在机器学习方面，1957年Rosenblatt研制成功了感知机。这是一种将神经元用于识别的系统，它的学习功能引起了广泛的兴趣，推动了连接机制的研究，但人们很快发现了感知机的局限性。

在定理证明方面，1958 年，美籍华人数理逻辑学家王浩在 IBM-704 机器上用 3～5 min 证明了《数学原理》中有关命题演算的全部定理（220 条），并且还证明了谓词演算中 150 条定理的 85%，1965 年鲁宾逊（J.A.Robinson）提出了归结原理，为定理的机器证明做出突破性的贡献。

在模式识别方面，1959 年塞尔夫里奇推出了一个模式识别程序，1965 年罗伯特（Roberts）编制出了可分辨积木构造的程序。

在问题求解方面，1960 年，纽厄尔等人通过心理学试验总结出了人们求解问题的思维规律，编制了通用问题求解程序（General Problem Solver，GPS），可以用来求解 11 种不同类型的问题。

在专家系统方面，美国斯坦福大学的费根鲍姆（E.A.Feigenbaum）领导的研究小组自 1965 年开始专家系统 DENDRAL 的研究，1968 年完成并投入使用。该专家系统能根据质谱仪的实验，通过分析推理决定化合物的分子结构，其分析能力已接近甚至超过有关化学专家的水平，在美、英等国得到了实际的应用。该专家系统的研制成功不仅为人们提供了一个实用的专家系统，而且对知识表示、存储、获取、推理及利用等技术是一次非常有益的探索，为以后专家系统的建造树立了榜样，对人工智能的发展产生了深刻的影响，其意义远远超过了系统本身在实用上所创造的价值。

在人工智能语言方面，1960 年麦卡锡研制出了人工智能语言（List Processing，LISP），成为建造专家系统的重要工具。

1969 年成立的国际人工智能联合会议（International Joint Conferences On Artificial Intelligence，IJCAI）是人工智能发展史上一个重要的里程碑，它标志着人工智能这门新兴学科已经得到了世界的肯定和认可。1970 年创刊的国际性人工智能杂志《Artificial Intelligence》对推动人工智能的发展，促进研究者们的交流起到了重要的作用。

（三）发展阶段

这个阶段主要是指 1970 年以后。进入 20 世纪 70 年代，许多国家都开

展了人工智能的研究，涌现了大量的研究成果。例如，1972 年法国马赛大学的科麦瑞尔（A.Comerauer）提出并实现了逻辑程序设计语言 PROLOG；斯坦福大学的肖特利夫（E.H.Shorliffe）等人从 1972 年开始研制用于诊断和治疗感染性疾病的专家系统 MYCIN。

但是，和其他新兴学科的发展一样，人工智能的发展道路也不是平坦的。例如，机器翻译的研究没有像人们最初想象的那么容易。当时人们总以为只要一部双向词典及一些词法知识就可以实现两种语言文字间的互译。后来发现机器翻译远非这么简单。实际上，由机器翻译出来的文字有时会出现十分荒谬的错误。例如，当把“眼不见，心不烦”的英语句子“Out of sight，out of mind”。翻译成俄语变成“又瞎又疯”；当把“心有余而力不足”的英语句子“The spirit is willing but the flesh is weak”翻译成俄语，然后再翻译回来时竟变成了“The wine is good but the meat is spoiled”，即“酒是好的，但肉变质了”；当把“光阴似箭”的英语句子“Time flies like an arrow”翻译成日语，然后再翻译回来的时候，竟变成了“苍蝇喜欢箭”。由于机器翻译出现的这些问题，1960 年美国政府顾问委员会的一份报告裁定：“还不存在通用的科学文本机器翻译，也没有很近的实现前景。”因此，英国、美国当时中断了对大部分机器翻译项目的资助。在其他方面，如问题求解、神经网络、机器学习等，也都遇到了困难，使人工智能的研究一时陷入了困境。

人工智能研究的先驱者们认真反思，总结前一段研究的经验和教训。1977 年费根鲍姆在第五届国际人工智能联合会议上提出了“知识工程”的概念，对以知识为基础的智能系统的研究与建造起到了重要的作用。大多数人接受了费根鲍姆关于以知识为中心展开人工智能研究的观点。从此，人工智能的研究又迎来了蓬勃发展的以知识为中心的新时期。

（四）普及应用阶段

2000 年以来，互联网与网络技术的出现及发展为人工智能的发展提供了新的方向。5G 网络技术与人工智能的融合加速了人工智能的发展，同时推动其在商业，农业等多个领域的延伸发展[23]。

二、从农业 1.0 到农业 4.0

农业生产可以划为四个时代。

农业 1.0 是指人力与畜力为主的传统农业时代。农业 1.0 是人力与畜力为主的传统农业，农业 1.0 是农业社会的产物。在农业社会漫长的发展过程中，人类最重要的劳动工具是用以开发土地资源的各种简单手工工具和畜力，它们是对人类体力劳动的有限缓解，它并没有从根本上把人类的生产活动从繁重的体力劳动中解放出来。纵观人类从业社会的发展，尽管生产工具从早期的石器、青铜器发展到后来的铁器，但从整体来讲，在农业社会，生产工具仍然是初级的工具，生产工具只是人体局部功能的有限延伸。农业 1.0 是以体力劳动为主的小农经济时代，依靠个人体力劳动及畜力劳动，人们根据经验来判断农时，利用简单的工具和畜力来耕种，主要以小规模的一家一户为单元从事生产，生产规模较小，生产技术和经营管理水平较为落后，抗御自然灾害能力差，农业生态系统功效低，商品经济属性较薄弱。农业 1.0 时代，传统农业技术的精华在国内农业生产方面产生过积极的影响，但随着时代进步，这种小农体制逐渐制约了生产力的发展。这个阶段主要以“产量高”为目标，虽然比起现在动辄成千上万亩的农业项目来说大多还是小打小闹，但却为农业产业化奠定了基础。

农业 2.0 时代是指隆隆作响的机械化农业时代。以 1765 年蒸汽机的发明和使用为标志，人类社会的生产工具得到了革命性的发展，人类发明和使用了以能量转换工具为特征的新的劳动工具，机器代替手工工具，标志着人类工业社会的开始。在 300 多年的工业社会历程中，能量转换的工具实现了机械化和电气化 2 次历史性的飞跃，对人类社会生产及生活产生了极为深远的影响。与此同时，伴随着工业革命的发展，农业机械化工具不断出现，这直接催生了农业 2.0，与农业 1.0 的手工和畜力工具相比，农业装备开始在

农业广泛应用。农业 2.0 是以“农场”为标志的大规模农业，是机械化生产为主、适度经营的“种植养殖大户”时代。农业 2.0 也被称作机械化农业，以机械化生产为主，运用先进适用的输入性动力农业机械代替人力、畜力生产工具，改善了“面朝黄土背朝天”的农业生产条件，将落后低效的传统生产方式转变为先进高效的大规模生产方式，大幅提高了劳动生产率和农业生产力水平。中国农业 2.0 时代以企业主为主体推动力量，农业产业化一方面保持了家庭联产承包制的稳定，同时又通过延长产业链，发挥一体化组织的协调功能，在一个产品、一个产业、一个区域内形成了产品规模、产业规模和区域规模；另一方面在更大范围内和更高层次上实现农业资源的优化配置和生产要素的重新组合，提高了农业的比较效益，有利于在家庭经营的基础上，逐步实现农业生产的专业化、商品化和社会化。这个阶段以“产值高”为目标，主要表现在农副产品深加工企业或食品制造企业向产业上游伸，或者农业生产企业向产业下游延伸，提供给市场的已经不是初级农产品，而是加工后的农副产品或者食品。可以说，农业的 2.0 时代其实就是“一产 + 二产”的主流时代，农业 2.0 追求的是农业产值的“大”。

农业 3.0 时代是高速发展的自动化农业时代。农业 3.0 是农业专业化整合时代，专业化整合是市场经济的产物，也可以说是全球化的产物。随着计算机、电子及通信等现代信息技术以及自动化装备在农业中的应用逐渐增多，农业步入 3.0 模式。农业 3.0 即信息化农业，是以现代信息技术的应用和局部生产作业自动化、智能化为主要特征的农业。通过加强农村广播电视网、电信网和计算机网等信息基础设施建设，充分开发和利用信息资源，构建信息服务体系促进信息交流和知识共享，使现代信息技术和智能农业装备在农业生产、经营、管理、服务等各方面实现普及应用。与机械化农业相比，自动化程度更高，资源利用率、土地产出率、劳动生产率更大。在“三率”大幅提高的基础上，农业 3.0 产出的主要是优美的乡村环境和可靠放心的农产品。政府不仅取消了存在了几千年的农业税，而且直接利用财政资金改善了农村的道路、水电、村容村貌等硬件环境，全国范围内的知名新农村、新社区、美丽乡村、五星级农家乐、休闲农业示范点、乡村旅游名村等如雨后春笋般崛起。可以说，农业的3.0时代其实就是“一产+三产”的主流时代，农业3.0追求的是经营模式的“新”从国内情况看，农业3.0已经在萌芽，按照70%的覆盖率，预计2050年可完成农业3.0。农业3.0以单一信息技术应用为主要特征，如图1-8所示，近几年，国内农业互联网、农业电子商务、农业电子政务、农业信息服务取得了重大进展。

农业4.0时代是以无人化为特征的智能农业时代。农业4.0是资源软整合的农业，互联网时代，农业通过网络、信息等进行资源软整合，在物联网、大数据、云计算、人工智能和机器人基础之上形成智能农业。农业4.0是利用农业标准化体系的系统方法对农业生产进行统一管理，所有过程均是可控、高效的，真正实现无人化作业；农业服务提供者与农业生产者之间的信息通道通过农业标准化平台实现对等连接，使整个过程中的互动性加强。农业4.0可以通过网络和信息对农业资源进行软整合，增加资源的技术含量，提升农业生产效率和质量。农业4.0是现代农业的最高阶段。农业4.0中现代信息技术的应用不仅仅体现在农业生产环节，它会渗透到农业经营、管理及服务等农业产业链的各个环节，是整个农业产业链的智能化，农业生产与经营活动的全过程都将由信息流把控，形成高度融合、产业化和低成本化的新的农业形态，是现代农业的转型升级[4]。

第四节　农业人工智能的机遇和挑战

人工智能技术在农业科学领域中的应用贯穿于生产前中后的各阶段，涉及种植业、畜禽牧业和渔业等农业领域，以其独特的技术优势助力实现智能管理、精准管控，以机器人全部或部分代替人力，提高生产效率和产品质量，减少环境污染，应用潜力巨大。

一、农业的“卡脖子”问题及相关措施

（一）农业“卡脖子”问题

1. 种子和技术上“卡脖子”

“一粒种子改变世界”，充分说明了种子的重要性。保障粮食安全，关键在于落实“两藏”战略。加强种质资源保护和利用，加强种子库建设。要尊重科学、严格监管，有序推进生物育种产业化应用。建立国家和省级的种质资源库，加强对自然物种和优质传统种质资源的保护，是开展种源“卡脖子”技术攻关的基础，也是种子技术攻关的应有之义。随着种子技术的不断攻关，建议我国实行现代生物工程技术种子（品种）和自然淘汰筛选培育出来的优良种子（品种）并行的制度，为技术攻关提供强大的储备力量。

2. 质量标准上“卡脖子”

农业要适应新发展格局的双循环，同样有一个产品“引进来、走出去”的课题。要在供给侧结构性改革并适应消费需求端的变化，把农产品品质提高到新的高度。要在生物农药、低毒高效农药等药肥的使用上进行源头技术攻关，减少和控制面源污染。在技术上突破瓶颈，实施新有机农业和无公害技术，在土壤、肥药、生产、加工、贮存、物流、保鲜等每一个环节上都要把握品控，势在必行、势在可行。建议对我国农产品的质量安全开展精准研究、技术攻关、标准相随、硬件配套，做到四管齐下。

3. 智能农业上“卡脖子”

农业的信息化、自动化、智能化是发展的必然趋势。我国精细农业以及农业效率的提高等都有赖于技术的进步，特别是农业的全程智能化，在机械技术、核心部件、智能控制、数字化应用等方面易出现“卡脖子”现象，我们既要在无人机应用农业等方面增强优势，更应在“卡脖子”方面补齐短板[24]。

4. 产销对接上的“卡脖子”

农业的产业链不够完备，市场的信息不够透明，农户不能及时了解市场

信息和市场需求，易形成产品滞销，使得产品价格暴涨或暴跌，更无法有效对接上下游产业。

5. 农业出口结构层次的“卡脖子”

我国的农产品出口多为初级产品，加工增值程度低，且技术创新不足，缺乏特色品牌产品。

（二）针对以上问题做出相关可行措施

深入实施“藏粮于地、藏粮于技”战略，集中连片建设旱涝保收高标准农田，加快补齐农田灌排等基础设施短板。

加快实现农业良种化，下大力气培育高产量、高质量的优良品种，切实强化良种推广。

加快实现农业机械化，深入实施粮食生产作业全程机械化推进行动，发挥农机装备制造技术优势，加快大马力、智能化、新能源全系列农业机械研发应用。

加快实现农业规模化，提高农民合作社等经营主体建设水平，完善农村产权交易体系，促进土地的有序流转，实现土地规模经营。

加快实现农业品牌化，深入实施“质量兴农，品牌强农”战略，坚持以“绿色有机、健康安全”为主攻方向，提高农作物的品质。

加强农业信息化服务平台的建设，加大基础设施的投入，扩大网络在农村的覆盖范围，用更快的网速提高综合能力的运用，为农村地区的发展奠定良好的基础。且一个有效的农业信息服务平台的建立，可以更好地提高农业智能化的预测水平，包含供求信息、价格变动等内容[18]。

加强技术研发，加快推进农业现代化推进智慧农业的发展。

加强农业机械专业人才培养和技术推广，充分发挥农民运用智能化设备的主动性，让农民充分认识到使用智能化设备的益处，并动员他们从事智能农业，加强对农业智能设备的投资和应用[22]，也可以利用高校等机构培养农业机械化专业人才，开展农业机械使用和维护等专业技能的培训和科普，提高农业从业人员对智能化农业机械的使用水平。

二、大数据等技术带来的机遇和挑战

（一）农业大数据的特点

农业大数据是整合了农业地域性、季节性、多样性、周期性等自身特征后产生的来源广泛、类型多样、结构复杂、具有潜在价值，并难以应用通常方法处理和分析的数据集合。农业大数据涉及田地、播种、施肥、杀虫、收获、储藏、育种等环节，是跨行业、跨专业、跨业务的数据分析、挖掘，以及数据可视化。

（二）农业大数据的种类

使用产业链的方式对农业大数据进行划分，主要包括农业环境以及资源数据、农业生产、农业市场数据和农业管理数据等。

农业环境以及资源数据。它包含灾害数据、生物资源数据、气象变化资源数据、丰富的水资源数据以及广阔的土地资源数据。

农业生产数据。它包括种植生产数据和养殖生产数据，其中，种植业生产数据包括良种信息、小区栽培历史信息、苗木信息、播种信息、农药信息、化肥信息、农膜信息、灌溉信息、农机信息和农业信息；养殖业生产资料主要包括个体系谱、个体特征、饲料结构、围隔环境、疫情等信息。

农业市场数据。它包括市场供求、农产品价格方面的报价、有关生产资料方面的市场、农产品的价格及利润、市场的流通、国际市场的数据等。

农业管理数据。它主要包含应急信息、国际中农产品的动态信息、农产品贸易信息、国内农产品的生产信息以及最重要的国民经济基础方面的信息。

（三）农业生产中如何应用农业大数据

在农业生产领域运用农业大数据，可以在传感的各种节点比如，二氧化碳浓度、土壤中的水分含量、环境的温度和湿度等。同时还可以在无线通信网络方面，对农业大数据进行管理，使其完整地采集数据、传输数据、存储数据、处理数据，与大数据具有的分析挖掘技术相结合，使农业生产环境可以实现专家在线进行指导、智能探究、智能决策、智能警告信息、智能感知，保障农业生产在种植方面的精确性，实施管理可视化、决策明智化。

农业生产过程管理方面。运用大数据的先进技术对农业主要生产领域在生产过程中采集的大量数据进行分析处理，同时对农业主要环境影响因子如：土壤、大气、水质、气象等进行实时全面检测，从而可以为农业生产提供精准的农资配方，在管理方面也朝着智慧化方向发展，对设施进行准确控制，增加农民的收入，农业也可以得到发展。

农业经济管理、食品安全方面。通过农业大数据平台，将互联网和信息化技术进行全面结合，创造出一种以互联网平台为基础的新型农业模式。农业电商平台利用大数据技术，通过对服务器进行升级，对消费用户的行为数据进行埋点采集，公司能够获取更多维度的客户信息，也能够更加准确地定位目标用户群体，降低精准营销成本，提高用户转化率。同时，应用到农产品安全管理涉及到的产地环境、产前产中产后、产业链管理、储藏加工、市场流通、物流、供应链与溯源系统等食品链的各个环节。

农产品培育种子方面。使用传统的方法培育种子具有较高的成本，而且花费的时间比较长，可能超过 10 年。但是大数据的出现改变了这种状况，基因组织学在进行研究时有了突破性的成果。首先，在基因排序方面有了收获，是从模式生物中获取的；其次，可以快速地使用实验型技术。过去习惯在田间和温室进行生物调查，现今可以使用计算机进行运算，在云端可以对基因信息进行分析和创造，同时也可以对其进行验证假设、规划实验、开发以及定义。然后把一部分作物在实际自然环境中进行培养和验证，通过此类方法，可以高效地确定品种能否达到实验要求和栽种要求。发展新的技术，不仅可以加快决策的速度，使成本更低，而且可以对以往没有办法实现的事情进行探究。生物工程在使用传统的方式进行研究时，已经使作物具有抗除草剂、抗药、抗旱的性能。经过发展，可以使作物的质量得到进一步的提升，降低成本，防止出现环境风险。另外，新的产品对消费者和农民有利，譬如抗菌橙子、抗氧化剂番茄等。

（四）大数据对农业发展的影响

1. 大数据技术能够有效降低农业生产支出

农业生产具有复杂性、分散性、季节性等特点，这些特点使得农业生产信息在收集时会耗费较大成本。但是，如果抓住大数据技术的机遇，将大数据技术有效应用于农业生产的各个阶段，能在很大程度上降低农业信息收集成本，也能为农业生产到销售的各个关键环节提供参考。农业经济要想得到快速发展，离不开农业信息的收集处理，如气象信息、生产信息、市场需求与供应信息和政府政策信息等，将互联网大数据应用于农民与市场之间，可以有效调整市场供需，适应市场需求，降低生产成本，减少浪费。

2. 大数据的应用有效提高广大农民群众的素质

随着网络时代的到来，农业生产对农民素质的要求越来越高，将大数据技术应用于农业生产中，可以进一步提高农民对信息化的理解和应用，有利于帮助农民利用新技术进行农业生产。大数据技术对于农民素质的提升主要体现在以下方面：首先，互联网的快速发展，平板电脑等移动终端设备的快速普及，使得越来越多的农民开始接触网络，并学习移动互联网应用等技术，他们在接触网络过程中能够通过网络技术获取更多与农业生产相关的信息，获取更加丰富的农业知识。其次，农民利用移动互联网获取农业信息，可以开阔眼界，找到更多农业方面的知识。农民在农业生产中，通过智能手机及时获取有关国家农业的最新政策。最后，大数据技术的普及最大限度地改善了农民的农业生产与经营方式，主要通过网络销售，改善了那种必须出门卖货的境地，增加销售方式，拓展农业市场。同时，农民可以根据大数据合理种植广大消费者需求大的农产品，在达到消费者要求的同时，也可以极大地增加自身收益。

3. 大数据促进了智慧农业的建设步伐

在社会经济飞速发展的影响下，使得农业生产中的主要资源（土壤资源、水资源、各类生物资源、有关生产资料）浪费严重。因此，对资源的处理和利用变得尤为重要，从而出现以大数据为核心的农业资源整理技术，主要通过大数据提供的相关信息，对其进行分析与整合处理，将其利用在农业生产的各个环节，达到了农业生产的指导与帮助的目的，能有效地升级农业管理与决策的准确性和高质量，提高农业生产行业的质量和效率，同时有助于提高农民的农业生产收入。土地、水资源、大气、病虫害、自然灾害、自然环境是影响农业生产利益的主要因素，在大数据的作用下，这些因素可以系统且全面地细化管理，确保农业生产的有序发展。农业生产的各个环节都需要安全管理，大数据可以实现对农产品整个生产链的严格质量监督和控制，在安全风险预警机制的作用下，确保对农产品安全问题进行有效管理。在物联网技术与大数据技术的支持下，能对农业生产的相关设备、设施的具体运行状态进行监控与管理。实施监控与管理，不仅能及时发现设施、设备运行过程中的问题，还能提高农业设备调度与管理的科学合理性，增强农业生产与经营决策的正确性。

4. 助推农产品的电商运营

从线上销售渠道分析，主要是依赖于农产品电商运营，不仅拓宽了农产品销售渠道，而且在提高销售量的同时为农产品销售业的发展提供了机遇。从农产品电商运营的优势来分析，其可应用电商物流促进产品流通，运输成本与线下销售比较更低。农产品电商运营过程中通过应用人工智能技术可制定更加科学、灵活的生产与销售途径，在把握好农产品市场行情的同时又能避免因为价格变动较大降低企业经济效益。此外，在运营过程中可以充分应用大数据、人工智能等技术分析消费者的行为与习惯，挖掘目标客户，推送针对性的农产品信息，提高交易成功率的同时又能达到增加效益的作用。应用人工智能技术也能辅助农产品电商运营企业实现客户咨询智能化的目标，实现 24 小时咨询服务，让客户能随时了解农产品，提高交易率[25]。

三、人工智能的发展带来的机遇和挑战

中国人工智能包括大量的数据、人工智能和其他技术。尽管很有发展前景，但我国总体发展仍处于初级阶段，在将农业生产进行智能化改造、更多地使用计算机等知识方面，面临着众多的挑战[18]。

（一）农场数量及农民对智能农机的教育水平不足

对于我国农业机械来说，目前智能化的应用水平还很低，依然处于实现机械化的阶段之内，与此同时，美国早在 20 世纪六七十年代就实现了粮食作物以及经济作物的全程机械化。众所周知，由于美国天然条件优良，采用大农场类经营方式，因此农业机械化的推广较快。根据国家统计局相关数据，到 2016 年为止，我国农场数不足 1800 家，且每年增长率几乎为 0，农场耕地面积大约只占我国总耕地面积的 5%。

智能化设备与传统的农业设备相比，经营方式发生了变化，技术有很大的不同。且根据国家统计局相关数据，我国农业从业人员的受教育水平在初中及以下的占比接近 91.8%，对智能化农机的认知水平很低。农民缺乏使用设备的能力，也妨碍了发展智能农业。

（二）智能化农机普及率不高

从新中国建立以来，我国农业机械经过数十年的发展，完成了从无到有，从少到多，从初级到高端的长足进步。截至 2019 年，我国的现代化农业机械装备的保有量已经成为世界第一。但是，按人均农业机械保有量计算，我国仍与美国、日本等农业强国存在不小的差距。近些年，工业互联网发展方兴未艾，国内很多农业机械制造商和研究机构开始进军智能化农业机械领域，推出的一些技术和产品也使我国的农业机械智能化水平得到了持续提升。但智能农机设备种类依旧缺乏，发展水平以初始阶段为主，与发达国家相比存在不小的差距。

（三）不同地区发展水平不均衡

当前，我国不同地区的智能化农业机械应用水平不均衡，其主要原因是不同区域的地理条件不同。我国整体地势为呈阶梯状的西高东低：第一阶梯主要为平均海拔高、气温低、降水少及耕地分散的青藏高原地区，主要种植耐寒作物，不具备智能化农业机械应用的条件；第二阶梯主要为云贵高原、塔里木盆地等，该阶梯各区域条件差异较大，土壤类型多样，智能化农机应用的典型代表是新疆维吾尔自治区推广应用的基于 GPS 技术的智能化播种机；第三阶梯为东北平原、华北平原以及长江中下游平原等，该区域自然条件极佳，因此智能化农业机械的应用场景也更加多样，在长江中下游平原地区大量使用的农业植保无人机以及联合整地机等均为典型的智能化农机应用代表[26]。不同区域之间的巨大差异导致我国农业机械在各区域的利用水平、研究领域、研发投入规模差异较大，而且部分地区农业的发展还存在传统的粗放型、非集中的特点，农作物的生产没有形成统一的规律和标准，阻碍了我国农业机械智能化的整体发展步伐[27]。

（四）技术研发基础薄弱

目前，我国的农业机械制造技术仍然处于一个相对较低的水平，不仅在农业机械的智能化上较一些发达国家落后，在农业机械的产品质量和作业效率上也有很大差距。在全球制造业的四级梯队中，我国目前仍处于第三梯队，这种格局在短时间内很难有根本性的改变。与一些发达国家相比，我国农业机械在研发能力、产品质量和生产效率等方面仍处于追赶的地位，存在核心技术缺乏、产品结构不合理、制造技术能力低、农艺农机融合与全程机械化配置性差等问题[21]。专业的芯片在农业设备中不能满足恶劣的农业环境条件，导致智能化的农业设备适应不了复杂的农业工作环境。智能化设备在具体应用中还存在着效率不高、灵活性较差的问题，智能设备需要进一步改进[18]。

四、国家粮食安全战略带来的机遇和挑战

（一）现代农业与国家粮食安全的关系

确保国家粮食安全，增加农民收入是现代农业的首要任务。我国是人口的大国，国民经济取得发展首先要面对的就是解决吃饭问题，也就是说，要保障粮食安全及其供给能力，发展现代农业是必然的。近年来，尽管我国农业在单产、总产上不断提升，但是农民亩产收益逐渐下降，种粮积极性降低，耕地面积逐渐减少，为应对这一形势，国家大力支持现代农业发展，主要原因是：现代农业相对传统农业而言，广泛应用了现代科学技术，增加了粮食生产过程中的科技投入，在提高粮食单产的同时，增加粮食生产总量，促使农民增收。因此，现代农业的首要任务就是在充分利用农业自然资源，在提高土地生产率和劳动生产率的基础上，保障农产品的有效供给，以满足人们随着国民经济发展而与日俱增的对粮食和农产品的需要。换句话说，现代农业的首要任务是确保国家粮食安全，增加农民收入。

粮食安全水平是衡量现代农业水平的重要标准。迄今为止，国际理论界没有对现代农业的内涵达成统一意见，现代农业是一个发展的，创新的概念，随着科技发展向现代农业渗透力度的增大，现代农业的衡量标准也不断更新。不同的时期、不同的地域，衡量标准不尽相同，但从全世界范围看，衡量现代农业的客观标准趋同。也就是说，不管时空如何转换，衡量现代农业水平的标准，都应从以下几个方面考虑：农业生产率；劳动生产率；土地生产率；资金使用利用率等，而这些水平的高低，直接影响着我国粮食安全水平的高低，即粮食安全水平的高低，是衡量现代农业水平高低的重要标准[28]。

（二）中国国家粮食安全发展战略的实施举措

加快现代农业技术创新的进程。首先要突出农业技术创新重点，立足于

现代农业发展的需要，促进科技成果转化，培育具有自主知识产权的新品种。

转变现代农业技术的管理体制。管理体制的创新应打破区域、学科界限，推动农业科研机构建立“竞争、流动、协作”的新机制[24]。

引导群众调整农业结构，结合本地实际，发展特色的现代农业。注重提升粮食的附加值，建立现代农业自我发展体系。根据各地具体情况，大力发展以粮食为原料的养殖业、食品加工业、酿造业、工业等相关产业，形成一套完整的现代农业自我发展体系。

构建农产品市场流通体系，构建农业物联网平台（如图 1-3 所示）。积极倡导农产品的现代流通方式，现代销售模式，为农民搭建网上交易平台，提升农产品物流各环节的信息化程度，提高冷藏保鲜技术水平[28]。

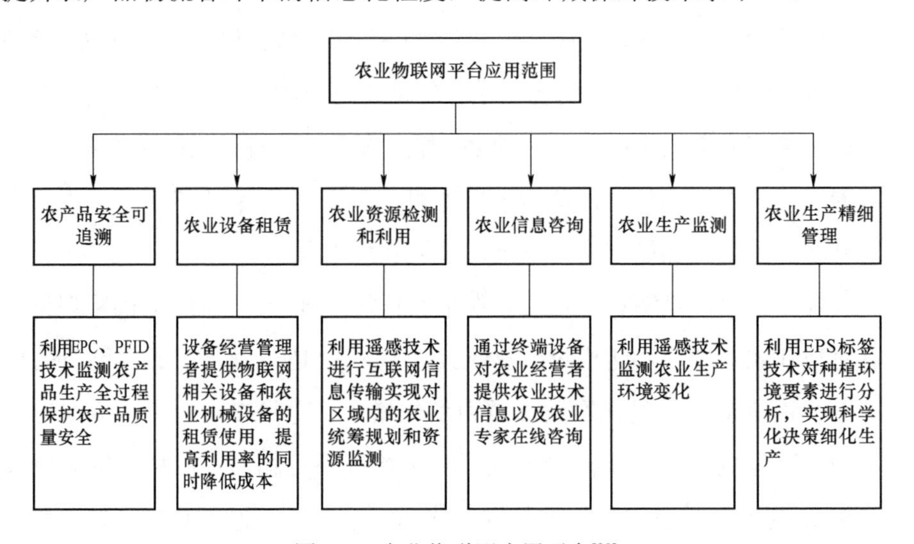

图 1-3　农业物联网应用平台[28]

五、城市化发展带来的机遇和挑战

（一）机遇

助推传统农业向现代农业的转化。带动了产业转型升级，使得农业生产由分散型向集约型转化。

助推乡村产业结构调整转型。提高了人口的受教育水平，文化程度大有提高。

（二）挑战

城市用水增加，压缩农业用水。城镇化发展过程中，城镇人口的大量增加，城镇基础设施建设水平的提高，使得城镇居民用水普及率上升，导致城镇用水量急剧增加，加剧城镇生产和生活供水压力。而城市用水的增加又会挤压农业用水，使农业用水大幅度较少，特别是农业灌溉用水大幅度减少。目前，城市较大型水库基本用于城市供水，农业灌溉用水比例较低。

破坏农业生产环境。21 世纪以来工业化、城市化快速发展，在大力发展生产力的同时忽略了对环境的保护和可持续发展的要求。工业、城市所排放的污染物影响了整个农业生态环境。

破坏了水生生物的生活环境。大量废弃物甚至是有毒废水排入海河，导致水质下降，食物来源减少，严重危害了水生生物的生存发展。

挤占动植物的生存空间。城市边缘不断扩大，会占用大量土地，一些基础设施的建设，如桥梁、道路的建设，会直接占用动物的生存区域，破坏原有的生存环境。

城市化导致的生境破碎与生物多样性的改变。在城市中，适合动物生存的绿地、湿地等被建筑物、水泥路面等分割使城市中适合生物生活的生境不但面积显著减小，而且生境也因城市不同功能区而呈现高度的破碎性，导致各生境岛屿化，降低了各自的异质性，使得抵抗物种入侵能力下降，食物链简单化，生态系统更加脆弱。且快速的商业贸易需求大量捕杀野生动物、水生生物，致使生物数量锐减，种类减少，甚至濒临灭绝。

城市科技化水平的提高，动物不能很好地适应社会的发展，会改变动物的生存方式，会给动物的自身生存发展带来挑战，甚至会威胁动物的生存安全。

大量农业人口转型，造成粮食产量下降，农业用地荒废，造成土地资源浪费。

农村劳动结构失衡，老龄化劳作者不断增多，农村青壮年严重流失，性别比例严重失调，阻碍了农业的发展，也阻碍了乡村振兴的脚步。

（三）典型案例与主要问题

在山西临汾市永和县赵家沟村的2 500多亩耕地中，还很少有撂荒的现象，但是前景不容乐观。种玉米、核桃等的主要劳动力都是60岁左右的农民，纯朴的农民大叔大娘，出于对土地和耕种的自然感情依然坚守耕作，但是每人平均要经营20～30亩耕地，基本依靠人力和畜力，劳动力“超负荷运转”[29]。

该村已经出现种粮的农民不足，再过5～10年，这些老人无法劳作之时，种粮主产区的劳动力将后继无人。这些地区农田分散，土地流转实践也不成熟，社会资本进入集中耕种的积极性并不高。

如果若干年“农民荒”没有得到缓解，农村已经存在的“撂荒”现象将会愈演愈烈，由于粮食生产的季节性，一次发生，影响一季，持续发生，将会恶性循环，威胁国家粮食安全和社会稳定。

1. 农业弱化问题

城市化增加了对农村剩余劳动力的需求，吸引了大批农民工进城打工。随着农村劳动力的转移，第一产业与第二产业的劳动生产率差距会逐步缩小，第一、二产业劳动力的配置相对均衡。在其他条件不变的情况下，如果第二产业的扩张无法改变就业惯性，“民工荒”就会出现，呈现出农业贡献相对弱化状态。农业贡献弱化是指农业某些贡献性能并不能无限制地满足工业化发展需要。如果工业化进程不能适时地自发产生循环机制，随着农业贡献潜能的逐步释放，农业贡献能量将逐步衰减。农业贡献弱化的深层原因是农村市场经济体制尚未完全建立，农村经济体制改革还未完成，相对于非农业经济较成熟的市场化，农业要素供求市场化滞后，导致农业资源的配置无法处于最优化状态。

2. 城市化导致的其他问题

人口问题。人口总量、劳动就业人口总量、老龄人口总量高峰相继来临，由此产生的城市的生存保障问题，解决劳动力的就业机会问题，全国社会保障体系的完善问题，老龄化社会引发的一系列问题等，都是城市化进程面临的巨大挑战。

环境能源问题。能源和自然资源的超常规利用对中国城市化的压力。从2011—2050年，中国城市要达到资源和能源消耗速率的“零增长”和“负增长”的要求，要实现联合国提出的城市“四倍跃进”的目标。要全面达到城市土地利用的合理平衡，要全面达到城市的能源清洁化并逐步将能源结构中煤炭所占四分之三的比重，下降到40%以下，都是严重挑战。中国城市的生态环境（大气环境、水环境、固体废弃物环境、社区环境和居室环境）仍然处于局部改善、整体恶化的状态。

自然地理环境和人文地理环境问题。地形：对原来的地形进行改造，使之趋向平坦或起伏更大（如摩天大楼）。容易造成水土流失、滑坡、泥石等地质灾害。气候：强烈改变了下垫面的原有性质，使气温、降水等要素发生变化，使城市产生热岛效应，也影响了日照、风速和风向。形成城市热岛效应，将城市大气污染带到郊区，也将郊区大气污染带到城区，扩大了污染物的污染范围，加快了净化速度。水文：市政建设破坏了原有的河网系统，使城区水系出现紊乱，也使降水、蒸发、径流出现再分配。易使城市在暴雨时排水不畅，造成地面积水，也使水质、水量和地下水运动出现变化；过量抽取地下水导致地面沉降。生态：城市的生产生活污染、交通工具，尤其是工业“三废”，破坏了所在地区的环境生态，也影响了生物的多样性。城市生态系统成为一个脆弱的系统。城市是人类对自然地理环境影响和改变最大的地方。

（四）有关城市化中农业问题的解决措施

1. 强化城镇化与农业现代化的协调发展的法治保障

首先要制定土地保护法规，严格控制农业用地的流失。通过制定相应的法律制度，严格农业用地转建设用地的标准并严格控制转化速度与规模，保持农业生产力的持续增长。其次要根据地区差异，制定相关法律加强对农业发展条件较差地区农业的保护。

2. 创新公共服务供给体制，优化劳动力的城乡配置

一是要创新农民工就业体制。鼓励企业对农民工与市民采取同样的招聘条件、同样的薪酬待遇、同样的社会保险等。二是要创新农民工子女教育体制。为农民工子女提供与当地市民子女同样的就学条件。三是创新农民工医疗保险体制，将农民医疗保险纳入城市社会保险。四是要创新农民工住房体制。参考发达国家的经验，对进城农民工提供价格低廉租房替代经济适用房，保障农民工的基本住房需求。

3. 加强引导农业生产经营，保证城乡产需有效对接

一是要大力支持发展农民专业合作社，扩大合作社社员规模，努力使专业合作社成为农业产业化的主导力量，提高专业合作社的合作服务和产业化经营的能力，有效组织农业的生产经营，增加安全、优质农产品的供给能力。二是要加大对农产品生产、加工、流通多个环节的安全监管力度，确保农产品的质量安全。三是要做好农业生产减灾预防工作，确保农产品的有效供给。重点做好极端天气的预测，及时科学地引导农民做好减灾防灾工作；更加细致地做好缓解经常性灾害产生的影响。四是要加强农产品市场监管与预警，防止哄抬物价的行为发生。

4. 加大财政支农力度，强化以工促农以城带乡机制

一是加大财政支农资金的增长力度。应合理调整国民收入在城乡之间的分配格局，加大财政反哺农业的力度。二是加大政府对农业的补贴。应加大对农民的粮食生产补贴、良种补贴、农机具购买补贴和农业综合补贴，提高农民收入，保障国家粮食安全，促进农业发展，切实巩固农业的基础地位。三是要加强支农资金的评价。公正客观地评价政府的财政支农资金和农业补贴的绩效，根据资金的使用效果，适当调整支农资金的渠道和补贴的对象。

5. 建设保护区并进行功能分区

1971 年，联合国教科文组织在“人和生物圈计划（MAB）”实施过程中，提出了影响深远的生物圈保护区的思想。根据这一思想，一个科学合理的自然保护区应该包括由内至外的 3 个功能区：

核心区：该区生物群落和生态系统受到绝对的保护，禁止一切人类的干扰活动；但可以有限度地进行以保护核心区质量为目的，或无替代场所的科研活动；

缓冲区：该区围绕核心区，保护与核心区在生物、生态、景观上的一致性，可进行以资源保护为目的的科学活动和以恢复原始景观为目的的生态工程，还可以有限度地进行观赏型旅游和资源采集活动；

过渡区：该区位于最外围，区内可进行某些持续开发利用，某些自然资源的开发，并进行一些科研和人类经济活动。

这种功能分区方法对各类城市群（区域水平上）的自然保护区规划具有理论指导意义。

6. 规划建设生境廊道

由于城市化造成城市自然生境的破碎化，由这些破碎的生境斑块形成的保护区远远不能实现对生物多样性的保护。为了减少它们对物种的限制和隔离，增加被保护物种之间及其与野生群体之间的联系与交换十分必要。在实际工作中，建设合理的生境廊道可以解决这个问题。连接城市各绿地、公园或乡村生境的植被廊道（如林荫道、树篱、防护林带）、河流与溪流廊道对维持和提高城市生物多样性是十分重要的，它们将城市中分散的动植物生境与区域景观中野生生物的栖息地联系起来，将不同地方的保护区构成保护区网，这样就可以有效地增强保护物种和野外物种的交换，从而增强整个城市生物群体的生存能力。

例如在加拿大的多伦多，城市中的自然溪谷和林荫道已经作为公园之间生物迁移的廊道被保护起来。在美国华盛顿进行的城市规划中，通过溪流廊道将城市中零散分布的动植物园与野外的天然生物群落区直接联系起来，使野生水禽可以进入城市公园区，同时公园内的水生生物也可以进入野外的自然栖息地，从而有效地促进了城市生物多样性的保护。

7. 搞好资源综合利用，加强城市绿化建设

应充分利用资源，做到资源共享，各得其利。尽可能减少对环境有害的废弃物，加强对土地资源的保护，调高水资源的利用率。兴建草地、绿地，种植树木，提高城市绿地面积，提高城市生态质量。

8. 分散城市职能、建设卫星城

开发新区，合理规划城市中心规模，建卫星城，做好城市各功能区的划分，合理规划基础设施建设和公共设施建设。

第二章　农业人工智能技术基础

第一节　农业人工智能技术概述

一、人工智能简介

人工智能，是计算机科学的一个分支，它是研究、开发用于模拟、延伸和扩展人的智能的理论、方法、技术及应用系统的一门新的技术科学。人工智能通过数据实现重复学习和自动化，可以执行大量的重复任务，这可以极大地提高生产效率；并且人工智能有着令人难以置信的准确性，在各个方面都可以很大程度地减少误差，提高准确性；人工智能对数据的利用也是十分充分，它可以对所有的数据进行分析，得到一个最准确的结果，不浪费任何一个数据。所以人工智在农业领域的应用，对我国农业的发展有很大的意义，它推动了农业现代化目标的实现，有助于农业不被高速发展的时代抛下。中国，作为一个农业大国，发展和创新农业是十分重要的，而人工智能在农业方面的应用就可以很好地完成这一点。人工智能是新一轮科技革命和产业变革的重要驱动力量，发展新一代人工智能有助于提高我国综合国力，促进我国经济健康可持续发展。党的十八大以来，习近平总书记高度重视科技创新，多次在不同场合强调人工智能的重大意义，提出要推动互联网、大数据、人工智能和实体经济深度融合，加快制造业、农业、服务业数字化、网络化、智能化。当前，人工智能等高新技术在农业等领域已经呈现出广泛的应用前景，推动人工智能与农业的融合发展，必将为乡村振兴注入新的动力[30]。

二、人工智能在农业领域的应用分析

人工智能在农业领域的应用包括图像处理、信息采集、智能检测等。人工智能在农业中的应用，机器视觉占了极大的比例，其主要应用在农产品质量分级，农田病虫草害控制，农作物生长过程检测，以及种植业、畜牧业等农业方面。人工智能可以通过数据的监控、数据分析、数据采集等，有效保障农业生产的准确性，满足农作物的精细化需求。人工智能还可以对农作物生产过程中的各项参数进行动态化的采集，便于工作人员通过对其进行综合性的分析，进行科学合理的决策，从而提高生产效率。其中人工智能 AI、物联网检测系统、无人机、农业机械、机器人都可以对农作物的生产情况进行有效的监控，生成准确的图像或者数据模型，大大提高了农业生产劳动的效率。人工智能同农业全面结合与渗透，形成了智慧农业新业态，在世界范围内逐渐形成新一轮农业变革的核心驱动力同时也正在深刻改变我国传统农业发展方式，成为推动我国农业农村现代化的重要抓手。大力发展智慧农业，是乡村振兴的重要方向，也是建设数字乡村的重要内容，更是破解我国“三农”问题、构筑现代农业竞争新优势的迫切需要，还是我国推动传统农业创新驱动发展、产业转型升级和传统农业变革的重要途径。通过智慧农业的建设，整体带动和提升农业农村现代化发展，为乡村经济社会发展提供强大动力。党的十九届五中全会明确提出，要强化农业科技和装备支撑，建设智慧农业，为助推农业农村的现代化发展指明了方向[31]。近年来，人工智能技术在农业方面的应用逐渐成熟，取得的成果显著，极大地提高生产效率和资源利用率。将人工智能与农业有效结合是促进农业发展的重要课题，具有重要的理论价值和学术意义。其有效地解决了传统农业所存在的一些局限性，并推动了传统农业的发展与变革，使传统农业转化为现代化农业，使农业跟紧时代步伐。到目前为止，人工智能技术在农业现代化中发挥着越来越

重要的作用，在农产品的生产加工、宣传销售等各个环节都进行了积极的融合与使用，农业与计算机技术的融合发展是未来农业的必经之路。

三、人工智能在农业领域的应用优势

（一）降低劳动成本，促进生产效率提级增效

智能机器代替人类操控农业机械，实现了真正意义上的替代传统的手工劳作，彻底地解放了农民的双手和改变艰苦的劳作环境。智能农机装备的自动化作业，在自动控制系统作用下，降低人力和时间成本，提高农业作业效率。如无人驾驶技术解决了农业劳动人力紧缺瓶颈，降低了劳动力相对价格。通过运用大数据和计算机互联网等技术的智慧农机实施农业生产全程机械化，对规模化耕、种、管、收精准管理，如拖拉机自动导航系统、卫星平地控制系统、精准播种施肥系统、精准喷药系统、智能测产系统等智能农业装备的应用和推广避免天气、土壤条件、温度、降水、管理效率等不确定因素对农业增产增收的影响，降低农业劳动者体力强度，改变人工作业条件，提高了生产效率。

（二）人工智能可以促进农业经济、生态效益双提升

人工智能农机装备的无人化、机器人化，化解了我国农业发展面临的如国内人地矛盾、水土流失、土地生态退化，国际“绿色壁垒”等诸多限制性因素的制约。缓冲了我国人口老龄化带来的农业劳动力短缺（2019 年我国人口城镇化率为 60.60%）、成本增幅加大带来的冲击。融合了人工智能、生物防控、绿色植保等高新技术的智慧农场，改变了以数量增长为主转变为数量质量效益并重的农业发展方式。减缓了生产成本增速不减和主要农作物国内外价格倒挂的压力。优化了高科技支撑和高素质劳动者增长方式替代拼资源和物质投入的农业发展方式。从而促进了我国现代农业经济、生态效益双提升[32]。

（三）人工智能可以提高农产品质量与效益

随着我国进入经济高速发展的时代，人民生活水平逐渐升高，人们不再仅仅满足最基础的温饱，开始追求更高标准、更高质量的食品，而传统农业难以适应这一变化，也无法满足这一点。人工智能在农业上的深度应用，能够根据植物生长的适应条件进行环境智能监测和调控，对农作物进行全方位的、细致的检测，实现农产品的精细化生产与管理，农业生产的标准化和科学化大大加强，可大幅度提升现有农产品的质量和标准，提高农产品的生产效益。

四、农业人工智能的应用实例

农业人工智能是多种信息技术的集成及其在农业领域的交叉应用。近年来，这些交叉性应用实例有很多，大大促进了农业的现代化发展，并且提高了产品质量。

智能种子选育、检测，人工智能可以看到种子内部的实际情况，通过人工智能选种、检测，提升了种子的纯度和、安全性，更好地提升农产品的质量，对提高农产品产量以及食品安全起到了很好的保障作用。

智能土壤检测、浇灌，土壤的成分是影响农作物产量和质量的一大因素，人工智能可以通过传感器等设备对土壤湿度进行检测，预测土壤层的黏土含量及土质情况，利用周期灌溉、自动灌溉等多种智能灌溉方式，提高灌溉精准度和水的利用率，既节约了水资源，也为老百姓减少了负担。

智能种植，在种植、管理、采摘、分拣等环节，通过智能机器人完成，实现农业种植的智能化与自动化，就果实是否成熟来看，人工采摘的果实中可能会有部分不合格的，但是智能机器人在采摘时可以通过分析果实外表的颜色等特征，保证所摘的果实都是成熟的，提高了产品的合格率；还可以通过人工智能，预测农作物正确的收获时间，结合市场行情预测，推测出今年这块地适合种玉米还是大豆。

农作物智能监控技术，通过人工智能技术，可以对农作物智能监控。人工智能，可以预测天气状况，准确掌握浇水的正确时间；可以监测杂草和害虫问题，并及时清理，减少农作物的损失；来自数据库的共享信息，可以帮助农民利用收集到的数据，为农民提供最好的服务，减少农民的负担和损失。还有智能感知、物联网、智能装备、专家系统、农业认知计算以及畜牧水产养殖管理、食品安全溯源、温室大棚智能控制等等。它们都是通过计算机，精确的了解和掌握农作物的情况，然后根据这些准确的数据，及时进行补救，既可以节省大量人力物力，也可以提高农作物的产量。

五、人工智能机械在农业的应用

人工智能机械在农业的应用，可以提高整个农业生产链条的效率，是农业生产进入智能化、现代化必不可缺的部分。下面是部分应用实例：

智能化大棚。最近几年来，随着农业技术的进一步提升，大棚的应用越来越广泛，管理水平也越来越高。大棚有很好的保温作用，使大棚内部的作物与外界有着不同的生活环境，人们可以利用这一点在大棚内种植反季节的蔬菜、水果等，可以提高收益。但是大棚内当前的管理系统和生产系统并没有与农作物的生长过程很完美地结合，缺少现代化技术的应用，会导致大棚的生产率和利用率偏低。人工智能技术与大棚种植形式的结合就解决了这些难题，例如，可以对环境中的二氧化碳浓度、氧气浓度以及土壤的适度、光照强度等数据进行实时采集，另外也可以在大棚内安装通风、排气、喷洒、照明等智能化装置，通过无线信号系统对大棚内的情况进行实时监控，使管理人员可以更精准地了解大棚内部作物的生长状况（图 2-1）。也可以通过采集果实生长过程中的照片和视频，并进行图像对比，通过大数据分析统计，来判断农作物的害虫情况或者生长状况。也可根据放置在各个位置的传感器和无线网络系统，对植物进行智能检测、智能分析、智能预警等，对植物进行实时监控，并及时解决，为农业生产提供更细致、更精准的数据，从而提高产量。

图 2-1　智能化大棚

嫁接机器人。其在农业自动化生产过程中的应用比较普遍，最初是由日本开发研究的，随后我国也开发研究了嫁接机器人。嫁接本身就是一项技术性很高的工作，它要求工作人员集中精力、经验丰富，并且如果仅靠人工，想要在短时间内完成大量的嫁接工作，那几乎是不可能的。所以嫁接机器人的出现，就可代替人工去完成嫁接任务，机器人的精确度远高于人类，所以嫁接机器人的应用可以显著提高嫁接的成功率，保证嫁接质量，也可降低工作人员的劳动强度。如图 2-2 所示，嫁接机器人在农业生产中可以进行切割、接苗、拣选等操作，并且完成自动化控制，能够有效识别缺陷幼苗，保证拣选作业的有效性。其嫁接效率达到 98%左右。现阶段，我国很多高等院校以及科研院所加大了对嫁接机器人的研究力度，推动了我国嫁接机器人技术的发展。

图 2-2　嫁接机器人

除草机器人，在农业除草过程中，智能化机器人的应用可以减少除草剂的使用，保证农作物能够健康生长，同时能够提高除草效率。田间的杂草对农业生产的迫害性很大，对农作物的危害也很大，它们会和作物竞争阳光、水分，从而降低农作物的产量，降低经济收益。除草机器人可以代替人们进行除草工作，减轻了农民的负担，促进了农业的自动化发展。除草机器人的设计原理各式各样，当机器人电源开启后，激光传感器和光电传感器检测当前位置，将位置信息传给单片机，单片机通过电调驱动电机，驱动小车的行走速度和方向，同时摄像头实时拍摄进行图像处理，当摄像头识别到杂草时，发送停车信号给单片机，控制小车停止移动。随后，通过控制舵机以及云台电机控制机械臂拔取杂草[33]。对除草机器人进行设计时，可以充分发挥雷达装置的作用，也可以利用无人驾驶电子设备到达除草区后，传感器获取杂草所在位置的信号数据，机械式除草机可以立即开启。这样能够达到有效除草、精确除草目的，同时能够保证农业生态环境的安全性。

无人机。无人机在农业中的广泛应用能有效解决农村劳动力短缺的问题，并且无人机的工作效率比传统工作方式高得多，安全性也高，也节约了资源。国家也出台了相关政策鼓励人们开发和应用无人机。无人机的喷洒技术相比于人工喷洒有很高的灵活性，运输方便，并且工作效率高，施药能力强，节水节药。它可以分为变量喷雾技术和静电喷雾技术，变量喷雾技术主要有三种控制方法分别为压力式控制，浓度式控制和流量式控制。通过研究发现，压力式控制的特点为，在喷雾压力增大，流量增大时，雾滴会明显减小并且更加分散。浓度式控制的特点为，存在较大的时间滞后问题。流量式控制方式无显著问题，应用较为广泛，主要有脉宽控制和变频控制两种方式。静电喷雾相比于普通喷雾，在雾滴沉积率，均匀性等方面具有很好的改善，有望成为节能减药的重要手段。静电喷雾技术主要有三种荷电方式，分别为电晕式荷电接触式荷电和感应式荷电[34]。无人机还有撒播技术、遥感技术等。“无人机+人工智能”技术应用于农业巡检，能够准确定位、自动识别、自动分析，并提交后台服务器，后台指挥部可以迅速响应指挥调度。运用多光谱、图像识别、AI飞行等核心技术，无人机自主决策航迹、姿态、拍摄参数，获取高质量巡检数据。通过目标识别，可实现500 ms内识别指定农作物地块的长势、杂草、倒伏、病虫害等特征，并且在数据不断丰富的情况下，不断迭代升级识别模型，实现无人机巡航拍摄与数据分析同步进行，突破数据后期处理效率低下的瓶颈[35-36]。

第二节　农业人工智能框架

一、农业人工智能框架设计原则

可靠性：系统稳定、可靠的运转是系统具有实用性的前提。要求系统具有稳定性，当系统出现故障和突发事件时，具有保障正常运转的措施。

易用性：系统应尽可能减少系统维护人员的工作量。经过短期培训，一般工作人员能较好的掌握系统使用方法，这是为系统在使用程中的实际需要考虑的。系统交付使用以后，应该便于各种日常维护工作，能够方便进行软件的重新配置、系统的升级。

扩展性：扩展性是智能农业框架设计最重要的原则之一。该框架并不局限框架的内容，还可以自行修改或者减补。系统具备充分灵活的适应能力可扩展力。并充分考虑接口的标准化、协议的标准化。

简洁性：该框架应该思路清晰，简洁明了，逻辑性强，清晰易懂。

二、农业人工智能框架的主要技术

信息和数据处理技术。信息和数据处理在面向作物生长情况等数据的信

息抽取中，涉及诊疗信息提取、农学知识图谱构建和应用等方面。在农业命名实体及其属性信息抽取的基础上，利用知识图谱技术构建不同命名实体之间的关联模型，主要方法包括马尔可夫随机场、贝叶斯网络、概率图模型等。通过数据标识、数据获取、数据存储等操作对结构化后的数据建立信息库，再利用推理机进行机器推理或模糊推理等得到结果。引入领域专家的专业知识和经验，大量的规则可以形成规则库，使程序智能化，随着与其他学科融合，还出现了基于框架、基于案例、基于模型、基于神经网络，以及基于互联网等多种模型。

机器学习技术。当面对大量的数据需要进行深度数据挖掘、明晰数据之间的联系时，通常采用机器学习方法。按照学习干预方法可分为有监督学习和无监督学习，按照学习方法可分为决策树学习、知识学习、强化学习、对抗学习和概率学习等。人工神经网络是早期最重要的人工智能学习算法，通过神经元的模拟来建立节点之间相互关联的模型。深度学习技术是结合了多层人工神经网络和卷积计算的一种学习算法。强化学习是可以自我修正和反馈的机器学习机制，通过在迭代中调整参数值以达到强化信号的最大化，完成最优策略的建立。迁移学习把一个领域（即源领域）的知识，迁移到另外一个领域（即目标领域），使得目标领域能够取得更好的学习效果。这些人工智能技术让机器拥有自我学习和自我思考的能力。

智能感知技术：智能感知技术是农业人工智能的基础，其技术领域涵盖了 X 传感器、数据分析与建模、图谱技术和遥感技术等。智能感知技术是农业人工智能的基础，其技术领域涵盖了传感器、数据分析与建模、图谱技术和遥感技术等。传感器赋予机器感受万物的功能，是农业人工智能发展的一项关键技术。多种传感器组合在一起，使得农情感知的信息种类更加多元化，对于智慧农业至关重要。得益于三大传感器技术（传感器结构设计、传感器制造技术、信号处理技术）的发展，现在可以测量以前无法获取的数据，并得到影响作物产量、品质的多重数据，进而辅助决策。当前在农业中使用较多的有温湿度传感器、光照度传感器、气体传感器、图像传感器、光谱传感器等，检测农作物营养元素、病虫害的生物传感器较少。通过图像传感器获取动植物的信息，是目前广泛使用的感知方式。新兴纳米传感器、生物芯片传感器等在农业上的应用，目前大多还处于研究阶段。深度学习算法是图像的农情分析与建模的利器。当前基于深度学习的农业领域应用较广泛，如植物识别与检测、病虫害诊断与识别、遥感区域分类与监测、果实载体检测与农产品分级、动物识别与姿态检测领域等。深度学习无需人工对图像中的农情信息进行提取与分类，但其有效性依赖于海量的数据库。农业相关信息的数据缺乏，是深度学习在农业领域发展的主要瓶颈。可见光波段可获得农情的局部信息，而成像与光谱相结合的图谱技术，可获得紫外光、可见光、近红外光和红外光区域的图像信息。其中，高光谱成像技术可以探测目标的二维几何空间和光谱信息，获得百位数量级的高分辨率窄波段图像数据；多光谱成像技术对不同的光谱分离进行多次成像，通过不同光谱下物体吸收和反射的程度，来采集目标对象在个位或十位数量级的光谱图像。基于多光谱图像和高光谱图像的农情解析，可有效弥补可见光图像感知的不足。根据与感知对象的距离，感知方式有近地遥、航空遥感和卫星遥感等。因具有面积广、时效性强等特点，20 世纪 30 年代起遥感技术就开始服务于农业，首先应用这一技术的是美国，人们将其用于农场的高空拍摄，照片供农业调查使用。相对于西方国家，亚洲地区运用遥感技术较晚，但近些年来遥感技术在某些方面也有了重大突破[37]。

农业物联网技术。农业物联网可以实时获取目标作物或农业装置设备的状态，监控作业过程，实现设备间、设备与人的泛在连接，做到对网络上各个终端、节点的智能化感知、识别和精准管理。农业物联网将成为全球农业大数据共享的神经脉络，是智能化的关键一环。随着人工智能应用领域的拓展，越来越多的应用和设备在边缘和端设备上开发部署，且更加注重实时性，边缘计算成为新兴万物互联应用的支撑平台已是大势所趋。对于农业应用领

域，智能感知与精准作业一体化的系统尤其需要边缘智能，无人机精准施药是边缘人工智能的最佳应用场景。物联网设备类型复杂多样、数量庞大且分布广泛，由此带来网络速度、计算存储、运维管理等诸多挑战。云计算在物联网领域并非万能，但边缘计算可以拓展云边界，云端又具备边缘节点所没有的计算能力，两者可形成天然的互补关系。将云计算、大数据、人工智能的优势拓展到更靠近端侧的边缘节点，打造云—边—端一体化的协同体系，实现边缘计算和云计算融合才能更好解决物联网的实际问题。多个功能节点之间通过无线通信形成一个连接的网络，即无线传感器网络。无线传感器网络主要包括传感器节点和 Sink 节点，如下图所示。采用 WSN 建设农业监测系统，全面获取风、光、水、电、热和农药喷施等数据，实现实时监测与调控，可有效提高农业集约化生产程度和生产种植的科学性，为作物产量提高与品质提升带来极大的助[37]。

智能装备技术。智能装备系统是先进制造技术、信息技术和智能技术的集成和深度融合。针对农业应用需求，融入智能感知和决策算法，结合智能制造技术等，诞生出如农业无人机、农业无人车、智能收割机、智能播种机和采摘机器人等智能装备（图 2-3 和图 2-4）。无人机融合 AI 技术，能有效解决大面积农田或果园的农情感知及植保作业等问题。从植保到测绘，农业无人机的应用场景正在不断延伸。如极飞科技的植保无人机具有一键启动、精准作业和自主飞行等能力，真正实现了无人机技术在喷施和播种等环节的有效应用，从而为农业生产者降本增效。无人车利用了包括雷达、激光、超声波、GPS、里程计、计算机视觉等多种技术来感知边环境，通过先进的计算和控制系统，来识别障碍物和各种标识牌，规划合适的路径来控制车辆行驶，在精准植保、农资运输、自动巡田、防疫消杀等领域有广阔的发展空间。全球首个量产的农业无人车平台 R150。农业机器人可应用于果园采摘、植保作业、信息采集、移栽嫁接等方面，越来越多的公司和机构加入到采摘机器人的研发中，但离大规模的投入使用尚存在一定距离[37]。

图 2-3　采摘机器人

图 2-4　农业无人车

专家系统：专家系统是一个智能计算机程序系统，其内部集成了某个领域专家水平的知识与经验，能够以专家角度来处理该领域问题。在农业领域，许多问题的解决需要相当的经验积累与研究基础。农业专家系统利用大数据技术将相关数据资料集成数据库，通过机器学习建立数学模型，从而进行启发式推理，能有效地解决农户所遇到的问题，科学指导种植。农业知识图谱、专家问答系统可将农业数据转换成农业知识，解决实际生产中出现的问题。农业生产涉及的因素复杂，因地域、季节、种植作物的不同需要差异对待，还与生产环境、作业方式和工作量等息息相关。目前人工智能在农业上的应用缺乏有关联性的深度分析，多数只停留在农情数据的获取与表层解析，缺乏农业生产规律的挖掘，研究与实际应用有出入，对农户的帮助甚微。农业知识图谱可以将多源异构信息连接在一起，构成复杂的关系网络，提供多维

度分析问题的能力，是挖掘农业潜在价值的智能系统[37]。

专家问答系统（Question Answering System，QA）是信息检索系统的一种高级形式，它能用准确、简洁的自然语言回答用户用自然语言提出的问题，是人工智能和自然语言处理领域中一个备受关注并具有广泛发展前景的研究方向。专家问答系统的出现，可以模拟专家一对一解答农户疑问，为农户提供快速、方便、准确的查询服务和知识决策。知识图谱与问答系统相结合，将成为一个涵盖知识表示、信息检索、自然语言处理等的新研究方向。但这类系统的开发应用多数是针对一个特定的对象，系统内容一经确定就很难改变，是一种静态的系统。而在实际的农业生产中，一方面病虫害的种类在不断发生变化，另一方面由于抗药性及环境条件等影响因素的变化使得同一种病虫害的发生为害特点也在不断地变化。因此结合农业病虫害的发生为害特点，开发一种动态、开放的病虫害预测预报专家系统平台是十分必要的[37]。

工神经网络技术：以卷积神经网络、循环神经网络、递归神经网络、长短时记忆神经网络及其训练算法等为代表的深度学习技术突飞猛进，在各种领域得到了初步应用。2015 年，微软的 ResNet 系统夺得了 ImageNet 图像识别大赛的冠军，这是一个 152 层的深度神网络，目标错误率低至 3.57%，已经低于人类的 6%的错误率。这些成果的取得是依靠高速计算平台、大数据，经过长时间训练学习得到的，在一些固定领域有应用前景。但更需要关注与人类认知过程类似的少数据、计算能力有限条件下实现的人工神经网络及其训练算法，提高人工神经网络的适应能力，拓展应用范围。

三、农业人工智能技术框架的构建

农业人工智能包含四个方面：农田农业人工智能、设施农业人工智能、动物水产养殖人工智能和无人农场人工智能。其中农田人工技术主要包括作物育种、农业机械自动导航、农业病虫害识别、农业作业智能测控和农业无人机平台等技术。设施农业人工智能技术主要有设施农业环境调控技术、设施水肥一体化技术等。农业人工智能技术还用于水产养殖方面，其中主要有动物水产养殖环境监控、动物水产养殖精细投喂决策、动物水产养殖疾病预警和远程诊断、畜禽饲养管理专家系统、水产养殖管理专家系统等相关技术。无人农场人工智能技术主要包括农业 3 s 技术、农业作业无人技术、无人机诊断施肥技术、云计算和大数据平台等。

四、农业人工智能主要算法

（一）激光雷达传感器

激光探测及测距（Light Laser Deteetion and Ranging，LLDAR）系统中，激光器是雷达的辐射源。其工作原理是向目标发射探测信号，将接收到的从目标反射回来的目标回波与发射信号进行比较，可以获取目标物体距离、方位、高度、速度等参数的电子设备，被广泛用于机器人二维感知的检测传感器根据设备特征[38]。

（二）坐标变换与位姿模型

在三维空间中，由于移动机器通常在平面中运动，可以简化模型，从而建立二维固定的世界坐标系 *xoy*；把小车看成三维空间的刚体，建立左手正交坐标系 *xoy*。小车在空间运动，从而产生坐标系的空间变换，在位置固定静止的世界坐标系中，可以通过三维坐标系中任意 2 个坐标系的旋转，平移得出位置变换，从而获得机器人在运动中的运动方向位置信息。但由于移动机器人在运动的过程中，激光雷达必然会出现不可避免的误差，通常由回环检测、噪声滤波来矫正传输回来的数据，达到更加精准的目的。由于坐标变换与位姿模型中计算多为矩阵与向量计算，故将经典算法中坐标表示绘制路径用 quiver 二维矢量函数进行处理绘制出每一步的方向[38]。

（三）退火蚁群算法

经典蚁群算法，模拟蚂蚁觅食的过程模型，由于正反馈机制存在，在算

法运行到一定程度时容易进入局部最优解的现象。在整个蚁群算法迭代完成后进行模拟退火的运行优化可能路径，在完成一轮蚁群算法迭代后，取精英蚂蚁进行节点段的平移和连接操作，并进行组合以产生新解，按照退火规则接受新解，从而完成模拟退火与蚁群算法的结合，完成基于模拟退火算法改进的蚁群算法。在此以退火蚁群算法为基础，加入机器人每次移动改变的位姿及坐标变换的角度变化，以及坐标信息的输出规则，并在算法模拟中用箭头来表示。假设，蚂蚁数量为 n，蚂蚁从固定节点出发，为了保证算法比较迭代次数相同，如果经典蚁群算法迭代次数为 m，则退火蚁群算法中，蚁群算法迭代次数为 $m/2$，预设温度为蚁群算法运行 2 次（蚁群算法→退火算法→蚁群算法→结束）[38]。

（四）电子鼻技术融合算法

电子鼻是以气味为感知对象的测量技术，利用电子鼻技术可以快速、实时检测苹果果实对应于不同状态（从青涩到成熟、从完好到腐败）的气味及其程度，用于苹果品质状态的鉴别。由于电子鼻的敏感元件一般对苹果气味成分不具有特异性，因此需要采集大量的样本数据，对模型进行训练学习，再通过模式识别算法来提高检测精度。

研究人员利用 ANN 和贝叶斯网络融合模型，并结合电子鼻和表面声波传感器数据，开展了苹果缺陷检测研究。该研究以“红元帅”（Red delicious）苹果为研究对象，使用 Enose（Smith detection，herts，UK）和 zNose（Electronic sensor technology，newbury park，CA）2 种电子鼻测量了苹果样本的气味。分别采用了特征层级和决策层级 2 种多传感器数据融合模型，对 Enose 和 zNose 数据进行融合建立识别模型，并分析识别效果。在特征级融合算法中，首先利用协方差矩阵自适应进化策略（CMAES）对 Enose 和 Znose 进行特征选择，利用主成分分析（Principal Component Analysis，PCA）提取特征主成分形成特征向量，作为分类 ANN 的输入。在决策级融合算法，完成特征选择之后先进行特征描述，再利用贝叶斯网络将单个传感器提供的特征描述进行组合用于模式识别。综合分析结果显示，与使用单独传感器进行分类识别相比，2 种多传感器融合算法都明显提高了受损苹果的检测和分类精度[39]。

Jia 等以金冠苹果为模型对象，以 PEN3 电子鼻为手段，开展了霉变苹果快速检测与识别技术研究，主要检测霉菌为扩张青霉和黑曲霉。首先对 PEN3 电子鼻中与霉变苹果气味相关性最高的传感器进行了优化，以便简化分析过程、提高结果的准确性。4 种模式识别方法被应用于分析数据和建模，这些方法包括线性判别分析（Linear Discriminant Analysis，LDA）、反向传播神经网络、支持向量机（SVM）和径向基函数神经网络。4 种模式识别方法的结果表明，BPNN 方法对苹果个体的识别精度大于 90.0%，PEN3 电子鼻融合机器学习可以有效地检测和识别新鲜和霉变苹果[39]。

（五）粒子群算法

粒子群算法（Particlc Swarm Optimization，PSO）是 Kennedy 和 Eberhart 受人工生命研究结果的启发，通过模拟鸟群觅食过程中的迁徙和群聚行为而提出的一种基于群体智能的全局随机搜索算法；1995 年 IEEE 国际神经网络学术会议上发表了题为“Particle Swarm Optimization”的论文，标志着粒子群算法的诞生。粒子群算法一经提出，由于它算法简单，容易实现，立刻引起了进化计算领域学者们的广泛关注，成为一个研究热点。粒子群算法与其他进化算法一样，也是基于“种群”和“进化”的概念，通过个体间的协作与竞争，实现复杂空间最优解的搜索。同时，它又不像其他进化算法那样对个体进行交叉、变异、选择等进化算子操作，而是将群体中的个体看成是在 D 维搜索空间中没有质量和体积的粒子，每个粒子以一定的速度在解空间运动，并向自身历史最佳位置 pbest 和邻域历史最佳位置 gbest 聚集，实现对候选解的进化。粒子群算法因具有很好的生物社会背景而易于理解，由于参数少而容易实现，对非线性、多峰问题均具有较强的全局搜索能力，在科学研究与工程实践中得到了广泛应用。PSO 初始化为一群随机粒子（随机解）。

然后通过迭代找到最优解。在每一次的迭代中，粒子通过跟踪两个“极值”来更新自己。

粒子有扩展搜索空间的能力，具有较快的收敛速度，但由于缺少局部搜索，对于复杂问题比标准 PSO 更易陷入局部最优。当 $C_2=0$ 时，则粒子之间没有社会信息，模型变为只有认知（cognition-only）模型。称为局部 PSO 算法。由于个体之间没有信息的交流，整个群体相当于多个粒子进行盲目的随机搜索，收敛速度慢，因而得到最优解的可能性小。

（六）支持向量机

支持向量机（Support Vector Machine，SVM）是一种用于分类问题的监督算法。支持向量机试图在数据点之间绘制两条线，它们之间的边距最大。为此，我们将数据项绘制为 n 维空间中的点，其中，n 是输入特征的数量。在此基础上，支持向量机找到一个最优边界，称为超平面（Hyperplane），它通过类标签将可能的输出进行最佳分离。超平面与最近的类点之间的距离称为边距。最优超平面具有最大的边界，可以对点进行分类，从而使最近的数据点与这两个类之间的距离最大化。

所以支持向量机想要解决的问题也就是如何把一堆数据做出区隔，它的主要应用场景有字符识别、面部识别、文本分类等各种识别。

第三节　农业数据采集与获取

一、中国农业数据的相关介绍

《中共中央关于制定国民经济和社会发展第十三个五年规划的建议》提出要坚持创新、协调、绿色、开放、共享的新发展理念。创新发展注重的是解决发展动力问题。2016 年 5 月，中共中央、国务院发布《国家创新驱动发展战略纲要》，强调必须将科技创新摆在国家发展全局的核心位置，技术创新需要数据服务的大力支持。创新驱动发展，数据驱动创新，数据驱动知识发现成为一种新的科学进步路线。农业大数据是数据驱动的农业生产成为智能的新兴力量，大数据为农业提供了机会，对于信息时代的农业交易，大数据则有助于深化和有效整合分散农产品生产和流通的数据，这是国家重要的战略需求。然而，中国的创新能力不强，科学发展水平普遍不高，科学支撑经济社会发展的能力不足，科学技术对经济增长的贡献远低于发达国家。新一轮科技革命带来了更加强烈的技术能力。如果不能进行技术创新，发展势头就无法实现转型，我们将在全球经济竞争中处于劣势。因此，我们必将科技创新作为第一生产力，将人才作为支撑发展的第一资源，把创新摆在国家发展全局的核心位置。

随着大数据、云计算、“互联网+”等技术的发展，以及农业农村信息化水平的逐步提高，海量农业数据呈指数方式增长，随着农业数据资源的不断增长，特别是农业科学的实验数据，探索对农业科学数据进行有效监督的方式，已成为当前学术研究的热点之一。

大数据环境下，农业科学数据无论在数量上，还是结构，以及类型上都发生了前所未有的变化，数量极其大，半结构和非结构化的数据比例越来越大，数据类型更是多样化。近年来，我国农业科学研究工作进展迅速，产生了大量宝贵的农业科学数据，这些科学数据涉及到农业科学的各个领域，科研人员及农业研究工作对其有着广泛的需求。然而由于农业科学数据大多不是网络数据，不能通过互联网“自然形成”来获得，而是在科学研究工作中“创造”，来之不易，许多科学数据需要专业人员和仪器设备专门观测、实验、挖掘，投入大，耗时长，给农业研究人员获取农业科学数据造成障碍，影响农业科学数据的有效利用。农业科学数据资源数量的急剧增长为科研人员获取所需的信息和知识带来更多机遇的同时也带来了更大的挑战。由于农业科学数据来源及表现形式多样化，因此农业科学数据很难有一个规范的存储格式来保证农业科学数据的完整性。农业科学数据监管，不是单纯对农业科学

数据进行存储，而是在农业科学数据供学术、科学及教育所用的生命周期内对其进行持续监管的活动，通过评价、筛选、重现及组织数据以供当前农业科研活动获取，并能用于未来再发现及再利用，从而为农业领域决策问题求解构造有效的科学数据资源。它为解决农业科学数据资源领域的数据监管服务问题提供了新思路、新方法和新途径[40]。

二、精确农业

我国是世界上最主要的农业国家，用占世界 7%的耕地解决了世界 22%人口的温饱问题，取得了举世瞩目的成就。但是人口增长和土地资源减少的矛盾不可逆转，为了满足经济和人民生活水平日益提高的要求，必须保持农业的持续发展。解决问题的根本出路在于科学技术，而要想使农业持续发展就必须对农业科学数据进行收集和利用，由此，我们启动了许多农业方面的技术。例如，精确农业技术，此技术是以信息技术为支撑，根据空间变异，定位、定时、定量地实施一整套现代化农事操作与管理的系统，是信息技术与农业生产全面结合的一种新型农业。精确农业是近年出现的专门用于大田作物种植的综合集成的高科技农业应用系统。精确农业根据土壤肥力和作物生长状况的空间差异，调节对作物的投入，在对耕地和作物长势进行定量的实时诊断并充分了解大田生产力的空间变异的基础上，以平衡地力、提高产量为目标，实施定位、定量的精准田间管理，实现高效利用各类农业资源和改善环境这一可持续发展目标。实施精准农业不但可以最大限度地提高农业生产力，而且能够实现优质、高产、低耗和环保的农业可持续发展的目标。精确农业技术由 10 个系统组成：全球定位系统、农田信息采集系统、农田遥感监测系统、农田地理信息系统、农业专家系统、智能化农机具系统、环境监测系统、系统集成、网络化管理系统和培训系统。这些系统都有助于研究人员对农业数据的收集和研究，从而促进农业的发展。

由此看来，农业数据的采集与获取对现代农业的发展有着至关重要的作用。现如今，农业数据的采集和获取技术有很多种，其中最为突出的就是物联网和传感器收集技术。

三、物联网简介

物联网是指通过各种信息传感器、射频识别技术、全球定位系统、红外感应器、激光扫描器等各种装置与技术，实时采集任何需要监控、连接、互动的物体或过程，采集其声、光、热、电、力学、化学、生物、位置等各种需要的信息，通过各类可能的网络接入，实现物与物、物与人的泛在连接，实现对物品和过程的智能化感知、识别和管理。物联网是一个基于互联网、传统电信网等的信息承载体，它让所有能够被独立寻址的普通物理对象形成互联互通的网络。物联网的关键技术有：射频识别技术、传感网、M2M 系统框架、云计算等。

物联网是近年来新兴的一种信息技术，它被认为是继计算机、互联网技术后一次新的技术革命。针对在传统的农业种植中，人们获取农田信息主要通过人工测量，做出决策一般依赖的是经验管理。这种粗放的管理方法极大地阻碍了农业的发展。对农产品产量与质量的提高有着制约作用。目前，物联网技术在农业中的应用是将大量的传感器节点构成监控网络，通过各种传感器采集信息后传输给应用层的管理中心，管理中心对采集的数据进行处理。人们通过采集的数据了解农作物的生长情况，一旦数据出现异常，可以通过传感网络里的节点来定位，找出异常点，实现精准定位，具有比较强的实时性。因此，物联网技术在农业中的具体应用有望为农业带来划时代的变革[41]。

四、农业物联网的介绍

农业是国民经济发展的命脉。我国经济的快速发展和人民生活水平的提高，离不开农业劳动生产率的不断提高。物联网产业的不断发展正在提升我国农业生产效能，促进农业的精准化管理，推进农业资源的合理高效利用。物联网应用于农业领域，将在以下几个方面促进中国农业发展：

通过使用物联网可以快速、实时、精确获取农田环境数据。

传感器网络采集的信息被传送到后台处理中心，分析后可以进行精准、大规模、自动化管理与控制。

物联网促进农业信息化，将智能化、自动化、精准化、规模化提升到更高的水平，成为现代化大农业的重要支撑。

基于物联网的智能农业系统：近年来，随着智能农业、精准农业的发展，智能感知芯片、移动嵌入式系统等物联网技术在现代农业中的应用逐步拓宽。在监视农作物灌溉情况、土壤空气变更、畜禽的环境状况以及大面积的地表检测，收集温度、湿度、风力、大气、降雨量，有关土地的湿度、氮浓缩量和土壤 pH 值等方面，物联网技术正在发挥出越来越大的作用，从而实现科学监测，科学种植，帮助农民抗灾、减灾，提高农业综合效益，促进了现代农业的转型升级。在传统农业中，人们获取农田信息的方式很有限，主要是通过人工测量，获取过程需要消耗大量的人力，而通过使用无线传感器网络可以有效降低人力消耗和对农田环境的影响，获取精确的作物环境和作物信息。在现代农业中，大量的传感器节点构成了一张张功能各异的监控网络，通过各种传感器采集信息，可以帮助农民及时发现问题，并且准确地捕捉发生问题的位置。这样一来，农业逐渐地从以人力为中心、依赖于孤立机械的生产模式转向以信息和软件为中心的生产模式，从而大量使用各种自动化、智能化、远程控制的生产设备，促进了农业发展方式的转变。

目前，一批成本低、高性能的土壤水分和作物营养信息采集技术产品正在农业生产领域发挥着作用，解决了数字农业信息快速获取技术瓶颈问题。譬如具有自主知识产权的新型土壤水分传感器，可以精确地采集土壤和作物养分信息；基于称重传感器的高精度智能测产系统，解决了智能测产与谷物品质监测系统的精度难题。形形色色、功能各异的各种物联网传感器系统，使我国农业发展迈出了新的步伐。

五、农业物联网的主要应用场景

温室大棚环境信息采集和控制：实时测量空气、土壤的湿度、温度等环境参数，并进行自动化调节，从而达到增加作物产量、改善品质、调节生长周期、提高经济效益的目的。

动植物生物信息监测：对牲畜家禽、水产养殖、稀有动物的生活习性、环境、生理状况等进行观测；监测农作物中的害虫、土壤的酸碱度和施肥状况等。

节水灌溉系统：利用传感器感应土壤的水分，控制灌溉系统的阀门打开、关闭，从而达到自动节水灌溉的目的。

农产品安全溯源应用：利用 RFID 和二维码等技术对农产品进行标识和管理，监控和记录所有产品流通环节，为政府执法人员、企业以及消费者提供溯源。

六、农业物联网技术应用

当前，农业物联网技术主要应用于设施农业、水产养殖、畜禽养殖和大田作物四大领域。从其实现的技术功能来看，主要应用在四个方面：一是农产品安全溯源；二是精准化农业生产管理；三是远程、自动化农业生产管理；四是农产品智能储运。

农产品安全溯源。使用射频识别、二维码和电子耳标等身份识别技术，可以对农产品进行身份标识，并对农产品的生产、加工、交换和流通等各环节进行全程跟踪记录，进而将记录的数据信息存储在农业物联网云端中心的服务器上，供终端消费者实时验证查询。

精准化农业生产管理。传统农业的生产管理主要基于感性经验，不管是在生产投入、过程管理还是结果统计上，都呈现粗放型特征。农业物联网技术的精准化农业生产管理、应用则可以实现生产投入、过程管理和结果统计三位一体的精准化生产管理。在生产投入上，农业生产者可以通过

遥感、传感器等技术对生产作业的土地、水域、空间或养殖对象进行准确信息参数感知，进而精准确定水、肥、药、食等要素的投入水平，实时投入精准化。

远程、自动化农业生产管理。农业物联网技术与信息控制、人工智能和自动化控制等技术结合，实现农业生产管理的远程化和自动化。这种远程、自动化生产管理方式使得生产者即使远在外地，也可对生产对象进行远程自动化管理。这种自动化还体现在对气候或病虫灾害的智能化监测预警上；而远程化则体现在农业生产者可以借助农业物联网实现远程专家咨询功能；农业生产者通过农业物联网系统立即将病虫害等症状信息发给远程专家，远程专家就可以及时进行远程诊断和处理。

农产品智能储运。智能储运功能分为智能物流和智能储存两个方面。智能物流通过应用身份识别和 GPS 等技术对农产品进行远程标识和跟踪，实现对农产品的非接触式物流管理，即无需手动扫描识别和搬运等，而借助于自动控制技术实现农产品的智能自动化分类、分拣、装卸、上架、追踪和销售结算等。智能存储应用方面，由于农产品的存储需要控制温度、湿度、光照等条件，来实现保鲜和防腐。智能储运一方面可以保障食品安全，另一方面也可以实现节约能源的目标。如冷冻食品运输过程中，需要对食品进行冷冻降温保存，温度过低则会浪费电能，温度过高则会造成食品腐败，农业物联网应用智能化温度控制系统，采用精确智能的温度控制，既节约了电能又实现了防腐的目标[42]。

农业物联网技术功能具有一定的社会经济效益。在经济效益方面，主要表现在其有利于提高生产效率、降低循环流转成本、节约能源资源投入成本、增加农产品附加价值、带动农业物联网技术相关设备和软件产业的发展等；在社会效益方面，主要表现在其有利于保护生态环境、保障食品安全、节约能源资源、引导产业结构均衡发展和实现“人”的进一步“在场”解放[43-44]。

第四节　农业人工智能决策

一、云计算技术

（一）云计算技术的定义与特点

云计算技术目前世界上使用非常广泛的一门技术，它具有非常广阔的发展前景。它通过运用集中式远程计算机资源池进行数据的存储，计算，以按需分配的方式为用户提供相应的服务。云计算以其超强的计算能力，超高的服务质量，超大的存储空间，在诸多数据处理技术中体现出巨大的优势。其特征主要表现在：

透明化。云计算的资源池对每个用户都是透明的，并且保证数据的开放性；

无限制。云计算可以为计算机系统提供不受任何时间限制、行业限制的服务，允许各行业根据需要科学选取合适的计算模式，以期得到更精准且有效的数据信息；

便捷性。数据获取方便快捷，成本较低，为用户处理数据节省时间，提升数据处理的效率；

灵活性。云计算提供灵活的服务与方式。可根据用户需求选择合适的计算方法，提供针对性服务，更能提升用户的满意度[45]。

云计算在网络虚拟中发挥作用，不具备实体形态，其最大的特点是不论客户端的方位、时间，都能够满足客户应用需求，为其提供有效信息。优点：准确度高，与普通计算机相比，云计算大大降低了信息错误的情况发生。普适性强，云计算通用于各类 App 当中，不会有过多的兼容性问题。价格低，云计算的集成式管理，大大降低了各行业的运作资的输出，使得人们日常生

活都能够享受到云计算的便捷服务。

（二）云计算技术的系统组成

云计算系统由云平台、云存储、云终端、云安全四个基本部分组成。

1. 云平台

云计算平台也称为云平台，是指基于硬件资源和软件资源的服务，提供计算、网络和存储能力。云计算平台可以划分为3类：以数据存储为主的存储型云平台，以数据处理为主的计算型云平台以及计算和数据存储处理兼顾的综合云计算平台。

实际环境中的云平台有三种云服务：软件即服务（Software as a Service，SaaS）：SaaS 应用是完全在“云”里（也就是说，一个 Internet 服务提供商的服务器上）运行的。其户内客户端（on-premises client）通常是一个浏览器或可能是当前最知名的 SaaS 应用，不过除此以外也有许多其他应用。附着服务（Attached services）：每个户内应用（on-premises application）自身都有一定功能，它们可以不时地访问“云”里针对该应用提供的服务，以增强其功能。由于这些服务仅能为该特定应用所使用，所以可以认为它们是附着于该应用的。一个著名的消费级例子就是苹果公司的 iTunes：其桌面应用可用于播放音乐等等，而附着服务令购买新的音频或视频内容成为可能。微软公司的 Exchange 托管服务是一个企业级例子，它可以为户内 Exchange 服务器增加基于“云”的垃圾邮件过滤、存档等服务。未来云平台（Cloud platforms）服务：云平台提供基于“云”的服务，供开发者创建应用时采用。你不必构建自己的基础，你完全可以依靠云平台来创建新的 SaaS 应用。云平台的直接用户是开发者，而不是最终用户。要掌握云平台，首先要对这里“平台”的含义达成共识。一种普遍的想法，是将平台看成“任何为开发者创建应用提供服务的软件”。

2. 云存储

云存储是指云时代的存储系统，是一种网线托管的模式，云存储应用平台一共分为 3 个部分，分别是前端系统、前后端通信系统以及后端系统云存储系统，前端系统又包括了表现层和应用层，前后端通信系统指的是数据交互层，后端存储系统主要指的是逻辑管理层和物理存储层。云存储并不是一种存储而是一种服务，它主要是应用软件与存储设备相结合，通过应用软件来达到从存储设备转换到存储服务的目的。目前云存储主要分为三类：公有云、私有云和混合云。

3. 云终端

云终端是实现云桌面的工具，它的功能是将云端系统桌面呈现到前端来，它的主要功能是显示云端的桌面和将云终端的输出输入数据重新定义在云端服务器上；云终端适合使用的硬件有云终端、平板手机、笔记本电脑、PC 电脑主机等。它是和云服务相连接的终端设备，能做基本的网页浏览数据等功能。它结构小巧，便于操作，不用要主机就能进行操作，十分实用方便。它可以实现一机多户的功能。即它可以让多位用户不受限制独立地同时使用一台主计算机的各种硬件及软件资源。从而使一个电脑对应多个终端。

4. 云安全

云安全，主要就是能充分利用好信息时代背景下的云计算技术的优势，将其有效地应用在计算机网络信息安全中。其中，云安全则是我国相应的企业所提出，其在国际云计算中也具有重要的地位，在此过程中，则应充分重视会员网平台中的安全性问题。加强相应的防病毒措施，构建能有效进行监视检测，消除网络中恶意代码的系统，这样就可以帮助云服务提供商有效获知相应的恶意代码，恶意程序，木马程序等。并能结合实际需求将其相应的有效解决方案回传给客户端从而满足云查杀的要求，针对相应的云安全技术来说，能有效进行全方位的用户访问信息的安全评级进行评价，这样就能及时阻止相应的恶意代码的传播并能利用快速的共享将其相应的解决措施传递到相应的客户端以保障更好地开展保障计算机的零接触，零感染地更好地开展病毒防护工作，充分发挥好云计算的安全性优势，能有效处理好网络中的恶意代码，木马病毒，对于站点的恶意攻击等情况[46]。

（三）云计算在农业人工智能决策方面的应用

农业生产活动：在农业生产活动中，云计算技术的应用主要体现在三方面。

生产资料信息。云计算技术提供充足的信息，包括销售渠道、预期销售、农产品选种等，并且具有科学依据，能够保障相关信息的可靠性。

管理效率。云计算技术全面提高了管理的效率，增强了农业管理的信息化、自动化、数字化的水平，为农民更好地落实农业活动提供了技术保障。

信息支持服务。云计算技术其提供了信息支持服务，包括专家系统、远程支援等方面，支持农民开展农业活动。

农业电子商务服务：在技术发展如此迅速的环境中，电子商务技术、服务得到了良好的提升与完善，加之云计算在现代农业中已经得到了广泛的应用，更加促进了电子商务服务的发展。云计算技术在现代农业中的应用，对于加快农民之间的经验交流、合作、营销具有很大积极作用。将云计算技术应用在农业电子商务服务中，不仅降低了农业市场中的风险，使得农民从以往的被动地位逐渐占据主动地位，而且还增加了农产品的产量，提高了农产品的质量，有效的激发了农民在农业活动中的积极性。

农产品流通：在农业发展中，尤其是现代农业中，农产品的流通具有重要意义，而将云计算技术应用在农产品的流通中，为农产品信息的管理提供了便利条件。由于农产品在流通的过程中，对于其新鲜程度具有较高的要求，也就是说在运输农产品的过程中，与其相关的信息应该具有较强的时效性，云计算技术的自身对于信息的管理就具有高效性的特征，在降低信息管理经济成本的同时，还是实现了物流跟踪的目的。在这样的应用环境中，有效的加强了对运输农产品车辆信息的管理，同时云计算技术能够实时为农民提供运输信息，为其决策提供依据，从而保证农产品的新鲜程度[47]。

二、数据挖掘

现代农业发展过程中，数据呈爆炸式增长，尤其是随着移动互联网和物联网技术的发展，在农业生产，交通与交易过程中，农业资源环境多样化的生产经营方式不断产生全量，超大规模，多源异构，实时变化的农业数据。生产的大量数据既包含价值密度低的数据库，也包含价值约多高的数据块，需要从这些数据中寻求科学规律，用知识快速去出模式关联变化异常特征与分布结构，利用自然语言处理，信息检索，机器学习等技术，挖掘抽取知识，把数据转化为智慧的方法学，指导农业生产经营是农业数据挖掘的价值所在。

（一）农业数据挖掘特点

农业数据挖掘可称为农业数据库中的发现，是指从农业数据库的大量数据中揭示出隐含的、先前的、未知的并含有潜在价值的信息的过程。原始农业数据可以是结构化的、半结构化的，如文本、图形和图像数据；也可以是半结构化的，如文本、图形和图像数据；甚至是分布在网络上的异构型农业数据，如农业技术、农产品市场价格、农业视频等。通过数据挖掘发现的知识可以被用于：精准农业生产，提高农业生产过程中的科学化管理、精准化监控和智能决策；农业水资源、农业生物资源、土地资源以及生产资料资源的优化配置、合理开发以实现高效高产的可持续绿色发展；农业生态环境管理，实现土壤、水质、污染、大气、气象、灾害等智能监测；农产品和食品安全管理与服务，包括市场流通领域、物流、产业链管理、储藏加工、产地环境、供应链与溯源等精准定位与智能服务；设施监控和农业装备智能调度、远程诊断、设备运行和实施工况监控。

（二）农业网络数据挖掘

农业网络数据挖掘就是一 Web 信息资源为对象，以信息检索的方式为

用户提供所需信息。它包括信息收集，信息过滤，信息存取，信息索引，信息检索等环节，互联网上有海量的农业信息资源据不完全统计，在国内农业领域现有各种网站 3 万余个，内容设计，实用技术，供求信息，价格信息，农业资源，等多个主题。这些农业资源网站信息集中，专业性强，服务有针对性。另外，一些综合类和商务类网站，如阿里巴巴、淘宝、等提供了海量的农产品供需农资市场，农业设备等特定的农业数据，对网络中含量存在的数据进行挖掘，入库，后期进行智能分析，对于现代农业发展具有现实意义。

农业网络数据挖掘工具的典型代表有美国农业网络信息中心与美国普林斯顿建立的 AgriscapeSearch，法国的 Hyltel Multimedia，中国科学院合肥智能机械研究所研发的“农搜”、华南农业大学的华农在线，中国农业科学院农搜国家农业信息化工程技术研究中心的 Agsoso 等。最早网络数据抓取采用基于 Html 网页库的关键词匹配方法，由于网页里包含了很多广告，与当前页面无关的链接等垃圾信息，导致查准率较低，因此在抓取网页的同时进行 Web 信息抽取 Agsoso 等工具信息的查准率大幅度提高[48]。

（三）农业感知数据挖掘

除了农业网络数据之外在农业产业链前端以及农业生产过程中农业生产活动也产生了大量的农业过程数据该部分的数据主要通过各类物联网感知设备自动控制设备，智能农机具包括人工操作记录等方式进行采集与收集这里通称为农业感知数据，不同于农业网络，数据，农业感知数据的来源繁多数据结构与类型复杂多样，多为特征间关联十分紧密。这些都对农业感知，数据挖掘提出了很高的要求农业生产过程的主体是生物存在多样性，变异性和不确定性，因此农业感知数据存在季节性，地域性，时效性，综合性，多层次性等特点而在具体应用场景上，也涉及不同专业的多个领域，如气象、动植物育种、土地管理、产量分析图、畜禽饲养、土壤、水肥、植物保护等。随着物联网数据的不断积累，挖掘分析方法对大数据的处理方法与传统小样本的分析方法有着本质的不同。而且对挖掘深度，数据可视化与实时性等方面都有了更高的要求。

美国的农场主通过安装 Climate corporation 公司的气象数据软件可以获得农场范围内的实时天气信息，如温度、湿度、风力、雨水等。同时结合天气模拟，植物构造和土壤分析，得出优化决策方案，帮助农场主从生产规划、种植前准备、种植期管理、采收等环节做出更好的决策。来自美国硅谷的 Solum 公司致力于提供精细化农业服务，其开发的软硬件系统能够实现高效而且精确的土壤抽样分析，以帮助种植者在正确的时间、正确的地点进行精确施肥，帮助农民提高生产效益。美国 Farmlogs 公司通过移动终端如 ipad，帮助农民上传农场数据并获取分析结果使农场管理更加便捷。同时，该公司正在开发基于大数据分析具备智能预测功能的农作物轮作优化的产品。在我国由国家信息化工程技术研究中心等研发组件的金种子育种云平台，能够满足科研单位和农业企业在采集试验状态谱系的相关数据上的需求，提供包括种质资源管理、实验规划、性能采集、品种选育谱系管理以及数据分析等育种过程数据分析与服务，并在隆平高科、山东圣丰种业等成功应用[48]。

（四）数据挖掘在农业中的应用

育种数据挖掘：在人类早期简单的种植和采收活动中就开始孕育作物驯化育种的思维在源于西欧的近代育种技术和理论出现之前作物育种都是通过天然杂交和变异产生一些符合人类生产需求的作物品种，随着遗传学，分子生物学，生物统计学等学科发展作物育种研究产生了海量，多种类型的数据整合和最大化利用这些生物学数据，无疑对现代育种研究具有不可估量的重要意义。据不完全统计，我国现有的农作物资源中含有水果，蔬菜等 200 种作物，其中包含的品种更是达到 40 万种。人们可以通过数据挖掘技术，根据丰富的种植经验和积累从这些众多的品种资源数据库中挖掘出适宜优异的品种来进行培育，农作物品种选育成多元化发展趋势高产是新品种选育的永恒主题，品质改良是新品种选育的重点病虫害抗性是新品种选育的重要选择，非生物逆境是新品种选育的重要方向，养分高效利用是品种选育的重

要目标，适宜机械化作业是新品种选要选育的重要特征，育种相关数据包括基因组测序数据转录组测序与分子标记数据，作物表型检测数据，田间数据和农业环境数据等国内外学者基于经典遗传学，数量遗传学和群体遗传学原理，采用关联分类和聚类算法，挖掘种质资源，农艺性状，品质，抗逆，抗病虫等特征特性的关联知识，实现育种关联知识发现，野生种质预测，核心种质筛选等典型业务服务[48]。

作物生产数据挖掘：在作物工作过程中，土壤情况、肥料、气候等因素都会影响整个农作物的生产过程，从而带来产量上的差异。农业数据和信息具有很强的地域性和时效性，围绕农作物生产过程的关键环节开展数据挖掘工作，发现苗、水、肥、土、重气象灾害数据背后隐藏的信息，实时提供相关的预测。实时性和指导性的信息，都是数据挖掘技术在农业领域应用的重要需求。基于实时伤情、气象、土壤肥力和大宗粮食作物栽培数据的数据挖掘分析，能够支撑农业精准生产管理。提高化肥、水、农药等合理投入数据挖掘可以对农作物的整个生产过程进行风险评估。通过对农作物病害，杂草品种抗性以及相关的地理环境等元素分析可以降低气候异常、病虫害等对粮食安全生产的影响。例如利用 GIS 技术对蝗虫爆发和土壤类型，降雨情况以及他们的群众和密度进行研究，通过画出蝗虫爆发的程度空间分布图来对其进行统计预测。根据山东省 1999—2013 年玉米田第四代棉铃虫发生程度采集的数据，采用支持向量回归算法，构建了玉米田第四代棉铃虫发生程度与其关联，因此间的非线性关系模型实现了棉铃虫有效防控[48]。

（五）农业数据存储模型

考虑农业数据资源海量性和语义复杂性，基于自上而下的分类方法。采用 XML 元数据约束与语义标注相结合机制，建立农业海量数据逻辑存储模型，该方法在数据存储领域得到了广泛应用。但存储的性能与效率主要取决于原数据的组织方式以及寓意标注的准确性。在农业海量数据逻辑存储管理中，每一个资源信息必须包含元数据（领域类别、元数据类型、资源名称、标注信息）类别字段和农业领域类别字段其分别指定资源信息必须符合的资源描述规范，以及在农业领域层次分类中的逻辑位置。同时，为了提高数据资源的检索效率，在逻辑资源管理框架中引入索引技术，建立资源信息的全局索引表，维护了资源信息的基本字段，用户注册知识资源时需选择资源元数据分类并填写原数据所对应的资源描述字段。一方面将在该元数据对应的管理区域内建立资源信息 XML 文件；另一方面将注册信息加入资源索引表建立关键描述，字段领域分类元数据分类，物理，存储位置之间的关联，有效提高资源信息检索灵活性和有效性[48]。

三、机器学习

（一）机器学习定义

使用机器学习技术对图像进行分析与理解是研究热点，机器学习就是通过输入一定量的数据，通过一定的逻辑规则，在给定的判断准则下，来实现对数据的分析预测功能。对于机器视觉系统来说，输入的数据是图片。并按照输入时是否对数据添加一定的标签，机器学习可以分为监督学习、非监督学习等，在机器学习算法中均有一定的应用。典型的机器学习算法首先需要一定的训练样本集，往往是提取图像的特征，然后通过机器学习算法进行训练得到训练模型，不同的算法会有不同的训练精度，而在预测的过程中，新的样本通过使用已知的模型，会得到预测的结果[49]。

（二）机器学习方法

当输入样本的数据或信息没有标记时，就会使用无监督机器学习算法。无监督学习研究系统如何形成一个函数，从而从实际上没有标记的数据中详细描述隐藏的结构。

1. K-均值聚类算法

K-均值聚类（K-means clustering）简称 K-means 算法是一种聚类的方式，

是对输入的样本划分到 k 个聚类中，使得相同类内的距离最小，而不同类内的距离最大，从而完成聚类的方式，输入的样本没有标签，这是一种无监督的学习方式。对于样本（x_1，x_2，…，x_n），每一个样本的值都是 d 维向量，K-均值聚类就是把这 n 个样本聚类到 k 个集合中（$k \leqslant n$）中，使得集合内的平方和最小。罗匡男在研究三七叶片的 2 种病斑时，得到图像的特征向量，通过改变初始簇中心的方法，选择距离绝对值最大的向量作为初始簇中心点的 K-Means 算法来提高分类的准确度。刘永娟在研究使用计算机视觉技术对玉米的抽雄期进行自动观测试验时，使用 YCbCr 颜色空间对 Cb、Cr 分量增强后，玉米雄穗的图像被增强，之后使用改进的 K-means 算法对玉米雄穗的灰度图像聚类分割，并通过一定的阈值来判断进入什么时期。Zhang 等在对作物图像的病虫害进行特征识别中，使用 K-means 均值聚类算法分割图像，获取病虫害信息的形状和颜色特征，该方法能够有效提高对病虫害的识别率，并高于其他方法。K-means 在解决聚类的问题上，比较简单快速，能够高效处理比较大的数据集；但也有一些缺点，K-means 中 k 值是需要事先给定的，但大多情况下是不知道分多少类别最合适；同时该算法对初始值影响较大，对于有异常的值，处理起来会导致偏差严重，所以一般在使用该方法时会改进该算法，以适应解决问题的需要。

2. 高斯混合模型

高斯混合模型（Gaussian Mixture Model，GMM）的本质是融合几个单高斯模型，使模型更为复杂，但这可以主要用于解决同一集合内数据包含多个不同分布，或者同一类分布但参数不一样的情况。在图像处理中，使用高斯混合模型对图像进行分割或聚类，假设每个类都有自己的正态分布，并且整个图像是不同高斯函数的混合。并且在理论上，如果使用的高斯模型的个数足够多，并且设置合理的权重，那么混合模型能够拟合任意分布的样本。董腾通过采用高斯混合模型的分类方式，使用样本图像的颜色特征和区域特征用高斯混合模型来训练，建立对未知种类水果的分类器，建立的模型对未知水果进行分类时，分类结果达到 98%以上。田杰等在研究小麦叶锈病分割时，由于叶锈病病斑边缘和叶片颜色接近，他提出一种基于主成分分析和高斯混合模型的方法，结果发现改进型的方式比高斯混合模型、K-means的传统方法错分像速率分别低5.46%、13.44%，同时在运行速度上得到大幅度提高。高斯混合模型在使用中和K-means相似之处在于对聚类的类别k值须要事先确定，高斯混合模型可以给出一个样本属于某一类的概率大小[49]。

第五节　农业人工智能应用

一、农业人工智能在农业机械方面应用

（一）农机自动驾驶技术的应用实现自动耕地和收割

农机自动驾驶是指拖拉机、收获机通过感知、定位技术实现作业环境、位置感知，利用路径规划技术及液压控制技术，实现农机按规划轨迹自主行驶。农机自动驾驶有助于减少人工劳动成本、提高作业精准性和提升作业效率。当前农机自动驾驶多采用导航定位的方式，实现全局路径规划、自动驾驶。一方面可在卫星导航的基础上，利用视觉结合神经网络深度学习，实现对局部环境的状态解析，对障碍物进行识别、检测，进而实现全局及局部多维度环境感知。另一方面可以根据地貌和土地材质进行耕深的自动调节。Kinze大型农机企业早在2012年就参考Google的自驾系统打造出自动农耕机、收割机，只要在耕作时把会遇到的状况与田地信息一同输入GPS系统，拖拉机会根据GPS系统纪录指示行驶，依循前方进行红外线扫射，以避免撞上障碍物[50]。

（二）收获机械的智能应用

谷物收获机械智能化有助于小麦、水稻和玉米等谷物的智能化收割。谷

物清选检测是收获机作业过程中的一个重要环节，如小麦收获机作业，首先通过割台对小麦进行收割，然后通过滚筒转速调节、凹板间隙调节对小麦进行脱粒、分离和清选。收获机的行驶速度、割台高度、滚筒转速、凹板间隙等参数是影响脱粒、分离和清选的关键。可在收获机作业仓中安装摄像头，通过神经网络实现对小麦脱粒、破损粒进行实时检测，利用深度学习方法，找到行驶速度、割台高度和滚筒转速，进而根据作物状态不同，及时调整以便将作物收获干净。收获机械还可以根据收获谷物的不同来进行行驶速度、割台高度和滚筒转速的调整。智能果木采摘机器可以完成苹果、葡萄等水果采摘。Aboundant Robotics 是来自美国加州的农业机器人公司，目前他们已经上市的是一款苹果采摘机器人，可以在不破坏苹果树和苹果的前提下达到一秒一个的采摘速度。苹果采摘机器人通过摄像装置获取果树的照片，用图片识别技术去定位那些适合采摘的苹果，然后用机械手臂和真空管道进行采摘，不会伤到果树和苹果[50]。

（三）植保机械的智能应用

Blue River Technologies 是一家位于美国加州的农业机器人公司。Blue River 的农业智能机器人可以智能除草、灌溉、施肥和喷药。智能机器人利用电脑图像识别技术来获取农作物的生长状况，通过机器学习，分析和判断出哪些是杂草需要清除，哪里需要灌溉，哪里需要施肥，哪里需要打药，并且能够立即执行。智能机器人因为能够更精准地施肥和打药，可以显著减少农药和化肥的使用，相比传统种植方式减少了 90%的农药和化肥使用[50]。

（四）农业人工智能机械未来发展方向

现在农业机械已经在很多作物收获环节进行应用。例如甘蔗收获、土豆和花生的收获，青饲收割、牧草收割打捆和大豆的收获。对于不同收获对象，人工智能可以自动调节参数，例如收获土豆、花生等地下作物时，要及时调整入土深度，保证收获干净。人工智能还可以通过算法给出各种最优化的方案，比如根据土壤环境状况，结合市场行情预测，从而给出当年该地适合种玉米还是大豆[50]。

二、农业人工智能在信息方面应用

（一）应用于农业项目审计

农业项目审计因涉及地域分布广、涵盖内容繁杂、数量多、面积大等特征，运用传统人工测量办法，在有限的审计时间内对上百万亩建设规模进行核实，很难快速直观地确定审计疑点。云计算、大数据、地理信息技术、人工智能等先进技术为解决这些问题提供了途径，通过技术集成和综合应用，以不断积累的信息为基础构建的时空大数据平台，进行数据挖掘和智能化应用，可以形成具有完整链条的技术解决方案[51]。

（二）应用于农业生产检测

在传统农业生产过程中，生产成本相对较高，数据也具有较大的偏差，在信息采集中往往采用人工采集方式，农业生产的监测也主要依靠人工检测方法，这种检测方法不能够满足现代化农业发展需求。通过物联网技术的应用，能够有效获取信息，相关技术指标也能够实时掌握，有利于改善生产环境，提升了信息采集的准确性，比如说：在远程控制系统的应用下，能够对农作物的实际生长情况进行有效监管，采集相应的信息数据，构建相应的数据库，根据农作物实际生产情况，采取有效的控制措施，有效提升了农作物的产量，从而取得较满意的经济效益[52]。

（三）应用于虚拟农业

对于虚拟农业而言，主要指的是应用于物联网技术和智慧农业。通过二者的结合形成虚拟农业，尤其在 VR 技术的应用下，可以模拟出相对逼真的场景，不管是农作物的生长，或者是病虫害等，都能在虚拟环境下进行演示

（图 2-5）。通过这种方式，可以进行养殖实验，不仅能节约资源，也可以节省相应的人力和物力，在根本上推动农业的发展。经过虚拟农业的建设，可以及时了解农业发展趋势，采用先进的经营理念，对生产模式及产业结构进行调整，满足农业市场的发展需求有利于提升农业生产标准[53]。

图 2-5　虚拟农场示意图

（四）应用于禽畜养殖管理

现阶段在养殖业中，物联网技术得到了高度重视。通过传感器的应用，能够全面分析出禽畜实际情况，还可以采集相应的信息数据，比如说，禽畜的生长情况及进食量等相关信息，有利于改善禽畜的生长环境，还能够使得禽畜喂养朝着智能化、自动化方向发展。不仅如此，在信息技术的应用时，通过采集禽畜的个体生理信息，能够实现精细化管理目标，防止发生禽流感等，有效避免了经济损失[52]。

（五）应用于控制网络建设方面

控制网络建设需要根据当下已经有的控制核心来进行工作，通过向相关单位以及服务设施发送控制指令之后，就能够修正整个系统的运行方案以及运行特点，进而提高运行质量。本文认为，未来，如果想要建成综合性的多分区控制网络，主要的方式就是对一些重点项目进行高效研究与分析。比如说对于农村村级单位可以建立综合性的农业控制体系，此时可以称这一体系为第一层控制系统，再通过人工智能技术对于整个农田区域各类气候参数的了解之后，就能够明确当下农田区域农作物的生长环境。主要的作用在于向水利设施、电力系统以及这一地区的农作物生长环境进行剖析，发出具体指令之后，就能够明确在今后可能会发生的农业生产问题，从而使用合适的方法来提升农作物产量[53]。对于较大农田区域的控制系统来说，工作的主要方式就是通过对当下区域各个产业占比的情况进行研究，分析农业经济整体收入占比，从而更好地探索我国农业市场的发展前景以及未来变革的主要方向，这能够帮助我国的大区域农业生产拥有农业系统发展方案。例如我国当下要求加强对农作物的价格控制，使用了人工智能技术带来的新型农业技术，能够让这一地区的农业技术实现更好的发展与提升。同时通过对这一年份气象环境以及农作物生长空间以及气候环境的分析，可以发现这一地区存在农作物大幅度产量较低的风险。针对于这一问题，制定出的对策就是做好这一整个区域内部农业资源的协调工作。而另一方面则是通过人工智能采集到的信息进行分析，上传农业农村部，让上级部门能够做好对市场内农作物储量抗冲击工作[54]。

三、农业人工智能应用于水利方面

（一）应用于水位检测

采用前端智能分析功能，获取视频图像后，首先确定水尺位置，并在水尺区域将水尺进行数字分割，然后再通过视频检测水位线的位置，结合数字分割结果与水位线检测结果相结合，得出水尺读数，这种方案不易受到环境、相机角度等因素干扰，并将水位数据上传，后端平台进行自动监测与记录。

算法实现方面，首先进行图像预处理，将图像中的噪点去除，采用高斯

滤波对图像进行处理，可以抑制噪声与平滑图像。利用训练模型来检测视频中的水尺位置，此处使用 LBP 特征级联分类器算法，以邻域中心像素为阈值，相邻 8 个像素的灰度值与中心的像素进行比较，这样就可以反应该区域的纹理信息。在确定水尺区域以后，需要对水尺进行数字分割，基于方向特征及神经网络的图像识别方案对数字进行识别。进一步进行水尺数字的分割，首先根据数字与水尺的比例来确定数字所在的水尺区域，再用纹理特征算法对水尺所在区域进行二进制化处理，再对水平与垂直方向投影，得到水平与垂直方向的像素数据，根据像素数据计算出各个字的边界，从而读出水尺的数据。确定完水尺区域以后，再确定水位线位置，利用水面与岸边或者坝边的区域纹理差距，进行水位检测，将整个图像的数据进行梯度图像处理，将梯度值给二进制化处理，然后对二进制化数据进行投影计算，从而得出水位线数据。最后利用数字分割技术得出的水尺数据与水位线数据相结合，确定当前水位数据[55]。

（二）节水灌溉

应用于节水灌溉中在农业发展中，节约水资源十分重要，通过水资源的节约，可以提升农业生产的经济效益，也能够缓解我国水资源紧缺局面。由于我国水资源的分布具有不均匀的特点，为了满足农业生产需求，需要合理应用物联网技术，使农业基础条件得到改善，提升灌溉效率。在此基础上，需要对灌溉方式进行有效创新，融入先进的科学技术，构建能化生产管理系统，使得农业灌溉自动化水平得到提升。经过物联网技术应用，可以取得较好的节水效果，弥补传统灌溉方式的不足，在物联网技术的辅助下，可以创建有效的节水灌溉平台，农业灌溉管理水平也能够得到有效提升[52]。

（三）水肥一体化

水肥一体化技术是将灌溉与施肥融为一体的农业灌溉新技术。将可溶性固体或液体肥料，按土壤养分含量和作物种类的需肥规律特点，用自动化施肥机将几种肥液精准配比后，通过可控管道系统均匀、定时、定量地将肥水滴灌或喷洒在作物发育生长区域此过程主要由自动化施肥机（水肥一体机）来完成。在施肥的过程中对各种肥液的流量、EC 值、pH 进行精准调配实时监控。水肥一体机通过电磁阀门的控制还可实现各片区定时、定量、定序的灌溉控制。如果再加上小型气象站监控、墒情检测、云端物联网系统，就可实现闭环式的现代化智能农业管理新模式[56]。

水肥一体机根据注肥泵功率的大小、吸肥管道数量、自动化程度、可控电磁阀数量进行分级。根据吸肥通道数量分类有单通道、三通道、四通道配置。每个施肥机控制器可根据不同灌溉作物输入十几种不同施肥配方。拓展功能有 EC、pH 监测、远程遥控（手机 App）、气象站及墒情监测等。功能特点有[56]：

1. 可定时、定量、灌溉、也可根据气象站或墒情检测反馈信息进行科学灌溉；

2. 能同时控制多个灌区，实现设定的灌溉顺序；

3. 记载灌水记录，科学合理安排灌溉时间；

4. 具备 EC 值、pH 监测，及时反馈施肥信息；

5. 远程控制、过载保护、紧急停止等保护功能。

四、农业人工智能在病虫害防治方面的应用

（一）系统构架

农业物联网病虫害防治系统，利用物联网技术、模式识别、数据挖掘和专家系统技术，实现对设施农业病虫害的实时监控和有效控制。通过对作物有无患病症状、症状的特征及田间环境状况的仔细观察和分析，初步确定其发病原因，搞好作物病虫害防治的预警。准确地诊断，对症下药，从而收到预期的防治效果。

（二）系统平台

农业物联网病虫害防治系统平台包括物联网数据采集监测设备、智能化云计算平台、专家服务平台、系统管理员和服务终端五大部分。

1. 物联网数据采集监测设备

物联网数据采集监测设备，主要是使用无线传感器，实时采集环境中各种影响因子的数据信息、视频图像等，再通过中国移动 TD/GPRS 网络传输到专家服务平台，作为最基础的统计分析依据。

具体来说，是通过采集监测设备（如远程拍照式虫情测报灯、孢子捕捉仪、无线远程自动气象监测站、远程视频监控系统）自动完成虫情信息、病菌孢子、农林气象信息的图像及数据采集，并自动上传至云服务器，用户通过网页、手机即可联合作物管理知识、作物图库、灾害指标等模块，对作物实时远程监测与诊断，提供智能化、自动化管理决策，是农业技术人员管理农业生产的“千里眼”和“听诊器”。

2. 智能化云计算平台

智能化云计算平台利用智能化算法处理信息，建立病虫害预警模型库、作物生长模型库、告警信息指导模型库等信息库，实现对病虫害的实时监控，通过与实操相结合的告警信息让农民采取最佳的农事操作，实现对病虫害的有效控制。

3. 专家服务平台

专家服务平台整合大量的专家资源，以实现专家与农户的咨询、互动，农业专家可以根据历史数据进行分析，给出指导意见，并根据农户提供的现场拍摄图片给出解决方案，随时随地为农户提供专家服务。

4. 系统管理员

系统管理员为不同级别的用户提供不同的使用权限，使得政府农业主管部门、合作社、农业专家、农户等不同的使用角色登录不同的界面，可方便快捷地查看到用户最关注的问题，在设施面积较大的情况下便于管理、查看。

5. 服务终端

服务终端支持手机，用户通过手机就可以掌握实时信息，实现与专家互动交流。

（三）托普云农病虫害防治系统案例

1. 病虫害防治系统简介

病虫害防治系统可以说是一套完整的农业物联网解决方案，该方案由多种信息化植保工具组成，既可以实现虫情信息、病菌孢子、农林气象信息的实时采集，还可以对这些数据进行上传分析，提高作物的病虫害监测防控能力。

托普云农的病虫害防治系统的设计主要运用了电子机械技术、无线传输技术、物联网技术、生物信息素技术等多项技术，集害虫诱捕和计数、环境信息采集、数据传输、数据分析于一体，实现了害虫的定向诱集、分类统计、实时报传、远程检测、虫害预警的自动化、智能化，具有性能稳定、操作简便、设置灵活等特点，可广泛应用于农林害虫、林业害虫、仓储害虫等监测领域。

在玉米育种工作中，运用这种病虫害防治系统能够实现玉米地虫情信息、病菌孢子、农林气象信息的图像及数据自动采集以及远距离传输功能，真正实现了玉米生产的远程管理，而且能够提高玉米病虫害的防治效果，提高玉米生产产量和生产品质。

该系统已实现与手机端、平板电脑端、PC 电脑端无缝对接，方便管理人员通过手机等移动终端设备随时随地查看系统信息，远程操作相关设备。

2. 病虫害防治系统的数据采集

托普云农病虫害防治系统中数据采集是实现信息化管理、智能化控制的基础。由于农业行业的特殊性，传感器不仅布控于室内，还会因为生产需要布控于田间、野外，深入土壤或者水中，接受风雨的洗礼和土壤水质的腐蚀，对传感器的精度、稳定性、准确性要求较高。

远程可拍照式虫情测报灯。改变了测报工作的方式，简化了测报工作流程，保障了测报工作者的健康。

远程可拍照式孢子捕捉仪。专门收集随空气流动、传染的病害病原菌孢子及花粉尘粒而研制，主要用于检测病害孢子存量及其扩散动态，为预测和预防病害流行、传染提供可靠数据。收集各种花粉，以满足应用单位的研究需要。设备可固定在测报区域内，定点收集特定区域孢子种类及数量通过在线分析实时传输到管理平台。

无线田间气象站：可远程设置数据存储和发送时间间隔，无需现场操作；带摄像头，可实时拍照并上传至平台，实时了解田间及作物情况；太阳能供电，可在野外长期工作；可配置土壤水分、土壤温度、空气温湿度、光照强度、降雨量、风速风向等 17 种气象参数。

3. 病虫害防治系统功能

随时随地查看园区数据。虫情数据：虫情照片、统计计数等；病情数据：病虫照片、统计孢子情况；植物本体数据：果实膨大、茎秆微变化、叶片温度等；园区三维图综合管理，所有监控点直观显示，监测数据一目了然；设备状态：测报灯、孢子捕捉仪、杀虫灯等设备工作状态、远程管理等。

随时随地查看园区病虫害情况。病虫害防治系统通过搭建在田间的智能虫情监测设备，可以无公害诱捕杀虫，绿色环保，同时，利用 GPRS/3G 移动无线网络，定时采集现场图像，自动上传到远端的物联网监控服务平台，工作人员可随时远程了解田间虫情情况与变化，制定防治措施。通过系统设置或远程设置后自动拍照将现场拍摄的图片无线发送至监测平台，平台自动记录每天采集数据，形成虫害数据库，可以各种图表、列表形式展现给农业专家进行远程诊断。

可远程随时发布拍照指令，获取虫情照片，也可设置时间自动拍照上传，通过手机、电脑即可查看，无需再下田查看。

昆虫识别系统，可自动识别昆虫种类，实现自动分类计数。历史数据可按曲线、报表形式展现，清晰直观查看所有。监测设备的监测数据。千倍光学放大显微镜可定时清晰拍摄孢子图片，自动对焦，自动上传，实现全天候无人值守自动监测孢子情况。

墒情监测。各省包含众多市县级乡镇地区，如此庞大的种植面积，用报表很难将全省的墒情形象展示出来。图形预警与灾情渲染模块，正是为了解决这个问题而设置。平台将灾情按严重程度分为不同颜色，并在省级行政图中以点的形式表示，只要一打开平台的行政区域图，即可直观显示省内各区域的墒情情况如何。

灾情监控。管理区域内放置 360 度全方位红外球形摄像机，可清晰直观地实时查看种植区域作物生长情况、设备远程控制执行情况等、实时显示监控区域灾情状况。

增加定点预设功能，可有选择性设置监控点，点击即可快速转换呈现视频图像。

专家系统。该系统可将病虫害防治专家信息及联系方式全部集中到一起，用户可连线专家咨询病虫害防治难题。

任务设置，远程自动控制。实现对病虫情况监测设备的远程监管与控制，设备工作情况可远程管理[15]。

五、农业人工智能在农业生产方面的应用

（一）农田小气象

农田小气象监测系统主要用于对风速、风向、雨量、空气温度、空气湿度、光强度、太阳辐射等 10 多个要素进行全天候现场监测。可以通过专业配套的数据采集通讯线与计算机进行连接，将数据传输到计算机数据库中，用于统计分析和处理。

农田小气象信息监测系统，需要采集设备能够很长时间对目标环境进行影响很小的工作。传感器网络节点体积小且只需要部署 1 次就可以不间断地搜集高精度的环境数据。传感器节点可以将大量监测到的环境数据发送到数

据中心进行分析处理，将结果直观地提供给终端用户，便于管理人员掌握农作物的生长环境状态，及时进行调整，使农作物长久生长在适宜的环境，增加农作物的产量，提高农作物的质量。

（二）农田小气象系统

1. 风速风向监测系统

风是农作物生长发育所必需的因素，它直接影响着农作物的发育与生长。风有利于作物的蒸腾，使根部能正常吸收水分和养分，有利于有机物质合成与运输，调节农作物过高的热量。风还能帮助农作物授粉，提高结实率。小麦、水稻、高粱等作物的花形不大，色不艳，香不浓，蜜蜂很少光顾，主要靠风的帮助，才能顺利地传播花粉。风对作物的光合作用有明显的影响。在宁静无风的晴天，农作物往往会因二氧化碳供应不足影响光合作用的正常进行。要想使农作物保持充足的二氧化碳供给，就要依靠风的作用，使空气乱流交换而补给。

适当的风能使作物增产，而过大的风不利于作物生长。17 米/秒的大风，可使农作物受到机械损伤或倒伏，刮烂叶片，造成落花、落果、落粒，严重影响生长和产量。大风还使地表蒸发和农作物蒸腾加剧，引起作物生理缺水，从而加大干旱的危害。冬季强烈的寒潮大风，会加重农作物的冻害程度。农作物开花期的大风，会将沙尘粘在花蕊的柱头上，使柱头变干，不能正常授粉、受精，降低坐果率。因此，正确监测风速和风向对于保障植物成长具有重要意义。

2. 雨量监测系统

降雨量是影响农作物生长的重要环境因素之一。降水量过少，土壤缺乏水分，会导致粮食生产潜力整体减少，例如，在花开、授粉和灌浆阶段的水分短缺会造成玉米、大豆、小麦和高粱的减产。降水量的变化还会对河流的水流以及灌溉用水产生影响。干旱、暴风雨和洪水等极端天气现象的发生频率及强度的增加会导致农作物的破坏以及土地退化。

根据气象学，所谓雨量，就是在一定时间内，降落到水平面上的雨水深度。以毫米为单位。据计算，1 毫米雨量等于 1 亩田增加 667 千克水，即相当于浇了 13 担水。农业灌溉时，遥测农业降雨量气象参数具有重要意义。为此，需要在田里或者果园里装上专用的降雨量传感器。

3. 空气温湿度监测系统

温湿度是影响农作物生长的重要环境因素之一。在适宜的湿度范围内，作物生长发育良好；湿度过低，土壤干旱，植株易失水萎蔫；湿度过高，作物易旺长，并易诱发病害。湿度因素在农业大棚中表现得尤为重要。农业大棚一般处于封闭的状态，室内空气湿度一般可比室外露地条件下高 20%以上，特别是灌水以后，如不注意通风排湿，往往连续 3～5 天，室内空气湿度都在 95%以上，极易诱发真菌、细菌等菌类病害，并且易迅速蔓延，造成重大损失。另外，蔬菜生产发育及维持生命都要求一定的温度范围，在适宜温度下，作物不仅生命活动旺盛，而且生长发育迅速。温度过低或过高都会影响作物的正常生长，甚至植株生命也不能维持以至于死亡。不一样的作物其生长发育的适宜温度及其范围各不相同。例如，黄瓜、番茄、茄子等喜温性蔬菜，适当温度为白天 18～28 ℃、夜间 15～18 ℃，如果超过 40 ℃或低于 15 ℃，不能正常开花结果。

空气温度是指空气的冷热程度，一般而言，距地面越近气温越高，距地面越远气温越低。空气湿度是指空气中水汽含量的多少或空气干湿的程度。

4. 光照度监测系统

光照强度是阳光在物体表面的强度，正常人的视力对可见光的平均感觉。光照强度的大小，决定于可见光的强度。在自然条件下，由于天气状况，季节变化和植株度的不同，光照强度有很大的变化。阴天光照强度小，晴天则大。一天中，早晚的光照强度小，中午则大。一年中，冬季的光照强度小，夏季则大。植株密度大时光照强度小，植株密度小时光照强度大。

光照强度对植物的生长发育影响很大，它直接影响植物光合作用的强弱。在一定光照强度范围内，在其他条件满足的情况下，随着光照强度的增

加，光合作用的强度也相应地增加。但光照强度超过光的饱和点时，光照强度再增加，光合作用强度不增加。光照强度过强时，会破坏原生质，引起叶绿素分解，或者使细胞失水过多而使气孔关闭，造成光合作用减弱，甚至停止。光照强度弱时，植物光合作用制造有机物质比呼吸作用消耗的还少，植物就会停止生长。只有当光合强度能够满足光合作用的要求时，植物才能正常生长发育。此外，合理的光照强度和时间对动物的成长也具有重要影响，鸡在产蛋期里每天必须要达到一定的光照时间。因此，有效监测光照强度对保障动植物生长具有重要意义。

光强度，即通常所说的勒克斯，1 流明的光通量均匀分布在 1 平方米面积上的照度，就是 1 勒克斯。照度计是用于测量被照面上的光照强度的主要仪器，是光照度测量中用得最多的仪器之一。照度计由光度头和读数显示器两部分组成。

（三）农田小气象应用案例

2015 年，甘肃省平凉市崇信县农业技术推广中心在锦屏镇于家湾村试验田安装了农田小型气象站，通过对农田环境的精准检测，帮助农民增收。

农田小型气象站是对多种农业环境进行实时监测的仪器，能测量到 10～50 厘米深度的土壤温度、20～60 厘米深度的土壤相对湿度、光照强度、风速风向及降雨量等农业环境参数，可以对农业综合生态信息实行自动监控、实时监测，并可通过 GPRS 网络实现对设备的远程控制。于家湾村的小型气象站，不仅能为农技推广人员指导农民科学种田提供更有力的数据保障，并且进一步推动了农业发展向现代化迈进的步伐[15]。

第三章　农田人工智能技术

第一节　农业人工智能技术的概述

农业是国民经济中重要的产业组成部分，是我国的第一产业，是国家长治久安和百姓丰衣足食的重要保障，是保证一切生产的首要条件。传统农业中，人力劳动占据很大比例，农田和种植园主要采取粗放式管理，缺乏差异对待模式，导致作物或果实的品质和产量不能达到理想状态，且造成资源浪费以及环境恶化甚至因病虫害治理效果不佳而造成绝产。随着土地资源的萎缩、极端气候带来的环境恶化全球人口持续增长，农业生产方式亟待转型，一系列问题的出现使得人们不得不重新审视农业发展状况[57]。《改造传统农业》指出发展中国家的经济发展要建立在稳定和可持续增长的农业基础上传统农业不具备稳定增长的能力，提升农业的现代化水平需要借助前沿科技的力量，而人工智能（Artificial Intelligence，AI）正是前沿科技最集中的代表其与农业的深度融合被视为解决未来农业问题的重要途径[58]。

20 世纪 80 年代，人工智能技术开始在农业领域探索，但由于当时技术水平有限，没有重大的实质性进展。近年来，人工智能技术在农业方面的应用逐渐成熟，取得的成果显著。人工智能在农业领域的应用多种多样，包括农田病虫草害的控制，农作物的采摘，气候灾害的预警等。人工智能在农业的显著发展，极大地提高生产效率和资源利用率。

《新一代人工智能发展规划》中指出，人工智能作为新一轮产业变革的核心驱动力将进一步释放历次科技革命和产业变革积蓄的巨大能量，并创造新的强大引擎，形成从宏观到微观各领域的智能化新需求催生新技术、新产品、新产业、新业态和新模式深刻改变人类生产生活方式和思维模式，实现社会生产力的整体跃升。虽然早在20世纪中后期人类就开始探索人工智能在农业中的应用，但由于农业的行业特征人工智能技术在农业领域应用的广度深度都要明显弱于其他行业。

农业人工智能作为智慧农业的重要组成部分不单只是2个学科的融合，更是人工智能技术在农业领域的一次积极实践是传统农业在人工智能助力下焕发蓬勃生机的大胆革命。

农业人工智能的主要技术：农业人工智能是多种信息技术的集成及其在农业领域的交叉应用，其技术范畴涵盖了智能感知、物联网、智能装备、专家系统、农业认知计算等。

一、智能感知技术

智能感知技术是农业人工智能的基础，其技术领域涵盖了传感器数据分析与建模、图谱技术和遥感技术等。

传感器赋予机器感受万物的功能，是农业人工智能发展的一项关键技术[59]。多种传感器组合在一起使得农情感知的信息种类更加多元化，对于智慧农业至关重要。得益于三大传感器技术（传感器结构设计、传感器制造技术、信号处理技术）的发展现在可以测量以前无法获取的数据，并得到影响作物产量、品质的多重数据，进而辅助决策[60]。当前在农业中使用较多的有温湿度传感器、光照度传感器、气体传感器、图像传感器、光道传感器等，检测农作物营养元素、病虫害的生物传感器较少。通过图像传感器获取动植物的信息，是目前农业人工智能广泛使用的感知方式。新兴纳米传感器、生物芯片传感器等在农业上的应用，目前大多还处于研究阶段。

深度学习算法是图像的农情分析与建模的利器。当前基于深度学习的农

业领域应用较广泛，如植物识别与检测、病虫害诊断与识别、遥感区域分类与监测、果实载体检测与农产品分级、动物识别与姿态检测领域等[61]。深度学习无需人工对图像中的农情信息进行提取与分类但其有效性依赖于海量的数据库。农业相关信息的数据缺乏是深度学习在农业领域发展的主要瓶颈。

可见光波段可获得农情的局部信息而成像与光谱相结合的图谱技术，可获得紫外光、可见光、近红外光和红外光区域的图像信息。其中高光谱成像技术可以探测目标的二维几何空间和光谱信息，获得百位数量级的高分辨率窄波段图像数据：多光谱成像技术对不同的光谱分离进行多次成像，通过不同光谱下物体吸收和反射的程度，来采集目标对象在个位或十位数量级的光谱图像。基于多光谱图像和高光谱图像的农情解析可有效弥补可见光图像感知的不足。

根据与感知对象的距离，感知方式有近地遥感航空遥感和卫星遥感等。因具有面积广、时效性强等特点 20 世纪 30 年代起遥感技术就开始服务于农业首先应用这一技术的是美国，人们将其用于农场的高空拍摄，照片供农业调查使用。相对于西方国家亚洲地区运用遥感技术较晚，但近些年来遥感技术在某些方面也有了超前突破。

二、农业物联网技术

农业物联网可以实时获取目标作物或农业装置设备的状态，监控作业过程，实现设备间、设备与人的泛在连接做到对网络上各个终端节点的智能化感知识别和精准管理。农业物联网将成为全球农业大数据共享的神经脉络，是智能化的关键一环。

随着人工智能应用领域的拓展越来越多的应用和设备在边缘和端设备上开发部署且更加注重实时性边缘计算成为新兴万物互联应用的支撑平台已是大势所趋[62]。对于农业应用领域，智能感知与精准作业一体化的系统尤其需要边缘智能，无人机精准施药是边缘人工智能的最佳应用场景。物联

网设备类型复杂多样、数量庞大且分布广泛，由此带来网络速度、计算存储运维管理等诸多挑战[63]。云计算在物联网领域并非万能，但边缘计算可以拓展云边界，云端又具备边缘节点所没有的计算能力两者可形成天然的互补关系。将云计算、大数据、人工智能的优势拓展到更靠近端侧的边缘节点打造云—边—端一体化的协同体系，实现边缘计算和云计算融合才能更好解决物联网的实际问题[64]。

多个功能节点之间通过无线通信形成一个连接的网络，即无线传感器网络（Wireless Sensor Network，WSN）。无线传感器网络主要包括传感器节点和 Sink 节点。采用 WSN 建设农业监测系统全面获取风、光、水、电热和农药喷施等数据，实现实时监测与调控，可有效提高农业集约化生产程度和生产种植的科学性为作物产量提高与品质提升带来极大的帮助[65]。

三、智能装备系统

智能装备系统是先进制造技术、信息技术和智能技术的集成和深度融合。针对农业应用需求，融入智能感知和决策算法结合智能制造技术等，诞生出如农业无人机、农业无人车智能收割机、智能播种机和采摘机器人等智能装备。

无人机融合 AI 技术，能有效解决大面积农田或果园的农情感知及植保作业等问题。从植保到测绘，农业无人机的应用场景正在不断延伸。如极飞科技的植保无人机具有一键启动、精准作业和自主飞行等能力，真正实现了无人机技术在喷施和播种等环节的有效应用，从而为农业生产者降本增效[66]。

无人车利用了包括雷达、激光、超声波、GPS 里程计计算机视觉等多种技术来感知周边环境，通过先进的计算和控制系统，来识别障碍物和各种标识牌，规划合适的路径来控制车辆行驶，在精准植保农资运输、自动巡田、防疫消杀等领域有广阔的发展空间。

农业机器人可应用于果园采摘、植保作业、巡查、信息采集移栽嫁接等方面，越来越多的公司和机构加入到采摘机器人的研发中，但离采摘机器人大规模地投入使用尚存在一定距离[67]。

四、专家系统

专家系统是一个智能计算机程序系统，其内部集成了某个领域专家水平的知识与经验，能够以专家角度来处理该领域问题[68]。在农业领域，许多问题的解决需要相当的经验积累与研究基础。农业专家系统利用大数据技术将相关数据资料集成数据库，通过机器学习建立数学模型，从而进行启发式推理，能有效地解决农户所遇到的问题，科学指导种植。农业知识图谱、专家问答系统可将农业数据转换成农业知识解决实际生产中出现的问题。

农业生产涉及的因素复杂，因地域、季节、种植作物的不同需要差异对待，还与生产环境、作业方式和工作量等息息相关。目前人工智能在农业上的应用缺乏有关联性的深度分析，多数只停留在农情数据的获取与表层解析，缺乏农业生产规律的挖掘，研究与实际应用有出入，对农户的帮助甚微。农业知识图谱可以将多源异构信息连接在一起，构成复杂的关系网络，提供多维度分析问题的能力，是挖掘农业潜在价值的智能系统[69]。

专家问答系统（Question Answering System，QA）是信息检索系统的一种高级形式，它能用准确、简洁的自然语言回答用户用自然语言提出的问题，是人工智能和自然语言处理领域中一个备受关注并具有广泛发展前景的研究方向[70]。专家问答系统的出现，可以模拟专家一对一解答农户疑问，为农户提供快速、方便、准确的查询服务和知识决策。知识图谱与问答系统相结合，将成为一个涵盖知识表示、信息检索、自然语言处理等的新研究方向[71]。但这类系统的开发应用多数是针对一个特定的对象，系统内容一经确定就很难改变，是一种静态的系统。而在实际的农业生产中，一方面病虫害的种类在不断变化，另一方面抗药性及环境条件等因素的变化，使得同一种病虫害的发生为害特点也在不断地变化。因此，结合农业病虫害的发生为害特点，开发一种动态、开放的病虫害预测预报专家系统平台是十分必要的[72]。

五、农业认知计算

认知计算模仿、学习人类的认知能力，从而实现自主学习、独立思考，为人们提供类似“智库”的系统，具有甚至超越人类的认知能力。该系统主要通过采集、处理和理解人类能力受限的大规模数据，辅助农业生产和贸易等活动、减少参与农业任务的人工、提高作业效率，基于认知分析提供农业领域的决策支持，推动智慧农业发展。目前认知计算在农业领域内的研究尚未形成规模，但因具有强人工智能特性，应用前景乐观。

第二节　农业育种技术

一、育种技术和现代农业生产概述

（一）育种技术的发展背景

20 世纪 80 年代，我国通过航天技术进行了种植材料的实验，并且取得了一定的进步，在当前时代下，航天育种技术被广泛运用于农业育种研究工作中，有效提高了农业研发的水平和质量。近几年来随着科学技术的不断发展，育种技术的水平在不断成熟，这给实际的农业生产工作带来了诸多的帮助。20 世纪 70 年代，美国利用基因育种技术培养了一批优良的农作物品种，并且还融合了生物技术，培养出多种转基因的作物，不仅有助于提高实际农业生产的效果，还使得基因作物能够在实际应用中取得了良好的突破，随着我国当前科学技术的不断发展，我国相关科学家也加强了对这一问题的研究力度，但是和发达国家相比还有较大的差距，在今后几年中，需要将发展重点放在对育种技术上，以提升现代农业生产水平和质量为主来开展日常的工作，实现我国农业生产水平的提高。

（二）现代农业生产的特点分析

为了使育种技术能够在一定程度上推动现代农业生产水平的提升，在实际工作的过程中，相关工作人员生产的特点明确育种进入的实施重点，不仅可以为育种技术的发展指明正确的方向，还有助于提升育种技术的应用水平，现代农业的本质是利用现代化的技术手段来改变传统农业生产方式，随着我国科学技术的不断发展，在现代农业中科技化和自动化的水平越来越突出，一些转基因和空间诱变育种技术的应用，有助于改善农作物品种的基因，使得农业生产的质量能够得到有效的保证，并且也有助于使我国农业生产有一个更加广阔的发展前景。另外在当前时代下，随着我国互联网技术水平的不断提高，为了适应当前互联网技术的发展，需要满足人们在饮食方面的需求和要求，需要搭建完善的农产品生产体系和流通体系，在实际工作的过程中，要利用信息技术的优势解决存在于传统农业生产中的不足之处，利用网络化的手段对现代化农业生产过程和成果进行多方位的监控以及管理，不仅有助于使农业现代化水平能够得到有效的提升，还有助于使我国农业能够在这一背景的影响下实现现代化的转型，促进我国社会经济的良好发展。

农作物育种方法通过改良作物的遗传特性，结合遗传学理论，运用科学技术手段来达到提高农作物的产量和品质等方面的性能的效果。随着科学技术的进步和我国综合国力的增长强，我国农作物的育种方法越来越先进，也越来越丰富，其中包括诱变育种和杂交育种，而杂交育种在我国农作物的育种上应用得更为频繁和广泛。进行育种的目标主要为了实现农作物的抗逆稳产，特别是抗病虫害和抗除草剂，最终目的还是为了提高农作物产量，这也是我国育种工作者在接下来的至少 20 年中最主要的工作目标。

（三）杂交育种技术在培育优质小麦中的应用

1. 项目背景

小麦是世界上种植面积最大的粮食作物之一，全球有 35%的人口都以小

麦为食，小麦也是我国仅次于水稻、玉米的第三大主要粮食作物，更是我国北方地区的主要食量，小麦生产力水平提高与我国农业增长、农民增收以及粮食安全息息相关。山东省是我国重要的粮食产区之一，全省小麦、红薯、土豆等主要粮食作物产量位居我国所有种植地区的前列，而小麦更是占了山东省粮食产量的一半以上。山东省土地肥沃，水资源充足，很适合小麦生产。以 2001—2015 年山东省小麦的生产面积数据，单产以及总产量的发展状况，可以看出小麦极高的经济效益与发展前景，对于山东省农业现代化的发展有着举足轻重的作用。

培育小麦新品种，提高小麦抗干扰能力，开发出抗病虫、单产量高、强筋优质的小麦是育种研发的主要目标。现代化的农业一方面通过精准施肥，精确灌溉，机械化播种与收割，来降低投入扩大产出；另外一方面通过培育优质的小麦品种，提高小麦产量，这是农业现代化发展的主要方向。

2. 项目概况

由于不同品种的小麦在山东省各地的单产表现均不相同，山东省目前小麦单产最高可以实现每公顷 10500 kg。但由于地区性差异，小麦的耐候性，以及不同时间段的表现等因素制约，全省平均每公顷产量只有不到 6000 kg。在这样的背景下研发优质小麦，提高亩产量，增强小麦的耐候性，对于提高山东省小麦的平均产量有重要的意义。

3. 研发目标

提高小麦的抗寒抗冻能力。由于山东省靠近我国东北地区，冬季寒冷而干燥，并且持续时间长，春季存在倒春寒现象，因此培育出抗寒抗冻能力强的冬小麦是小麦杂交育种的主要目标。

提高抗病虫能力。通过杂交育种，提高小麦抗病虫能力，是其研发育种的又一目标。培育优质强筋的超级小麦。由于优质强筋的小麦在山东地区品种少，因此要提高小麦的筋性，实现全省小麦均产 500 kg 以上。

4. 培育高品质优质小麦的策略

杂交样本的选择。杂交样本的选择应以小麦的最终性能为依据。样本的选择首先要考虑同一纬度优质品种，择其优点，优势互补，尽量突出样本的特点与优势，并通过双方的优势互补，提升杂交小麦的综合性能。

杂交过程的优化。杂交育种过程的优化主要分为前期、中期、后期三个阶段：

前期是指小麦从发芽到拔节的阶段。这一阶段主要选择地下根系强大，地上部分结实，稳定的品种。这一时期应选择抗寒性能优良、根茎大、扎根快、地上部分结实、苗脚快的品种，能够极大地提高小麦单位面积上的穗数。

中期是指小麦拔节到长出穗子的时期。这一时期应选择出穗快、扬花性好的麦种，这一阶段的选择可以决定小麦每亩的穗数以及粒数。

后期是指小麦长出穗子后，开花到麦子最终成熟的阶段。这一阶段是决定最终麦粒重量的阶段，在此阶段育种的主要研发方向是增强绿叶面积的维持时间，提高小麦的抗倒性。

5. 育种实验过程

育种实验主要过程是通过各个阶段的实验与选择，最终研发出优质强筋，满足设计要求的小麦新品种。

6. 育种结果

通过对小麦品种的持续研发与创新，目前山东省小麦品种“鲁原 502”与“济麦 22”都已经成功进入了千万亩产大关，极大地推动了山东省的农业发展，提升了小麦的产量，为山东省农业的现代化进程奠定了坚实的基础。

现代化的农业培育新品种，提高单产量是基础，而通过机械化的生产方式，提升农业生产的效率是农业产量稳定的保证。机械化生产包括机械化播种、收割、施肥、灌溉、水肥一体化的全程机械化种植，提高了农产品的生产效率、稳定性，也极大地提高升了农作物的品质。机械化生产精确而有效地保证了耕种的深度，使播种的位置与距离更加精准，避免了漏耕、重复耕种的问题。农药的精确喷洒，有效地避免了因农药过度喷洒而带来的浪费，同时也减少了农药给环境造成的污染。滴灌是节水灌溉的主要手段，也是小麦灌溉的主要方法，通过水管与喷头对小麦进行定时、定量的喷洒，能够实

现对小麦的精确灌溉。滴灌的优点是精确，可以使水资源的利用率达到90%以上。滴灌在小麦种植过程中的应用，通过滴灌精确的为小麦补充水分不仅极大地提高了水资源的利用率，还降低了人工的劳动强度。现今一个农民可以管理13公顷的麦田，而曾经2个农民需要花费4天的时间才能为2.67公顷的麦田浇满水，由此可见，效率的提升明显。

二、杂交育种

采取杂交育种的方式进行农作物种植，主要是通过重新组合两种具有优良基因的不同植物，采取有效的育种和栽培技术产出新品种。新品种保存了两种植物的优良性能，杂交育种可以为人们生产更丰富的农作物品种。通常，人们在进行杂交育种时会采取以下3种方式：一是增值杂交，即优先选择两种不同的种子进行杂交，之后再利用自群交配的方式将杂交出来的优良种子进行再次繁殖，从而达到培育高质量新品种的目的；二是回交育种，即从杂交出来的第一代种子开始，每次都要将杂交出来的种子和亲本进行杂交，直至培育出品质俱佳的新品种；三是复合杂交育种，相比增值杂交，这种方式的操作比较复杂，是指将3个或3个以上品种或群体的性状通过杂交重组在一起，培育出新品种的方法。以上3种杂交育种方式有各自的优势和劣势，但总的来说是人们选育种子时使用最频繁的3种杂交方式。

杂交育种技术在现代农业生产中是比较常见的，有助于改良农作物的性能，但是这一工作模式所耗费的时间比较长，这一工作主要是以天然杂交作为主要基础，整个育种过程是比较缓慢的，系统育种还要求育种的环境是在高原地区，这主要是由于高原地区的空气较好，紫外线很强，在这一背景下可以使农作物发生较快的变异，但是选择育种的时间是比较长的，在实际应用的过程中有可能出现一些突发情况，结果是不好控制的。在实际工作的过程中，回交育种技术也是比较常见的，这种技术最早应用于动物育种的培养上，最后被相关工作人员进行了全面的挖掘以及研发，广泛地应用于当前现代农业生产工作中。这一育种技术的优点是可以将新本优良性的性能进行反复的杂交，从而满足实际工作需求和工作要求。随着我国当前科学技术的不断发展，杂交育种技术在实际中也得到了运用，但是这项技术还处于实验阶段。

三、诱变育种

诱变育种是指在人工的干预下，通过一些物理和化学方面的手段来促使农作物的基因产生突变，进而在产生的新物种中选择所需的性状优良的品种。诱变育种有着一定的缺陷，那就是所获得的物种特性大部分不是育种者想要的，即使是育种者想要的，但其本身的其他性状可能也是培育者所不想要的，此外也不能确定在育种周期的长短，因此可以说诱变育种的结果具有很大的不确定性。不同于传统被作物生长环境所限制的育种方式，诱变育种是指用物理、化学因素诱导动植物的遗传特性发生变异，再从变异群体中选择符合人们某种要求的单株/个体，进而培育成新的品种或种质的育种方法。这种育种方式有一个突出的优势是耗费时间短，并且应用范围较广，是目前我国种子科研机构使用最多的一种育种方式。化学诱变有非常多不同的方式，目前使用最频繁的是使用化学试剂滴液、浸泡或者涂抹农作物等；而物理诱导主要是利用热力、射线和激光等刺激农作物，从而有效改变农作物的性状。

农作物育种技术主要是以改良作物的遗传特性，充分利用遗传学的原理以信息技术的手段来提高农作物的产量以及品质，随着我国当前科学技术的不断发展，对于农作物的育种方法来说，逐渐朝着多样化的方向而发展，在实际应用的过程中取得了良好的应用效果，推动了我国现代化农业的稳步进行。在进行育种的过程中，主要的目标是实现农作物的增产和品质的提高，特别是对于抗病虫害和抗除草剂的性能，这是实际工作中需要广泛关注的问题。在实际工作的过程中，诱变育种技术得到了广泛的运用，诱变育种技术主要是指在人工干预的条件下，通过物理和化学的变化来使农作物基因发生一定的改变，从而在新品种中选择性能优良的品种来进行种植，但是诱变育

种技术在实施的过程中还存在着一定的缺陷，比如所获得的物种特征大多不是育种者想要的，在后续研究和实验的过程中需要结合实际工作需求和工作要求进行适当的改良以及调整，并可以运用到实际中。与此同时在运用诱变育种技术时，在周期长短方面也具有不确定的特征，在实际工作的过程中还很容易出现一些突发因素，这给实际工作带来诸多的问题，从中可以看出诱变育种技术还没有发展成熟，所以相关研发人员需要加大研发力度，对诱变育种基础进行不断的完善和调整。

四、回交育种

回交育种（backcrossing）是指在一个作物品种中加入另一类农作物产品中的部分有益性状，进行性状转移，从而实现作物品种的优质化与改良，达到增强农作物抗病虫害、洪涝等方面的能力。在回交育种中，经过多代育种的农作物产品首先要采用近交方法，即“近亲交配”“近亲繁殖”，此做法是为了使新育成的优良品种能在有益性状的稳定性方面更为优化，使其有益性状可以延续给下一代并成为亲本。

五、DNA 重组育种

DNA 重组育种的技术核心为 DNA 重组技术，主要是在某一品种的作物中取出有优秀表现性状的 DNA 片段，再将其导入到另外一种作物中，使其表现出这种优秀性状。相较于传统育种方法，该育种方法具有如下优势：首先，不受亲缘关系限制，可有效改善作物的基因条件；其次，可精准定位基因片段，增加操作的准确性；再者，从分子层面入手，可实现跨物种育种，比如抗虫棉花的培育，就是将苏云金芽孢杆菌中的杀虫蛋白基因导入到棉花中，从而使棉花表现出抗虫特性。

根据育种目的的不同，可将其分为三种，分别为抗性育种、固氮育种和品质育种。抗性育种，主要是通过育种让作物在某些方面表现出高抗的特性，比如干旱环境、盐碱环境、病害、虫害等。当作物抗性较高时，外界环境对作物生长的不利影响就会有所减少，从而保障作物产量与质量。现阶段，我国已经通过 DNA 重组技术培育出了多种抗性作物，上述抗虫棉花就是其中之一，充分保障了我国人民的粮食需求。固氮育种，主要是通过育种让作物能够吸收土壤中的游离氮，以满足作物生长对氮元素的需求。育种过程中，以 DNA 重组技术为依托将具有固氮特性的微生物的固氮基因导入到作物中，并将作物本身已有的不利于固氮的基因分离出来，从而提高作物对氮元素的吸收率，进一步提高其产量、质量。品质育种，主要是通过育种增加作物中的营养物质含量，如氨基酸等，满足人们的营养需求。

品质育种。品质育种一般在谷类作物中进行，比如说小麦。这主要是由于大部分谷类作物中氨基酸的含量并不是一致的，色氨酸和赖氨酸等能够满足人们生存需要的物质比较少，无法使人们获得满足，这在一定程度上阻碍了食品加工行业的发展。

抗性育种。生物技术对于培养抗性较强的作物有着非常关键的作用。转基因技术的应用，能够使作物对于周围环境的适应性增强，提高作物抵御病虫害的能力，确保作物能够在不良的环境下生长。目前，借助于转基因技术，已经培育出了对于病虫抵御能力加强的作物、能够在干旱和盐碱环境下进行生长的作物等，这对于农业的长期稳定发展有着非常关键的作用。

固氮育种。部分细菌能够对于土壤中游离的氮元素进行固定、转化，使其能够为作物的生长提供充足的氮元素。比如说，在豆科植物根部生长的根瘤菌，就能够对于土壤中的游离氮元素进行吸收、转化，为豆类植物的生长提供支持。根据相关科学家研究发现，大约有 100 种微生物能够对氮元素进行固定。可以借助于固氮微生物中的基因转移至作物之中，提升作物对于硝盐的利用率。

分子标记辅助育种。分子标记辅助育种指的是以个体间遗传物质核苷酸变异为基础进行遗传标记，在分子层面改善作物基因，从而使其表现出优良性状。该方法下，不同后代的分子标记标准不同。第一代以限制性片段长度多态性为标准，第二代以聚合酶链式反应为标准，第三代以生物序

列为标准[58]。分子标记的成功与否可采用实验室检验的方法。相较于传统育种方法，该方法有如下优点：后代优良性状的遗传稳定性好；以DNA为参照进行优良性状的选择，不受基因重组的影响，育种可靠性高；不需要种植就可以直接检测表现出优良性状的DNA是不是真的导入到了作物中，有利于快速获得育种结果。实际应用的过程中，深入了解不同作物的基因及其表现性状，并应用生物手段确定其表现出优良性状的基因，保证所提取的基因满足育种需求。另外，也可以对基因进行分解，从而使其表现出单一性状。在现实过程中使用分子标记辅助育种这一技术时，要对于农作物的基因和性质进行分析，确保有一定了解后，借助于连锁作图等措施明确基因的表达性状，确保所提取出的基因能够满足育种要求。在这个过程中，能够将不同基因所表现出的性状借助于技术开展分解，使其变成单基因。随着基因作图水平的提升，这一技术越来越成熟，成本花费也有所降低，优势非常明显。

六、基因编辑技术在农业作物育种上的应用

（一）基因编辑技术的发展历程

自从基因概念的提出和DNA双螺旋结构的发现以来，人类开始从DNA的角度来研究和改变生物体中的遗传基因。一方面人类发现了作为“基因剪刀”的限制性内切酶和作为“基因针线”的DNA连接酶，实现了体外对DNA的切割和拼接；并开发了作为“基因倍增器”的聚合酶链式反应，实现了体外对DNA的指数倍数扩增。另一方面DNA测序技术的进步，使人类对一系列生物的基因组序列都有了接近完全的了解。因此人类开始尝试通过对生物体基因组上某个特定序列或单个核苷酸进行替换、切除，或插入外源DNA序列，实现对生物体内特定基因的编辑和相应的功能研究。1979年研究者通过同源重组的方法实现了对酵母的基因替换和外源基因的正常表达，这是最早报道的基因组编辑案例。随后研究者利用同源重组的方法对未分化的小鼠胚胎干细胞实现了靶向基因编辑，并获得了2007年诺贝尔生理

学或医学奖。但由于酵母和小鼠体内同源重组发生的频率很低，此时基因编辑的应用仍处于缓慢发展阶段。20 世纪 90 年代以来，研究者相继开发了锌指核酸酶（Zinc-Finger Nucleases，ZFNs）技术和转录激活因子样核酸酶技术（Transcription Activator-like Effector Nucleases，TALENs）两代基因编辑技术。但由于前者适用范围狭窄，而后者实验周期繁琐，因此均未得到广泛的应用。

（二）新型基因编辑技术介绍

细菌成簇规律间隔短回文重复 CRISPR（Clustered Regularly Interspaced Short Palindromic Repeat）/Cas（CRISPR-associated）系统主要在细菌和古生菌中参与抵抗噬菌体和外来遗传物质的入侵，由具有靶向识别作用的 crRNA 和具有酶切功能的 Cas 蛋白两部分组成。该系统不受基因序列的限制，几乎在所有细胞、物种中都能实现相应编辑。相较于以蛋白识别 DNA 的方式来结合靶 DNA 的 ZFNs 和 TALENs 技术，该系统利用 RNA 与 DNA 的配对来结合靶 DNA，通常只需要改变 crRNA 上 20 个碱基序列，就可以改变 gRNA 靶向识别的 DNA 分子，因此在实验设计上更为灵活。同时该系统还可以同时进行多靶点操作，使其更适用于高通量实验。因此 2013 年研究者使用该技术对人类和小鼠细胞进行基因编辑后马上风靡全球，世界各地的实验室都开始将这项技术运用于不同物种，并产生了一系列的创新应用。

（三）基因编辑技术在农业作物育种上的应用

2013 年以来，CRISPR/Cas 技术相继在水稻、小麦、拟南芥、烟草等模式植物中得到了应用，从而证明了其用于植物细胞基因编辑的有效性和通用性。结合其他植物分子生物学和细胞生物学的进步，该技术迅速展现了在农业作物育种领域的巨大潜力和价值。该技术在育种中首先得到应用的是抗病性、抗除草剂等性状的改良。如研究者利用该技术研发出能自身抵抗霜霉病的酿酒葡萄和抗细菌性条纹和枯萎病的水稻，而抗磺酰脲除草剂的油菜新品

种已在美国获得商业化种植许可；中国科学家也在该方向做了重要的工作，如高彩霞等则利用该技术育成了抗白粉病的六倍体小麦。总的说来，该技术能让植物本身带上抗性基因而不是通过外用抗生素或杀虫剂达到效果，这在农业生产上具有重要的意义。作物产量和品质的改良是该技术的另一个应用方向。如研究者利用该技术对水稻的香气基因 OsBADH2 进行编辑，从而开发了品质改良的香米新品种体。而黄三文等利用该技术对多种控制番茄果实颜色、口味的基因进行了编辑，从而开发了耐储运、风味独特的粉果番茄。而研究者利用该技术对水稻、马铃薯等物种的不同淀粉合成酶基因进行了编辑，从而开发了直链淀粉或支链淀粉含量显著增加的新品种，使其更适用于糖尿病人或工业粘合剂生产。研究者还利用该技术敲除了马铃薯中参与龙葵素合成的甾醇侧链还原酶，从而开发了发芽后无毒的新型马铃薯，解决了马铃薯生产固有的问题。而颜色的改良也是该技术的重要研究者通过编辑牵牛花中的多种色素催化相关基因的表达，获取了多种不同颜色的牵牛花。目前该技术在多种花卉中都进行了有潜力的尝试，以期获取颜色更加多变的商品化花卉。该技术还为育种技术提供了新的选项。如传统马铃薯育种只能以无性繁殖薯块的方式进行，其育种技术严重受限。而黄三文等利用该技术编辑了二倍体马铃薯中的 S-Rnase 基因使其花粉管能正常延伸从而结实，从而实现了马铃薯二倍体杂交育种，为马铃薯的品质改良提供了新的技术平台。庄楚雄等则利用该技术对水稻温敏核雄性不育基因 TMS5 进行特异性编辑，创制了一批新的温敏核雄性不育系水稻。而最近美国和中国科学家通过对多种水稻生殖相关基因的编辑，去除了水稻中的减数分裂行为，从而实现了水稻的无性繁殖，这为水稻的培育和生产提供了革命性的变化。

随着我国当前现代农业生产的不断发展，为了提升粮食的产量以及品质，育种技术在实际中得到了有效地运用，为了使育种技术的实际工作水平和质量能够得到有效的保障，相关工作需要结合实际情况选择正确的育种技术，并且还要对育种技术的实施进行不断的实验以及研究，使得现代农业生产能够在育种技术的影响下实现成功的转型。进入 21 世纪，科学技术突飞猛进，农业发展步伐不断加快，对农业育种和栽培技术提出了更高的要求。近年来，随着社会经济不断发展、研发力度提升与研发资金增长，带动了农业生产技术、栽培技术与育种技术的进步，也在很大程度上提高了农作物的产量，提高了人们的生活质量，因此创新农业育种方法对农业生产具有重要的现实意义。相对于传统育种和转基因育种，基因编辑育种技术体现出精确（可针对特异基因和性状）、通用（对不同类型基因和物种均无限制）、高通量（显著缩短育种时间并可同时改良多个性状）、安全（不引入外源基因）的优点，因此该技术目前蓬勃发展，有望彻底改变目前作物育种的面貌并带来巨大的经济利益。另一方面该技术虽不涉及到外源基因的引入，但依然向科学家和社会提出了需要高度重视的伦理问题。如 2018 年底贺建奎宣称世界首例免疫艾滋病的基因编辑婴儿在中国诞生，立刻引起多名业界科学家联名抵制。虽然基因编辑技术应用在作物育种领域的伦理风险较小，但存在更大的潜在环境影响和市场抵制，因此该技术的应用仍然迫切需要国家的严格监管和科研工作者的自我规范，以及公众的深入认知和接受。

我国是一个农业大国，近年来随着全球气候、土壤和水体环境的逐渐恶化，干旱、高低温胁迫、盐胁迫等问题日趋严重。此外，人为因素对农作物质量的影响也是日益明显。为此提高我国农作物的产量，克服这一系列的问题是我国农业发展的重中之重。相信在全国农业育种工作者的不懈努力下，我国农作物的育种和栽培技术必将有更大的突破和发展。我国农作物的产量和质量必将踏上一个新的台阶，我国的经济水平和人民生活质量也将随之增长。

第三节　农业病虫害识别技术

农业生产和服务领域存在的痛点由来已久，生产方式粗放、农业服务不完善、病虫害问题解决不及时等等，而人工智能融合农业生产服务创新应用，

恰是解决农业问题的新突破点。

一、农业病害预警概述

农业病害预警就是在农作物病症出现之前，以经验或信息化手段为指导，根据对环境、病原、作物本身等进行的监测及分析，对病害发生的可能性进行预测并及时预报，以最大程度降低甚至避免病害发生而造成损失。

（一）农业病害预警特点

农业病害预警是有效降低农作物发病率的有效手段，其预警对象是农作物，与其他预警相比（如气象灾害预警、煤矿瓦斯预警、机械安全性能预警），农业病害预警有其自身特点：

复杂性。农业病害预警针对的对象是农作物，而影响农作物发病的因素复杂，需要温度、湿度、光照等环境因素和病毒、细菌、真菌等病原生物的相互配合才能引发病害。

积累性。农作物病害不是瞬间发生的，而是在一定的环境与病原侵染的条件下发生的，这个过程需要环境、病原等因素的积累才能引发病害。

提前性。病原侵染作物后并不会即刻表现出病征，当病征显现时再进行预警为时已晚，所以作物病害预警的关键在于对病征表现之前的作物生理特征、病原微生物动态以及环境的有效监测，这就要求预警需要提前进行。

持续性。农业病害预警需选取适当的预测指标作为预警判定的标准，而这些指标数据处在持续动态变化中，因此预警需要结合这些动态趋势，才能准确预测病害发生情况。

（二）农业病害预警分类

农业病害预警按照植物病理学原理、预警时效性、预警范围和规模等分类方式可以有不同分类。

按照植物病理学的预警分类从植物病理学角度出发，根据病害三角原理，可以将农业病害预警分为：基于环境信息的病害预警，基于病原微生物的病害预警以及基于寄主植物生理特性的病害预警。

按照预警时效性的预警分类从时间上，根据作物的生长周期以及预警的时效性，可以分为短期预警、中期预警、长期预警和超长期预警。

按照预警范围和规模的预警分类从空间上，根据预警的范围和规模，又可将其分为宏观预警和微观预警。

（三）农业病害预警过程

农业病害的预警过程从逻辑上划分为 5 个阶段，即：确定警情、寻找警源、分析警兆、预报警度及排除警情。

确定警情。即确定农作病害发生情况，具体可通过警素和警度来反映警情。警素是构成警情的指标，如：病害严重度、病情指数等；警度指病害发生的严重程度，通常划分为无警、轻警、中警、重警及巨警 5 种警度。

寻找警源。即找出警情产生的根源，如利于发病的环境、易于侵染的病原等。

分析警兆。即分析病害发生的征兆，警兆可以是显性表现，如：作物出现病斑等；也可以是隐性表现，如：在潜育期，病原与寄主植物斗争激烈，但却并未表现出病征。

预报警度。即根据警情及警兆来做出综合预报，给出预警的等级。

排除警情。即根据预警结果给出相应的病害防治指导建议，以消除警情。

二、农业病害预警关键技术

农业病害预警主要涉及的关键技术包括农业病害预警信息获取关键技术和农业病害预警信息处理技术。

（一）农业病害预警信息获取关键技术

农业病害预警信息的获取是病害预警的前提，准确及时的信息获取可为

病害预警提供必要的依据。农业病害预警信息获取关键技术可分为：环境信息获取技术、病原微生物信息获取技术、作物生理信息获取技术及地理信息获取技术。

1. 环境信息获取技术

在农业病害预警领域中，主要通过物联网与传感器技术获取作物生长环境信息。刘渊等设计开发了基于物联网的连栋蔬菜温室环境监测系统，通过温度、湿度、二氧化碳浓度和光照传感器采集环境数据，由生物特征提取器采集作物生理信息，并通过无线传感网络进行通信，将信息传输到上位机，实时感知作物生长环境信息，经专家系统判别后进行相应反馈调控。赵中华等利用物联网关键技术，应用传感器自动采集环境因子数据，并结合马铃薯生产环境气象因子与晚疫病病害发生的关系模型，构建了马铃薯晚疫病监测预警与防控决策系统，对监测地的马铃薯晚疫病信息进行实时监测、预警、诊断及科学防控指导。叶片湿润时间在一定程度上决定了病原能否侵染及产孢，是病害预警的关键因素之一，利用叶面湿度传感器可以获取叶面湿度信息，为预警提供决策依据。李明等、Zhao 等利用传感器监测黄瓜冠层相对湿度、温度、露点温度、太阳辐射等参数，并构建了叶片湿润时间估计模型，可以用于日光温室黄瓜叶片湿润时间监测。物联网与传感器技术在设施农业中的应用更多，而大田种植应用有很大局限性，这是因为大田种植面积大，要准确获取大田作物及生长环境信息，就必须增加传感器的布设，这会使成本大大增加，故低成本信息化成为了农业物联网的一个发展方向。目前，通过传感器可以准确获取作物生长环境信息，但其应用主要停留在对农业环境信息的监测方面，对于农业病害预警方面没有得到较为深入的应用，将传感器采集的环境数据与作物病理信息相结合并进行综合分析会使物联网与传感器技术在农业预警领域发挥更大的作用。

2. 病原微生物信息获取技术

病原微生物对作物的侵染是作物病理性病害发生的重要因素，准确获取病原微生物信息有助于对病害种类进行判别，增强预警的精确性。

电镜检测技术。引起农作物发生病害的病原微生物种类繁多，通过病原微生物电镜检测技术可以准确检测出病原微生物种类，从而可以协助判断出病害的准确类别，为病害预警及防治提供准确直接的指导依据。传统的病原微生物检测技术包括涂片镜检和分离培养，但传统方法程序较为复杂，且较为费时。电子显微镜检测简便快捷，是采集病原微生物图像信息的主要技术手段。YE 等利用电子显微镜技术研究了大麦黄矮病毒对植物叶绿体的侵染过程。李小龙等、齐龙等通过显微镜获取了小麦条锈病菌和稻瘟病菌孢子图像，并实现了对孢子的自动计数，为指导病害预警工作提供了良好的依据。

由于电镜检测技术具有高分辨率的优点，可以观察到植物组织、细胞以及病原微生物的超微结构，所以电镜在农作物病害检测中具有很高的可靠性。但电镜检测技术通常是在实验室条件下进行，需要去现场采集样本并带回实验室进行观察，无法进行实时监测预警是电镜技术在作物病害预警中的一大难题。将电镜检测技术与实时在线监测技术相结合可为农作物病害预警提供新的、及时有效的方法。

PCR 检测与生物芯片技术。随着微生物检测技术的不断发展与进步，检测已从病原体水平深入到了分子水平和基因水平，出现了众多新型微生物检测技术，主要包括 PCR 检测技术和生物芯片技术（Polymerase Chain Reaction，PCR）。PCR 检测技术能够实现对植物病原真菌快速、灵敏和可靠的检测。肖长坤等利用 PCR 检测技术，分别设计合成了鉴定白菜黑斑病菌 3 个品种的特异性引物，为白菜黑斑病的快速检测提供了新的方法。

基因的表达谱芯片已被广泛应用于医学中，主要用于对人类疾病检测，但随着植物-病原物基因组测序的逐步完善，植物病害检测也将通过生物芯片实现。PCR 与生物芯片技术能在基因水平上对病原进行识别检测，准确度高，但其检测结果很大程度上依赖基因测序工作，基因测序工作只能在实验室条件下进行，而且时间消耗量大，因此在相当一段时期内，PCR 与生物芯片技术在农业病害预警中的应用还存在一定的限制因素。

（二）农业病害预警信息处理技术

光谱技术作为一种无损、快速、高精度的检测技术，被广泛应用于各个研究领域。光谱技术主要应用于作物长势与估产、营养诊断与施肥、农产品品质和安全检测以及病害信息监测等方面，在作物病害诊断中也得到了广泛应用。光谱技术检测作物病害的基本原理是不同的病害对不同波段光线吸收和反射光线效果不同，因此可以通过其敏感光谱段的特征来判别病害情况，并进行早期预警。在农业病害预警领域中，光谱技术最大的贡献是可以通过近距离和远距离，从微观和宏观 2 个方面来检测农作物病害情况，为病害预警提供可靠、直观的理论与事实依据。

在近距离农作物病害光谱检测研究中，隋媛媛等应用激光诱导叶绿素荧光光谱分析技术，通过测定健康叶片、病菌接种 3 d 叶片和接种 6 d 叶片的光谱曲线以及黄瓜蚜虫害的侵染与发生等级，综合应用主成分分析和最小二乘支持向量机方法，构建了温室黄瓜霜霉病害的预测模型和蚜虫害的分类预测模型，预测能力分别达到 97.73%和 96.34%，具有很好的分类和鉴别效果。ZHOU 等以叶绿素荧光光谱为主要手段，结合环境信息、水稻生理信息和生化信息，构建了基于 SG-FDT 预处理 PCA-SVC 稻叶瘟病识别与预警模型，识别正确率达 95%。冯雷等利用绿、红、近红外 3 波段通道的多光谱成像技术对水稻叶瘟病进行检测，通过提取水稻叶面及冠层图像信息建立的稻叶瘟病情检测分级模型，对营养生长期水稻苗瘟的识别准确率可达到 98%，叶瘟的识别准确率为 90%，为实施科学的稻叶瘟防治提供了决策支持。邢东兴等分析了红富士苹果树在各级黄叶病害胁迫下的反射光谱特征，利用光谱数据对果树受害程度及病害级别进行定量化测评。RINEHA R T 等、BRAVO 等、JONES 等、冯雷等利用可见近红外光谱技术分别对牧草匍匐翦股颖褐斑病、小麦黄锈病、番茄叶斑病及大豆豆荚炭疽病进行了早期预测。远距离光谱检测主要是高光谱技术与遥感技术的结合，高光谱遥感特有的光谱匹配和光谱微分技术使其在农业病害监测中得到研究者的青睐。MOSHOU 等利用高光谱遥感技术分析了作物病害光谱响应，通过迭代自组织与二项式分析相结合的方法，对小麦条锈病光谱信息进行分析，识别结果高于 99%。QIN 等利用高空间分辨率的航空遥感光谱数据检测水稻纹枯病，通过光谱数据、标准差分指数等来研究影像数据与地面实测数据的相关性，相关系数大于 0.62，该方法对于中等和严重级别的水稻纹枯病预测有较好的效果。

目前光谱在作物病害诊断中的应用较为广泛，但在病害预警领域中应用较为缺乏，因此，通过光谱采集侵入期、潜育期的作物样本，即采集未表现病征的作物样本的光谱信息，并通过特征波段来判别作物的染病情况，将成为作物病害预警的一种有效手段。

第四节　农业机械自动导航技术

一、农业机械化自动导航技术发展趋势

我国是一个人口众多的农业大国，与其他发达国家相比，我国的可耕地远多于其他国家，但机械化程度却远低于其他发达国家，消耗的劳动力是其他国家劳动力的数倍，这表明中国的农业相较于其他国家处于落后水平，同时也表明中国的农村农机市场前景广阔[73]。近年来，政府加大了对农业的扶持力度，投资建设新农村，随着政策的发展，农业机械化使用率必将大幅度提高。20 世纪 90 年代在中国进行的农业机械导航与控制技术研究主要是借鉴了美国和日本的先进经验。在农业领域，中国对使用多传感器组合定位技术的研究还很少，但是相关的研究在工业、航空和智能交通领域已经达到了较高的水平。根据对定位相关理论和实验研究结果的分析，组合定位方法可以作为可用于农业研究的参考材料。精确农业依靠国家的引进、消化、吸收和改善。近几年，大量引入了国外的 GPS 自动导航和驾驶系统，已在国

内智能农业应用中使用。在过去的十年中，我国的农业机械化水平得到了快速发展，随着从传统农业到现代智能农业的转变，对农业机械监控和调度技术的需求已大大增加[74]。

从我国当前农业机械化的发展水平来讲，自动化导航技术的融合是一种全新的农业生产形式。以科学技术为内驱力的发展机制，可有效提高我国农业生产效率。考虑到导航技术与农业体系的融合仍处于初步阶段，部分技术领域内并未能充分挖掘技术本身的价值。对此，需针对技术的应用形式，进行定向化的择取，应充分挖掘出导航技术的自动化、智能化特性，并结合人性功能来为自动化的融合提供相关发展方向。例如，在对成熟的小麦进行收割时，利用自动化联合收割器将导致很大一部分的成熟小麦被粉碎，人性化功能的体现则是针对农作物本身成熟程度来进行针对性的收割，以此来减少收割过程中出现的农作物损耗现象。当然，还有更多类的机械化、自动化收割模式，代表着机械化自动导航技术的融合仍具有较大的升值空间，需科研人员对于此类技术进行不断的尝试及创新，为我国农业产业的发展奠定坚实基础。

二、农业机械化自动导航技术研究

（一）控制技术

以自动导航技术为实现载体的机械自动化控制系统，是将机械设备内的控制系统与导航核心系统进行关联，然后正确界定出机械设备在实际应用过程中各项部件所呈现出的运动形式，例如空间方向、角速度以及传动模式等。通过某一类部件在空间位置中呈现出的运动机理进行系统内独立参数的绑定，然后以系统内相关参数来决定此类部件的实际运作情况，进而实现系统的集成控制功能，令机械设备在实际运行中可保持一定的有序性与逻辑性，更加精准地执行相关指令。

（二）感知技术

感知技术是导航技术的一种联动技术，其通过对外部环境的信息感知，将外部信息即时传输到主系统内，令主系统对内部各项操控指令进行重新界定，以保证机械设备在当前应用环境中实现规范化操作。感知技术的实现载体是安装在机械设备上的传感器，其对灵敏度的要求较高，通过双向反馈传输机制的融入，可令系统实时对外部环境变化进行精准测量，然后由主系统对信息参数进行分析，或者由设备本身的专家诊断系统来进行相关执行指令的界定，以此来保证机械设备的稳定运行。

（三）导航技术

导航技术可以作为一类辅助性功能，其是在设备之上安装一种 GPS、GIS 定位系统，将机械设备在区域内的定位传回到电子系统中，以得出设备的自动化运行路径。当然死的技术并不能在生产过程中起到一定的价值，但通过设备本身对环境所映射出的信息值，可令工作人员依据空间运行模式，结合农作物的分布形式，令整个农业生产体系实现结构化布局，在一定程度上提高农业生产质量。

三、自动导航技术在农业机械化中的应用价值

将自动导航技术融入传统农业机械生产中，以智能化技术、信息化技术为核心的机械化加工体系，可有效降低人力资源的投入，通过对机械设备进行指定设定，便可使机械设备按照一定的程序实现自动化运行，极大提高农业产业设备运行的精度。同时在自动化集成系统的支持下，可保证设备在同一时间节点下完成多任务操作，自动化设备的有序性工作模式可有效降低人员在农耕中存在的安全风险。

在农作物种植期间，受农作物种子生长特性以及土地资源利用特性等方面的影响，在种植、施肥、收获的整个过程中，都将占用一定的人力资源与

物力资源等，如在天气环境恶劣的情况下，资源的消耗率与占有率随之增大。自动导航技术的融合下，可对种植区域内的环境以及种子生长特性进行联动分析，真正实现范围性的果实播种，且在种子生长周期内的全过程均可由机械化自动化为其提供生长过程中的各类帮扶条件，在一定程度上降低资源的投入，真正提高整体耕种效率。

在农作物收获期间，传统的人工操作模式，可能会令整体农作物产量降低，例如人工操作不精确、人员专业度不足等原因。在自动导航技术的应用下，通过指令参数的核定和保证设备在某一空间结构中完成定向模式的运行，在精准度的收割模式下，可有效摆脱传统人工所造成的误差，进而将农作物收获期间的损耗率降到最低。

四、农机导航智能控制系统应用探讨

拖拉机、插秧机和开沟铺管机是我国农业常用的三种典型农机，它们各具特点，结合不同的农业机械的特点，搭载农机导航智能控制系统，通过路径规划与跟踪技术，可以实现智能控制导航系统的建设[75]。本书通过对以上三种常用农业机械以及当代最新进的“慧农”北斗导航农机自动驾驶系统进行探讨，从而研究智能农机自动导航系统的应用。

（一）拖拉机智能导航系统

拖拉机在田间作业中使用广泛，且最具代表性，所以对自动导航技术和设备的需求也最为迫切。拖拉机自动导航具备自动定位和自动跟踪功能，在导航工作中，卫星定位系统用于确定其自身的位置，并实时控制拖拉机的转向和速度，以使其按照既定路线进行田间作业[76]。在本节中研究拖拉机转向系统，使用光电传感技术实现前轮角度检测，设计闭环反馈转向控制器，设计路径规划和路径跟踪软件系统，并自动搜索拖拉机。首先，要测试导航控制系统的实际车辆性能和控制方法，在测试车辆上安装自动导航系统。通过车载监控终端的完整功能实现智能控制，这些功能中包括路线设置、参数设置、轨迹跟踪、数据存储等功能。其次，设计路径规划与跟踪软件系统，使用计算机编程语言开发拖拉机导航系统软件，系统实时从拖拉机上安装的传感器和定位模块收集数据，例如经度、纬度和旋转角度，计算操作偏差并将这些数据通过串行总线实时转换给显示终端。将数据另存为文本文件，以便在工作质量分析期间调出，导航路线计划模块完成了野外工作路线的设置，创建预定路线并保存数据。通过车辆驾驶参数设置模块配置调整参数，路径跟踪软件系统界面显示虚拟轨迹和仿真图片，具有很好的可视化效果。

（二）插秧机智能导航控制系统

水稻插秧机是中国农业的常见农业机械，主要运用在水稻种植方面，是提高中国水稻产量的重要机械。由于田间调查工作的强度大和缺乏农村劳动力，水稻插秧机的自动搜索功能也引起了大多数科研人员的关注[77]。实现插秧机自动运行，减少驾驶员劳动强度，节省劳动力，延长工作时间，提高生产率和大米产量。插秧机采用 Pm 控制技术，设计了双闭环反馈转向控制器，并集成开发了自动导航系统。插秧机的自动导航系统具有两个功能。一个是定位，另一个是控制。定位是为了准确确定车辆的当前路径，并根据插秧机在行驶过程中的路径和姿态确定其相对于参考点的相对位置；控制是指确定并执行所需的控制量，在不发生偏差的前提下使插秧机可以在预定的路线上行走。作为整个水稻插秧平台的导航控制中心，它使用高性能的车载计算机处理 GNSS 姿态信息和角度传感器信息，该信息的高性能传播速度会实现智能的行为决策并输出导航控制指令。车载计算机发出导航控制指令，指令传达到转向电动机驱动器，驱动器接受命令后作出匀速反应，控制驾驶员执行准确的运动，这样在安全范围内控制车速，并控制插秧速度。

（三）开沟铺管机导航控制系统

随着国家盐碱地开发利用，土地综合生产能力提高等相关措施的实施，隐蔽管式碱排水技术在我国北方和沿海地区得到了广泛的应用[78]。依靠手

工开挖和人工管道铺设不仅效率低下，劳动强度大，运营成本高，而且难以确保工程质量。开沟铺管机由计算机执行智能行驶系统控制，行驶系统由行驶液压马达驱动，行驶马达的转速由两个柱塞泵和两个双齿轮泵控制。开沟机两侧的履带独立运行，均配有液压马达，每个液压马达都配备有光电传感器以测量速度，行走速度和转向控制在液压马达的控制下实现速度同步，光电传感器将速度信号发送到车载计算机数据处理系统，经过车载计算机计算后，可以在线监视工作量，如果凹槽承担太多负荷，其结果会导致发动机转速降低，转速降低后车载计算机控制系统会检测，依据转速进行调节，降低比例阀液压泵的输出流量，进而达到降低行走速度的目的，并形成工作装置。自动导航控制系统包括 GPS 定位模块、车载计算机，步态控制器、传感器和各种执行器等，传感器负责传输数据到车载计算机上，行走控制器接收计算机处理过的数据后，输出信号控制电磁阀执行操作，GPS 定位精确获得车辆位置信息，执行必要的操作控制使车辆能按照指定的路线行走，不发生偏移。车载计算机是为开发农业工程智能设备而开发的多功能 PC 集成机，通过系统的人机界面，可以设置操作参数，显示农业机械的工作轨迹，实现 GPS 从左到右的操纵。通过跟踪速度传感器信息，车载计算机可以做出行为决策，生成导航信息说明并存储相关的工作过程数据。车载计算机集成了 GPS 定位模块和 5G 无线通信模块，可实现车载数据的现场定位和远程传输，同时配备强大的抗干扰功能，极大地提高了恶劣环境下的可靠性。它采用压铸铝外壳，具有高导热性，出色的散热性和小尺寸，同时考虑到防磁、防尘和防水来适应恶劣的农业工作环境。导航控制软件界面提供实时信息，例如导航时间、定位方法、方位角等，以帮助操作员判断定位信息的可靠性。数据收集模块是整个导航系统的数据收集器，对相关数据进行收集以及分析，完成传感器信息收集，并且存储和回放分析模块导航信息，以帮助驾驶员回看并分析原因以便于下一次更好地完成工作任务。控制决策系统根据车辆的当前位置信息计算预定的路线偏离，根据偏离路线测定相关数据，进行数据分析后创建控制策略，并将当前的控制信息实时传输到现场控制器，从而达到控制沟槽管道工步行系统直线操作的目的。

（四）新一代“慧农”北斗导航农机自动驾驶系统

北京合众思壮研发的“慧农”卫星导航技术是现代智能农业的基本技术，导航技术、网络技术、通信技术和自动控制技术在农业生产中的应用是发展精准农业的前提[63]。经过多年的研究和发展，中国的农业机械在机械结构的合理性方面取得了重大进展。故障率有所降低，工作效率也得到了极大提高，得到了农民广泛认可，随着北斗导航系统建成，北斗将在现代农业生产中得到更广泛应用。为了加快新型社会化农业机械服务体系的建设，进一步扩大农村农机合作社的范围，在全国开展了农业机械合作社建设试点。一种称为“互联网＋农业机械运营”的新型农业机械服务模式有效地解决了农村工人的短缺问题。传统的运营效率低、成本高、质量差、整体管理困难等问题也得到有效解决，通过在线和离线结合的新型共享农业机械模型也正在兴起。

综上所述，农业机械化在自动导航技术的支持下，令农作物的耕种与收割呈现出自动化运行的模式，极大限度地提高农作物产量。为进一步强化技术的应用效果，必须依据农业机械的发展现状，来建立完整的技术融合机制，保证自动导航技术在农作物生产中可发挥最大的效用，促进我国农业产业的发展。

第五节　农业作业智能测控

一、农机智能检测系统概述

一直以来，粮食安全以及粮食产量都是我国发展计划的重要议题之一，农业也是关系到民生的最根本的产业。随着云计算的兴起以及物联网技术的

发展，通过传统农业与信息化技术的结合，衍生出了精准农业概念。精准农业是实现农产品粮食增收的重要手段之一，也是进行农业可持续发展路线的重要措施。近年来深松整地概念越来越被人们所重视，自2010年以来全国农机深松整地作业面积不断扩大而且补贴金额也不断增加，传统验收方式已无法满足监管需要，这时就需要一种高效，科学的现代信息技术对农机深松作业进行监测。

本系统以当前云计算处理的发展为基础，以物联网数据通信与处理技术为背景，分析了精准农业的国内外研究现状，总结了对于农机监测管理系统的整体需求，从农机数据收集、农机数据分析、农机数据展示等方面设计了农机监测管理系统。农机终端通过GPS定位以及附带多种传感器采集数据，采用MQTT协议进行通信交互，基于Storm实现了可横向扩展的数据解析处理服务。在收集到农机定位数据之后，根据终端数据的不同设计了两种面积计算算法，并根据业务需求进行了秸秆还田作业的识别以及深松轮作分析。最后开发了基于Django MTV框架的农机管理平台实现用户端的农机深松作业实时监测，历史作业查询，轨迹查询等功能。为实现农机定位，农机管理，农机作业分析提供了技术基础。

伴随着智能信息化理念在各行业的应用，围绕农机作业耕、种、管、收等全作业环节运用物联网信息化技术，有效地进行农机作业远程监控与调度，提高农机作业质量和农机装备的智能化水平，是目前现代化大农业发展的迫切需求之一。

近年来，国家为了推进农业全程机械化发展，在多个项目中都实施了补贴政策。例如，农机深松整地作业补贴、农作物秸秆综合利用作业补贴、秸秆粉碎覆盖还田保护性耕作作业补贴等，在补贴核验的过程中因缺乏技术等因素浪费了大量的人力、物力、财力，我国农机合作社近几年发展迅速，高性能、高质量的农机装备保有量逐年递增，与此同时农机跨区作业的需求也在不断扩大，使得对农机作业质量的要求逐渐提高。因此，使用“互联网+智能农机”技术来实现对农机作业质量的实时监测、农机作业面积的实时统计以及农机具的智能化管理，充分发挥各种农业机械的工作效率与作用。

二、农机检测系统背景分析

（一）背景介绍

农业一直是我国最为重视的产业之一，2004 年以来，我国开始对种粮农民实行直接补贴，农业直补制度促进了农民种粮积极性的发挥。但仅依靠政策扶持无法令一个产业长久地发展，还需要技术的进步。

传统农业的运行模式是通过增加较多高耗能工业产品，其中包括化肥、机械以及农药等用于保持农业总体产出，但其在提高产出的同时也带来了如土地压实、水土流失、地下水及地表水污染、农药使用导致公共卫生和环境恶化等问题。人们迫切需要一种可持续发展的农业形式，在维护农业生态环境的同时充分利用有限资源，提升农业生产产量，基于该背景，出现了“精准农业”的概念。

所谓精准农业（Precision Agriculture）又称精细农业、精确农业、精准农作，是一种基于信息和知识管理的现代农业生产系统。精准农业采用 3S（GPS，GIS 和 RS）等高新技术与现代农业技术相结合，对农业机械、农业资产、农作物实施精确定时、定位、定量控制的现代化农业生产技术，可最大限度地提高农业生产力，是实现优质、高产、低耗和环保的可持续发展农业的有效途径。

精准农业是我国非常重要的国家发展的一部分。精准农业在减少成本，提高效率等方面都有着积极的作用和意义。同时也是物联网技术的重点应用领域之一，是物联网技术应用需求最迫切、技术难度大、集成性强等特征最明显的应用领域，从服务形式来讲，主要涉及农业资源与环境监测、农机作业调度、病虫害监测预警等应用方面，物联网为现代农业发展创造了前所未有的机遇，同时现代农业品种多样性、生态区域的差异性也在很大程度上局限了农业物联网的应用发展，极度缺乏可复制性与易推广性的应用模式。

为了不断推进农业经济的优化，实现可持续的产业发展和区域产业结构优化调整，进一步推动智慧农业发展进程，需要全面及时掌握农业的发展动态，这需要依托农业大数据及相关大数据分析处理技术，建设一个农业大数据分析应用平台。

目前卫星定位技术、信息技术以及地理信息技术等技术处于迅速发展阶段，农业机械化技术在精准农业作为指导理论应用范围不断扩展。在设计与开发农机监控通信系统的过程中，我们与多传感器多元信息模型相结合，实现自动测量农机作业面积，并实时监测耕地深度。在大量农机作业信息基础上预测未来粮食产量，对耕地结构与种粮方式进一步优化。

（二）国内外研究状况

1. 国外研究现状

20 世纪 80 年代美国提出精准农业基本概念，90 年代初期已经在生产中正式应用，其中一些设备与技术趋于成熟，但并未形成一个统一的系统，美国基于本国经济、需求以及应用原则开始应用精准农业。美国基于其强大的基础产业以及得天独厚的地理优势，从国家层面到市场层面都在精准农业相关产品上遥遥领先。

美国国家农业统计局（NASS）美国农业部（USDA）开发的农田数据图层（Cropland Data Layer，CDL）包含了栅栏图层、地理要素、作物分类，土地覆盖图等。在 2009 年，CDL 已经可以覆盖 27 个州、15 种作物的统计资料，并提供整个生长季节的最新面积预估。农业数据软件公司 OnFarm 旨在整合多个制造商中来自多个传感器、车辆、天气和其他来源的数据，并包括决策支持系统，可以在未来提供更通用的数据基础架构。约翰迪尔公司生产的名为 Aututrac 的制导和转向控制产品可以基于卫星定位信息和载波相位差分技术（Real Time Kinematic RTK）进行精度在±2.5 厘米的农机定位，该产品还配备了地形补偿模块（Terrain Compensation Module，TCM），该模块使用传感器检测车辆的俯仰、转向、颠簸并进行补偿，以提供拖拉机的精确地面定位。美国普度大学开发的软件 Crop Bugdet 为农户提供一系列机械化经营管理服务和良选种植方案。

其他发达国家也由本国农业特性出发，形成与本国国情相符的精准农业技术体系，例如以色列近年来中着重推广小型工厂化精准农业，数字化农业模式的代表新西兰。除此以外，精准化应用于更多领域，包括无土栽培花卉生产（荷兰）、计算机管理奶牛场（欧盟、北美等国家）以及水培蔬菜生产（日本）等。丹麦的 Sorensen 等开发了针对于指定田间作物种植以及田间作业规划的抉择支撑系统。英国的西尔索研究院研制了一整套包括成本核算、农机选型、种植计划等的农机管理软件。

在精准农业体系中，主要的相关技术包括：GPS、传感器、辅助驾驶、地理信息系统、可变精度技术（variable rate technology）。GPS 被用于对农田实际空间位置准确获取，与地理信息系统相结合，由于产量在农田实际分布时存在不公平性与对生长因素产生影响的差异性，在此采集位置环境信息，分析与处理该数据后制定更合理的方案。

安装在农业机械上的传感器，或单独放置在地面以上和以下的传感器，以捕获有关土壤水分、土壤温度、风向、太阳辐射、叶片湿度和绿色、降雨量、产量计算、位置跟踪、性能单计和远程诊断服务。卫星在红外光中捕获空间分辨率，并利用图像估计产量和生物量。辅助和自动制导转向系统，可以帮助农民更有效地导航拖拉机。地理信息系统利用收集到的数据来创建作物产量、种植分类和土壤肥力的规划图。可变精度技术集成以上集中数据。利用土壤图来制定种植方案，其中包括任何播种、灌溉和化肥应用量等，由机器自动执行处方。以约翰迪尔公司为例，根据制导转向系统的复杂程度，其拖拉机可以实现 40～200 厘米的种植准确率[79]。

随着云计算的兴起和物联网设备成本的降低，加快了农业与互联网行业的结合。成立于 2012 年的 FarmLogs 公司在移动应用率先推出了农田管理相关 App，使农户可以在网页和手机上分析自己的田地耕作状态。传感器技术成本的降低使得我们可以更加便捷地获取数据，随着越来越多的有价值的

数据的产生，引发了行业的变革[80]。Apache 基金会开源的 Hadoop，Storm，Spark 等分布式计算平台使得大规模处理数据成为可能。而 WebGIS 系统的发展也使得人们更加方便地处理相关地理数据。

2. 国内研究现状

我国在 1995 年第十期《中国信息导报》中提出精准农业概念，其中标题为《高科技——美国农业生产高效益的源泉》，其中第一次描述美国精准农业现状。1997 年研究类期刊中重点描述了地理信息系统、全球定位系统、计算机控制、检测系统、传感器以及变量管理体系等。随后一些科技文献中也提到与国外精准农业技术相关内容，我国部分学者在各个场合开始讲解精准农业，并对精准农业应用于农业生产具有推动型，并提出我国也要开始重点研究精准农业。我国专家学者开始针对我国国情研究精准农业，在建设精准农业方面提出个人意见与想法，让我国精准农业技术理论与研究与发达国家相互融合，成为我国高新技术研究的重要成果，并进一步缩短我国与发达国家间差距，成为我国精准农业发展的基础。

我国部分地区已经在农业生产中引入精准农业技术，并在应用中获得一定经济效益。我国新疆生产建设兵团最早在 1999 年提出精准农业关键的六项技术，其中包括精准施肥技术、环境动态监测、精准灌溉技术、精准播种技术、田间作物生产以及精准收获技术等，发展至 2003 年已经形成四个体系，分别为精准农业核心技术体系、精准农业技术规程体系、精准农业技术指标体系、精准农业技术装备体系，成为组成精准农业技术体系的关键部分。广泛应用于棉花生产中，已经取得较大社会效益、经济效益以及生态效益[81]。

我国在精准技术方面主要发展的是 3S 技术的应用。即全球导航系统（GNSS），遥感系统（RS），地理信息系统（GIS）。随着国家对农机作业补贴力度的加大，各地提出了很多农机监测管理方案。农机监测管理技术体系主要包含三层结构：信息采集技术，信息传输技术，信息处理技术。信息采集技术以北斗、GPS 定位，传感器，遥感技术为主。通过在农机上安装的农机终端对农机进行定位，导航，数据采集。信息传输技术主要包括 GPRS 通信以及 ZigBee 无线组网技术，实现农机作业数据的远程传输以及控制。信息处理技术包括地理信息系统，专家系统，决策系统等，从耕、种、收等方面全流程参与到农事之中。王培等提出了基于农机空间运行轨迹的作业状态识别方法，聂娟等通过信息物理融合系统对农业大棚浇水进行建模，分析农业流程。北京佳格天地公司的农事管理系统实现了通过卫星影像图与气象分析结合对农产品产出进行预测，并提供相应的农业金融方案[82-83]。

在北京市政府与国家计委的投资下，北京建立精准农业示范区，成为我国首个应用精准农业项目，成为引进先进技术、技术示范以及推广的前期准备基础。中国科学院在知识创新工程计划中增加精准农业，并开展知识创新工程一个新的领域与研究方向，被称作精准种植，研究获得具有自主知识产权的精准农业设备与技术，由我国国情出发制定长期发展规划与目标研究内容。2000 年开始我国实施 973 计划，该计划指的是时空多变要素定量遥感理论与应用。2000 年 10 月至 2001 年 5 月研究人员在小麦生长时期，位于北京顺义区域应用定量遥感试验，实现“星、机、地”一体化。2010 年，北京大学和海南北斗星通信息服务有限公司联合渭南鹏程农民专业合作社，研发了农机调度专用终端，开展了面向经纪人模式的收割机监控与调度试点。2015 年，北京农业信息技术研究中心研发了农机深松作业信息化监管服务系统为新疆维吾尔自治区提供农机跟踪，面积统计等功能。2017 年蓝海智能科技有限公司在武汉发布了基于农业全产业链传感矩阵的人工智能决策系统“农业大脑”。

三、农机监测管理系统需求分析

（一）业务需求描述

为了促进我国农业发展，近年来，国家对于农业补贴的力度越来越大。在农业机械化程度飞快进步的同时，农业信息化的发展却不是很显著。在精

准农业中，农机的智能化管理和操作是非常重要的一个环节，为了更好地促进精准农业的发展，能够根据作业情况和土地情况等现实条件管理大量农机的操作运行的农机监测管理系统便应运而生[84]。

根据对用户资料的收集，目前传统的农业机械管理方式主要存在以下几点问题。

农业补贴发放过程中，需要统计农机作业面积，作业质量，传统的统计方式依靠人员实地测量或农户上报。实地测量过程中，消耗大量的人力、物力，并且测量准确度也非常依赖于测量人员的经验。而依靠农户自主上报则存在多报，误报等情况，有些繁琐的申请步骤也给农户增加了负担。

长期以来，由于农机与农户、管理单位间信息不对称，农机闲置、农户找不到农机等现象常出现在三夏、三秋时节。以前对农机使用情况进行调度，大多是采用人工手写登记，在登记过程中常会出现重复登记、遗漏登记等问题。缺乏对地区范围内的农机实时动态统计。

各省近年来都在推广鼓励深松整地技术，深松是指通过拖拉机牵引深松机具，疏松土壤，打破犁底层，改善耕层结构，增强土壤蓄水保墒和抗旱排涝能力的一项耕作技术。根据地区不同，各地以两年、三年等为一个周期对同一块地进行深松，对于农户和政府统计人员，都需要一个能够对于土地深松历史的查询平台，避免重复深松造成的资源浪费。

很多地方建立了区县级别的农机管理平台，这些平台数据不通，形成了信息孤岛。在省市级别需要一个数据汇总平台对单位下的农机定位数据，农机作业数据进行统计。

针对以上存在的问题可以看出，从政府单位，农户等角度出发，农机监测管理系统需要实现以下开发目标。

1. 农机定位数据的采集

农机定位数据是农机管理信息化的基础，在农机调度方面，需要依赖农机定位数据查看农机的分布情况，而农机作业数据作为一种地理空间数据类型，也需要通过农机定位数据进行分析处理[85]。

2. 农机作业的自动监测

农机作业数据是农机管理人员最关注的农机数据。农机作业数据涉及到作业补贴发放，粮食产量统计，国家土地资源使用情况分析等方面，农机监测管理系统需要能够精准、实时地对农机作业地点、农机作业面积、农机作业类型等方面进行监测。

3. 农机作业的直观展示

过去对于农机的作业情况，只能以实地观察，手工绘图等方式进行查看。农机监测管理系统需要能够结合卫星图，将真实的农机作业轨迹，农机作业地块展示给用户，方便政府人员、农户获取农机作业情况的第一手信息，并可以结合时间因素，空间因素等从多种角度对农机作业进行统计、规划。

在相关研究中，通过与农机定位终端的通讯进行数据采集，并对农机数据进行持久化和分析，最后在浏览器端结合 GIS 系统展示给用户，同时支持符合通讯协议的其他厂商设备接入以及与其他平台的数据推送。本系统基于物联网，云平台，大数据和深度学习等技术开发，目标是以土地的最大利用效率。在非透支土地的基础上，提高耕地效率和耕地的准确性。为农业生产提供贡献[86]。

（二）系统功能需求

农机监测管理系统由硬件系统和软件系统两部分组成。硬件系统包括农机监测终端、传感器以及应用服务器。其中农机监测终端以及传感器是安装在农机上，负责农机行驶、作业数据的采集、上传以及接收服务端消息。农机监测终端是实现农机监测的基本保障，为了实现农机的联网以及数据采集、传输，农机监测终端需要具备以下能力：

1. 具备移动通信能力，要能通过互联网进行数据传输与指令通讯。在连接断开时重新获取连接。

2. 定位功能，能够通过北斗及 GPS 系统进行卫星定位，获取经纬度，

速度，航向角数据。

3. 数据采集功能，通过传感器收集农机作业时犁具下放深度，油耗，等农机行驶时产生的基础数据。

4. 自检能力，在硬件软件出现故障时上报状态信息。

软件系统是本文的主要研究内容。软件系统包含两部分，与终端的数据通信软件和面向用户的应用软件，通信软件需要实现实时接收并解析终端根据通信协议上传的数据，对数据进行持久化，并实现对终端的远程配置，软件升级等功能。应用软件作为农机监测系统的主要部分，提供了农机作业数据分析、处理、存储、查询的有效解决方案。系统的主要三种用户角色是农机管理者，运维人员和对接平台。接下来从系统用户的角度对系统功能需求进行分析。

1. 农机管理者

农机管理者包括政府用户以及农机主、农机驾驶员等，农机管理者可以对其拥有的农机基础信息和定位数据进行查询，查询包括农机分布状况，农机基础信息，和农机定位数据。农机定位数据包括了农机实时状态监测以及农机历史轨迹回放。同时可以使用平台对农机作业面积，作业质量进行分析统计，管理历史的作业情况。政府平台可以以统计的面积数据作为参考进行补贴数据的发放，同时农户也可以对自己的作业情况进行管理，制定作业计划。

2. 运维人员

运维人员是系统内部对终端、数据进行维护的人员。为了方便用户使用，系统中包括单位信息、农机信息、农具信息、作业标准等都需要运维人员进行录入，编辑，同时运维人员也要可以对终端进行远程配置操作，包括终端软件升级，终端配置修改等。在终端软件需要进行更新时，运维人员可以按单位对终端进行批量升级。

3. 对接平台

为了实现数据汇总，系统需要实现一个数据交换接口进行数据的接收与查询，主要包括终端信息数据，轨迹数据，作业数据等。接收到推送的数据后系统可以在一个统一的平台上进行数据展示，方便各单位进行统计。对于对接平台推送的数据，我们需要对其进行是否可以推送以及数据有效性的校验。

（三）系统数据需求

系统的数据包含两部分，一部分是终端与服务器之间交互的消息。另一部分是支撑系统运行的基础数据。系统基础数据中存在的实体有终端、设备、车辆、作业、机具传感器、车辆、单位以及终端发送的各种消息。

终端是一个数据接入的概念，表示一个数据来源，每个终端对应一个硬件设备，并且绑定一个车辆，车辆属于一个单位，单位可以是合作社、省市县级农机管理局等，每个单位根据时间段、作业类型对应多条作业标准，每个单位可以有多个终端。系统以天为单位通过对终端上传的数据进行作业统计，作业根据开始标记中包含的机具编号关联机具信息确定作业类型、作业面积计算参数。终端结束标记作为终端上传点的统计数据。定位点是终端按照一定时间间隔上传的定位数据。

（四）系统非功能性需求

1. 通讯负载需求

农机监测系统的一个特点是在农忙与农闲期间，系统所面对的压力是不同的，为了节约成本并保持系统可用性，农机监测终端中的通信软件需要具有横向可伸缩性，在农忙期间，通过扩展服务器池提供至少 10 万台终端的通信处理能力，在农闲期间，可以减少服务器池中的服务器数量节约成本。

2. 数据存储需求

为了提供农机的监测功能，每个农机终端会每隔数秒上传一次终端数据，这些数据要提供实时查询，并持久化保存，存储空间可进行横向扩展。

3. 计算处理速度需求

随着终端数量的增长，数据处理速度也要相应提高，最基本的作业面积计算功能要以天为单位统计，在每天 6:00 前处理完前一天所有终端的作业数据以供查询统计。

4. 系统可靠性

系统应该每周 7 天、每天 24 小时可用，停止运行时间不超过总运行时长的 4%。关键设备采用负载均衡，分布式多处理机结构，主要模块冗余度至少为 1+1，整体系统达到 99%可用性。

四、农机监测管理系统的设计

（一）系统总体设计

1. 系统架构设计

本系统主要分五个基础层面，感知层，通信层，持久层，应用层和展示层。

感知层由车载终端设备与作业参数传感器两部分组成，用于采集农机作业数据中的各类信息。作业参数传感器指的是深松深度传感器、深松机具传感器、摄像头传感器以及 GPS 传感器等。车载终端负责收集传感器数据并与服务端进行通信。通信层在互联网公网、GPRS 网络以及移动 5G 网络基础上，将通过车载终端设备获取的数据，以指定的协议规则发送至农机物联网信息数据接入中心，在这里，我们对消息进行解析并进行持久化处理。

在持久层我们主要实现农机监测管理系统的各模块基础数据以及终端定位作业数据的统一数据管理以及存储接口。

应用层表示农机深松作业监测与服务的数据分析部分，通过地理运算工具及面积算法、质量分析算法、重复分析算法对定位数据进行二次处理，按照业务需求为用户提供所需要的服务。

展示层是用户使用农机监测管理的页面，通过 web 页面，移动 App 等将农机监测管理系统的定位数据，基础数据，作业数据以表格，图表，地图图层的方式展示给用户，并提供数据操作功能由运维人员使用。

系统组成部分包括硬件系统与软件系统两部分，硬件系统组成部分包括软件平台服务器与农机定位终端，并在农机上安装农机定位终端，该终端中包含多种不同传感器采集数据。软件系统组成部分主要有数据通信子系统，数据分析子系统，监测管理子系统和数据交换接口。

2. 系统功能结构设计

系统按照需求划分共有五个部分：数据通信子系统，数据分析子系统，监测子系统，后台管理子系统和数据交换子系统。

3. 系统数据库设计

农机终端将信息传输给服务端之后，服务端会对数据进行处理。这些处理后的数据包含各个农机和各个作业地块的信息，这些数据对于当前地块的作业有着关键的作用，并且对于以后的工作也有着非常重要的参考价值。这些数据能够帮助工作人员分析农具的使用和分配，以及了解当前农业的作业情况，以便后来进行改进。因此，对这些关键数据的持久存储是非常重要的部分。

需要实现用于持久存储的数据库模块：能够实现大量数据的存储；能够对于存储的数据快速有效的检索。根据功能和需求，将农机管理系统的数据库分成了两个部分：业务数据库和轨迹数据库。业务数据库用来保存终端基础数据、设备状态数据以及数据处理结果数据。轨迹数据库用来保存终端上传的海量轨迹点。下面将介绍下这两部分的数据库设计。

（二）业务数据库设计

业务数据库采用 PostgreSQL 关系型数据库，之所以采用 PostgreSQL 是因为在农机监测管理系统中，有相当一部分数据分析基于地理空间要素实现的，通过 PostGIS 插件，可以实现提供操作空间对象、空间索引、空间操作

函数和空间操作符等功能。同时，PostGIS 遵循 OpenGIS 的规范，在具备良好空间要素处理性能的同时也简化了相关开发工作。

（三）终端基础数据表

基础数据模型包括终端表，设备表，开始标记表，结束标记表，消息表，报告表。终端信息表存储终端的关键业务信息，包括终端编号，终端绑定设备编号，终端绑定车辆编号，终端所属单位等。终端表通过设备 ID 字段关联设备表，通过所属单位字段关联单位表，通过车辆 ID 字段关联车辆表，终端与设备、车辆都是一对一的关系，这两个字段是唯一字段，单位与终端是一对多的关系，在终端表中所属单位可以重复出现。

设备信息表针对的是硬件设备的基础信息，之所以把终端和硬件设备作为两个概念分开，是因为作业数据等信息是依据终端编号划分所属的，而硬件设备可能会因为故障、升级等原因更换，导致设备 ID 变更，所以为了满足客户更换设备后历史数据依然可以查询，便给每个客户分配一个终端 ID，这个是始终不会变的。而设备和终端的对应关系在终端设备绑定表中，在这里也可以查到终端曾经用过哪些设备，方便对于设备的追踪，终端设备绑定表通过终端 ID 和设备 ID 与终端表和设备表进行关联。

开始标记表用来保存终端上传的开始标记信息。在数据处理时需要通过开始标记表中的数据作为基础信息。结束标记表用来保存终端上传的结束标记信息。需要的时候可以通过结束标记表中的数据分析设备的运行状况。设备上传的报警和解除报警在消息表中保存，这些信息也带有终端 ID 和单元 ID 的数据，可以和开始标记表结束标记表做关联，消息表通过终端 ID 与终端表进行关联。报告表用来保存服务端向终端下发的命令以及终端传回的报告，终端 ID 作为外键与终端表进行关联。

（四）分析数据表

分析数据保存是数据处理软件对轨迹等数据进行分析后的结果，有三张表，分别是作业地块表，异常分析表，图片识别结果表。

作业地块表是以天为单位统计作业面积结果的表，包含统计信息以及地理信息，通过终端 ID 与终端表进行关联。

异常分析表是保存以天为单位对轨迹数据进行设备状态分析结果的表，我们可以根据终端上传的轨迹点内附加的传感器信息，定位信息对设备是否正常工作以及作业轨迹是否有异常行为进行处理。

图像识别表是我们在收到终端上传的图像采集后，对图像进行识别分析结果的表，目前对于图像的利用包括秸秆还田覆盖的判断。

轮作明细表是我们对作业进行轮作分析后记录地块重复关系的表。

（五）轨迹数据库设计

轨迹数据库用来存储终端定位数据点，这些数据的特点是数据量大，数据之间关系不强，所以我们采用阿里云的表格存储产品，表格存储类似于 NoSQL，但优点在于扩展便利，不需要专人进行配置，维护，减少了人力成本，同时经过调查现在大部分 NoSQL 产品对于服务器内存的要求比较高，而表格存储对于用户来说不需要关心其底层实现，根据系统用量进行消费，减少了系统前期的硬件支出。

表格存储属于稀疏表结构，每行的列可以不同，对于定位终端，随着硬件进行更新换代，可能会收集更多传感器数据，而采用这种表结构，则在后台数据库中不需要随着硬件的升级进行结构的改动。表格存储中每一行的数据由主键和属性列构成，主键是表中每一行的唯一标识，而属性列则存放行的数据。

与传统关系型数据库不同，表格存储的访问是通过 HTTP 协议进行操作的，阿里云提供了 Java 和 Python 的 SDK 对访问请求进行了封装。在本系统中也利用该 SDK 对数据库进行操作。在面积计算模块设计了获取路径方法从表格存储中读终端在时间范围内的轨迹数据以供计算，在通讯模块设计了插入节点方法将轨迹数据插入数据库中。

五、数据分析子系统设计

（一）数据分析子系统结构设计

数据分析子系统包括单日作业面积统计，深松轮作统计以及秸秆还田判断功能。根据上一章的需求分析，数据分析子系统采用服务化的方式部署，可供接口调用，并支持调度任务，可在每日凌晨自动运行统计前一天的作业数据。农业信息系统的一个特征是时节性很强，农忙与农闲时系统负载差距很大，为了应对这种特性，本系统将数据分析子系统部署在 Celery 分布式任务队列中。Celery 是一个用于快速实现并发处理任务的分布式系统，它专注于实时处理的任务队列，同时也支持任务调度。Celery 使用 Python 编写，但协议可以用任何语言实现，通过配置一个任务队列，就可以快速实现一个分布式处理系统，并且可以结合 Django 使用，通过 Celery 消息接口进行调用或者执行定时任务。在我们的 Celery 集群中，采用 Redis 作为任务队列的 Broker。通过这种方式，可以横向扩展面积计算集群，在农忙时增加服务器以完成目标计算任务，在农闲时减少服务器以节省资源。

（二）作业面积算法设计

作业面积计算是农机管理系统中其他数据分析的基础，作业面积计算是根据终端传感器传回的轨迹数据，结合深度传感器数据对轨迹点进行判断是否处在作业模式下，分析出作业模式下的轨迹，根据农机作业机具的幅宽将作业轨迹从线形转换成带形的田地拢状多边形，再对其做聚合运算，去掉重叠的部分，获取作业的轮廓图。可以简单归纳为：点转线，线转面。

（三）生成轨迹线

在定位点转换成轨迹线的步骤中，根据终端类型的不同，本系统中的作业点分析分为依赖传感器分析及无传感器分析。

依赖传感器分析依赖传感器轨迹分析是通过终端连接的收获、耕地、播种等传感器在农机作业时获取农具状态，并随着定位点上报经纬度，定位时间和传感器数据。服务端根据机具类型，判断上报的传感器数据是否在作业区间范围内，并根据点与点之间的关系进行判断该定位点是否是作业定位点。

终端传回的轨迹点的传感器数据所反映的是与上一个轨迹点之间行驶路线上的平均数值，所以不能仅在两个数值达标的定位点间连线，在判定一个定位点是作业点时，也要将其与上一个定位点中的定位点间的轨迹加入到作业轨迹中。同时，因为移动设备偶尔会出现与卫星通信中断的情况，轨迹点中有一些无效的漂移点，我们在连接深松轨迹时，也要把这些漂移点去掉，判定漂移点的方法一般是根据距离判断，当某一个点与上一个点间的距离超出正常范围时，我们判定这个点是漂移点，不加入轨迹中。在实际作业情况中，会出现农机启动时长时间停在某处的情况，产生大量的重复点。为了提升面积计算的效率以及得出准确的农机作业深度达标率，我们判定当农机的某一个定位点与上一个定位点间的距离过小时，这个点是重复点，不加入到计算之中。通过对定位点的遍历，将定位点组合成数条作业线段及非作业线段，最终返回包含所有线段的轨迹线段数组。

（四）无传感器分析

部分终端受限于安装环境及成本，没有连接农具传感器，仅能上报经纬度和定位时间。在这种场景下，我们通过结合农机作业轨迹的空间特点，进行农机作业状态的识别。

农机在田间作业、公路行驶、静止等状态时具有不同的轨迹特征，当农机在田间作业时，往返的垄间作业在空间分布上呈现定位点非常密集的特点。当在公路行驶时，呈现的定位点一般是线状，当农机静止时，连续定位点的状态变化幅度不大或呈现极为密集的定位抖动状态。基于以上特征，我们便可以通过聚类算法实现农机作业状态的分析。

比较经典的聚类算法一般采用两种，K-means 和 DBSCAN。K-means 算法是基于距离的聚类算法，通过距离将对象分配给最近的簇，将属于同一个簇的对象视为相似的对象。DBSCAN 是基于点密度的聚类算法，它根据对象的密度不断扩展，把所有密度可达的对象组成一个簇。在农机定位轨迹的分析中，因为农机行驶、作业具有不规律性，而 K-means 算法需要人为指定一个 k 值作为质心，且最终聚类结果受 k 值的影响很大。在这里，最终采用 DBSCAN 聚类算法应用在农机作业状态分析中。

在依赖传感器分析中我们提到关于农机静止定位点的过滤，在无传感器分析中，静止定位点对聚类计算结果的影响更大。所以我们首先要进行静止点漂移过滤，遍历所有定位点，将与前一个点位移小于 2 m 的定位点剔除，同时，获取相邻定位点的平均间距。DBSCAN 算法需要预先设置好邻域半径和邻域内最小点数。通过对大量农机作业进行观察，我们将邻域内最小点数设为 10 个点，确定邻域半径和农机相邻定位点的平均间距。经过聚类计算后，可以获得分类结果的定位点集以及未分类的点集，在这里将带有分类的定位点标记为作业点，连成轨迹。

第六节　农用无人机平台

根据《2017—2021 年植保无人机行业市场现状及投资前景预测报告》显示，2014 年中国农用无人机市场保有量大约为 695 架，2015 年底我国农用无人机的保有量已经达到 2 324 架，截至 2016 年 12 月，我国植保无人机保有量超过 6000 架。中国已经成为目前全球植保无人机保有量第一的国家。根据实际测算，无人机植保的效率大致是人工植保的 40～60 倍，在我国农村劳动力日益减少的今天，采用植保无人机开展大规模植保服务，已经成为提高农业植保效率的保障。2015 年中央一号文件明确提出“推进农业科技创新，加强农业航空建设”，植保无人机技术推广面临重大机遇，但同时也对相关技术和保障工作提出了巨大挑战。2017 年召开的全国农机工作会上，明确将继续稳步实施农机新产品补贴试点，扩大农机新产品补贴试点范围，促进农业生产急需的农机科技创新成果转化应用，允许在适宜地区开展植保无人飞机补贴试点。这从政策角度反映出国家对植保无人机提高农业生产效率的认可和推进植保无人机发展的支持[87]。

一、建设植保无人机调度平台的必要性

植保无人机目前在全国各地已经比较普及，但分布分散，虽然已经可以进行小规模作业，但大面积、规模化作业依旧无法开展，其中最主要的原因是市场上没有一个整合现有植保无人机资源的调度平台来解决现有市场存在的问题。对于飞防团队来说，集中表现为三难两高的问题。其一，操作难：无人机植保对飞手的要求比较高，既要懂无人机操作，又要熟悉农业植保的相关知识，还要了解相关植保药剂的知识，再加上进行植保服务时的作业环境艰苦、劳动强度大，很难保证飞防团队的稳定性。其二，维修难：由于无人机产业属于新兴产业，现有配件生产都存在成本高、零散化、兼容性差的市场特点，造成植保无人机易损件更换维修费用高、周期长。其三，结算难：飞防团队与农户之间、飞防团队与飞手之间、飞防团队与无人机拥有人之间缺乏统一规范的标准作为结算依据。其四，飞机闲置率高：由于我国农业生产的季节性、时效性特点明显，无人机无法在一个固定地点开展长期工作。其五，团队建立成本高：由于植保无人机购买费用高、飞手培养难等特点，造成了飞防团队的建立成本比较高。对于农户来说，无法找到合适的飞防团队为自己提供服务，同时存在作业质量无法保障以及信息不对称的困惑。基于这些原因，建立一个基于植保无人机作业的调度平台，整合现有飞防资源，管理各个角色，同时实现对各个市场角色的双向监管，通过对飞行轨迹的实时监控，确保供需双方的权益保障。在此基础上，实现植保无人机的跨区域调度作业。同时，在作业过程中通过加载在无人机上的采集设备收集农业数据，建立农业大数据平台，实现植保团队、设备的高效运转，从而降低植保

成本、提高植保效率[88]。

二、植保无人机调度平台的建设原则

植保服务需求方：拥有较多耕地的农户、拥有较多耕地的合作社。植保服务提供方：拥有飞手和植保无人机的专业飞防团队。调度平台管理者：对植保需求方和服务提供方进行业务对接，同时提供作业质量、法律法规和费用保障。监管者：政府相关部门和相关行业协会等。

各方关注的重点：

一般农户：按时保质完成植保服务，制定适合自身的飞防方案。

农业合作社：按时保质完成植保喷洒；能提供相关植保数据，包括漏喷、误喷以及多喷的数据统计；有增值服务（比如可以提前一年提交定制需求，预定第二年的植保服务）。

监管者：对所属行政区域中纳入统防统治的地块全程追踪，并对植保数据进行统计分析，了解管理区域的作物种植面积和特点，为下一步的政策制定和农业发展决策做支撑。

三、植保无人机调度平台架构及各组件功能

整个调度平台由服务器、微信公众号服务平台、PC 端数据管理系统、基于服务不同角色的手机客户端组成。服务器用来存储采集到的各类数据以及响应系统其他各端数据请求。微信公众号服务平台用来进行业务和各类角色的管理，将整个调度任务管理起来，如飞防团队的进驻、农户订单任务的上传和管理、订单从上传到工作结束，并提供实时查看追踪任务的功能，实施合理有效的调度，保质保量地完成整个飞防工作。手机端主要是便于各类角色的分类管理和信息推送，并根据用户的角色提供定制服务和相关业务管理[89-90]。

服务器端：存储植保任务中所有数据，包括工作任务信息、订单上传农户、飞防团队工作记录、飞手等详细信息，还包括由地面站上传的植保无人

机参数，具体包括无人机编号、位置、已作业量、作业轨迹等数据。

PC 端数据管理系统：系统基本架构中有 3 种角色，即服务消费者、服务提供者、服务注册中心。通过系统可实时查看到各地区正在作业的植保无人机信息，包括当前地块土地面积、无人机历史喷洒记录、飞防团队信息、农作物种类、农药使用情况等统计信息，对收集整理的大数据进行统计分析以作为相关决策支持依据[91]。

微信公众号服务平台：鉴于智能手机和微信的普及，微信端操作更加便捷，农户、飞防团队和管理人员都方便接入，各个角色成功注册并经过管理员认证后，农户可以提交任务申请，管理员确定需求真实性，给予任务审核通过或者无效的判断。通过审核的任务，系统将信息发布到平台并推送给附近的飞防团队，飞防团队根据自身情况对任务进行接单并提交任务保障金；接单后的飞防团队具体实施植保作业。农户、飞防团队、管理员均可通过平台查看当前任务的进度和完成情况；任务完成后飞防团队通过微信端提出结束任务申请，农户确认并对作业质量做出评价；任务结束，由平台对费用进行结算。手机 App：功能与微信公众号服务平台类似，方便下载和管理，更便于对用户进行分类管理及角色管理[92]。

四、植保无人机调度平台的发展建议

加强政策、资金的扶持力度。当前我国只有部分省区将植保无人机列入农机补贴范围，为了推进植保无人机的快速发展，应该对植保无人机进行作业补贴，促进植保无人机在农业生产中的推广应用。同时，尽快制定植保无人机对不同作物实施植保作业的相关作业标准。

加快科技研发，促进农机农技和农艺紧密融合。我国植保无人机的设计、生产、制造没有一个统一的技术标准，导致产品标准不一、配套产品质量无法保证。应引导高校、科研机构、植保无人机生产厂商等集中精力突破无人机制造成本、电池续航能力、负载和飞行稳定性等技术瓶颈，从而更好地适应当前植保作业和农业生产的要求。进一步加强科技、农机、农业等相关部

门的交流合作，提升管理和技术服务水平，促进农机农技和农艺融合，充分发挥植保无人机的比较优势和实用价值。

加强政策引导，规范行业标准。一个运行良好的调度平台，除了自身技术与服务保障外，还需要整合农业植保的上下游资源，即除了植保团队外，还必须有农资商、飞手培训机构、金融服务商和农业保险等企业深入参与，发挥各环节的优势，形成合力，从而搭建起一个致力于服务农业生产的全国性调度平台。这些都需要国家以及地方政府出台相关的政策，制定行业标准与规范。

目前，对于植保无人机而言数据采集模块的设计、生产和成本控制、无人机易损配件更换维修等问题也都是制约调度平台推广的因素，但随着植保无人机调度平台的不断建设和完善，并配合国家对农业植保的相关政策，加快人才和技术储备，植保无人机调度平台将逐步推广应用到全国主要粮食产地。

第四章　设施农业人工智能技术

第一节　设施农业人工智能技术的概述

设施农业是采用比较先进系统的人工设施，改善农作物生产环境，进行优质高效生产的一种农业生产方式，20 世纪 80 年代以来，设施农业发展很快，特别是欧美、日本等一些发达国家，目前已经普遍采用计算机控制的大型工厂化设施，进行恒定条件下的全年候生产，效益大为提高；在社会主义市场经济条件下，我国的设施农业以其较高的科技含量、市场取向的新机制、短平快的产销特点、效益显著的竞争力，取得了快速发展，改善了传统农业的生产方式、组织方式和运行机制，提高了农业科技含量和物质装备水平，成为现代农业重要的生产方式。设施农业不同于传统的露地农业栽培，是一种现代化的可控农业，通过人为手段进行调控，为作物提供适宜的温度、光照、水分、肥料、空气等，培育壮苗，降低或隔绝病虫害侵染，保证农作物的正常生产，从而提高产量、降低生产周期、提高经济效益。总的来说，设施农业是一种高投入、高产出、高能耗的产业[93]。

在人工智能时代，农业领域的快速发展离不开人工智能技术应用。而随着人工智能技术的快速发展及其在农业生产中的应用范围不断扩大，我国农业生产水平已取得很大提升。随着大数据处理技术的发展，其对遥感图像信息的提取和分类也更加准确，有利于提高农作物品种分类精度和气象灾害评

估准确性，促进精准农业的实施。

当前，人工智能在农业领域的应用发展趋势主要体现在以下几个方面：首先，农业生产集约化程度不断提升，人工智能技术在农业领域的广泛应用极大提升了农业生产效率，而传统分散型农业生产模式并不适合人工智能技术的应用，因此农业生产集约化程度将不断提升；其次，随着人工智能技术在设施农业中的广泛应用，设施农业生产效率、操作简便度不断提升，设施农业生产规模也在不断扩大，且智慧化程度不断提升；再次，人工智能技术的应用使得灌溉用水、施肥等工作均能控制在最佳水平，极大节约了水、肥等用量，促进了资源节约型农业的快速发展。最后，智能化设备的应用可以利用最少的资源实现农业生产增产提质、增值拓展等目标，从而促进资源节约型农业快速发展。

设施农业人工智能建立在现代生物技术、工程技术和以计算机和现代通信技术为主的信息技术基础上，对设施农业新技术的研究、推广和服务提出了新的要求，并提供了广阔的发展空间，智能化的过程实质上就是科技与生产结合的过程、科技创新的过程。同时也集现代工程技术、生物技术和信息技术于一体，使农业生产不受气候条件影响，在实现鲜活农产品周年生产、均衡上市的同时。具有较高市场竞争力和抵御市场风险的能力，集约化、商品化程度高，经济效益好，体现了现代农业的先进水平和发展方向，因此。设施农业智能化能有效促进科技与生产结合，加快农业科技创新步伐[94-95]。

设施农业是指利用一定的设施设备，最大程度地改善自然环境，为动植物创造适宜生长发育的环境条件，进行种植或养殖的一种农业生产方式。它具有标准化的技术规范，集约化、规模化的生产经营管理方式，以现代化农业设施为依托，集成了现代生物技术、农业工程、环境控制、管理、信息技术等学科，是现代农业的代表之一。设施农业能够在外界不适宜动植物生长的季节或气候，通过设施调节环境为动植物的生命活动创造一个优化的生长、发育、储存环境，具有科技含量高、产品附加值高、土地产出事高和劳动生产丰高的特点，既要兼顾品质高、成本低、效益高、环境良好等可持续发展目标。又要顾及市场需求，应对市场竞争的压力。

设施农业突出了对环境条件的控制能力和为作物的生长发育提供最适宜环境条件的特点，它综合采用现代科学技术，持续大幅度地提高单位面积的作物产量、提高产品数量和质量的同时，在北方寒冷地区也实现了周年生产与周年供应，使人们的物质生活更加丰富多彩。受气候条件的限制，世界上许多国家成地区的农产品生产常常只能在一个季节进行，而不能做到周年供应，干旱、盐渍、风沙、寒冷、冰雹等自然环境危害越来越严重，给农业生产带来了巨大的压力。所以，提高单位面积产量和实现周年生产已成为21世纪农业的基本要求。设施农业为解决这-问题提供了有效的途径[96]。

近年来，中国的设施农业得到了快速发展，单位面积产量大幅度提高，产品质量进一步优化，蔬菜人均占有量超过了世界平均水平，大中城市基本实现了蔬菜的周年供应：中国设施畜牧业的发展，使肉蛋产品产量保持了十几年的高速增长，人均肉蛋占有有量自2013年以来已连续7年高于世界平均水平。水产养殖的设施化水平不断提高，设施农业已经成为中国大中城市“菜篮子”工程不可缺少的重要组成部分。

设施农业科技的发展与产业化使人类从繁重的传统农业劳动中解放出来。例如，日本一所大学建立的一个植物工厂利用四台机器人进行蔬菜生产，完成育苗、定植、生长期管理、采收及包装等一系列工作，不需要人参与劳动。设施农业科技的应用极大地改进了人们的劳动环境，劳动条件，增加了劳动的趣味性，农业生产劳动不再是一种又脏又累又无趣的工作，而是一种环境优美、积极有趣的工作。所以设施农业将会吸引更多的人员参与，提高农业劳动者的社会地位。设施农业能够大幅度减少劳动者人数，能够解放出更多的劳动力，从事其他劳动，全面提高全人类的生活质量。

世界园艺设施的发展大体上分三个阶段：第一，原始阶段：2000多年前，我国使用透明度高的桐油纸作覆盖物，建造温室。古代的罗马是在地上挖长壕或坑，上面覆盖透光性好的云母板，并使用铜的烟管进行加温，此时可以说是温室的原始阶段。第二，发展阶段：主要是第二次世界大战后，玻

璃温室和塑料大棚等真正发展起来，尤其以荷兰、日本为首的国家发展迅速，而且附加设备增多起来。第三，飞跃阶段：20 世纪 70 年代后，大型钢架温室出现，自动控制室内环境条件已成现实，世界各国覆盖面积迅速增加，室内加温、灌水、换气等附加设备广泛运用，甚至出现了植物工厂，完全由人类控制作物生产。今后将向着节能、高效率、自动管理的方向发展[97]。

我国设施农业发展历史与概况：(汉书）记载："太官园种冬生葱、韭菜茹，覆以屋庑，昼夜燃蕴火，待温气乃生。"这段叙述比较详细地记载了生产场所、加温方式和种植作物，说明我国在汉代就有了保护地蔬菜栽培技术。

20 世纪 40 年代，多数只是应用沙土、瓦片、风障等简易设施。到了 20 世纪 60 年代，形成了应用近地覆盖、风障覆盖畦、阳畦、土温室组成的保护地生产体系，主要以补充淡季蔬菜供应为主要生产目的。20 世纪 70～80 年代，塑料大棚的发展已遍及全国，传统园艺设施经过不断改进，其优势在这个阶段被最大限度地发挥，到 20 世纪 80 年代末，形成以塑料拱棚为主体，与风障畦、地膜覆盖、温室等设施相互配套的设施园艺生产体系，达到了蔬菜周年均衡供应的生产目的。进入 20 世纪 90 年代，市场对优质蔬菜、水果、花卉的需求量增加，设施园艺生产的目的由满足数量型周年均衡供应转向追求质量、效益。

21 世纪以来，我国设施园艺发展更为迅速，逐步形成了具有中国特色、符合中国国情的、以节能为中心的设施园艺生产体系。其中节能日光温室、普通日光温室和塑料大棚发展最快。截至 2015 年我国（不含港澳台）设施园艺面积达 410.9 万公顷，年产值达到 9800 亿元（不含西、甜瓜），创造了近 7000 万个就业岗位，使乡村居民 2015 年人均增收 993.45 元，面积居世界第一位。

从设施总面积上看，中国居世界第一。但从玻璃温室和人均温室面积上看，荷兰居世界第一。从设施内栽培的作物来看，蔬菜生产占到总生产面积的 80%左右（其中果菜类占 90%左右，果菜中最多的是草莓、黄瓜、甜瓜、番茄、西瓜、茄子、甜椒等。而我国西、甜瓜在温室内生产较少），剩余 20%

是花卉和果树，又以花弃为主。花卉生产主要是切花类、钵物类和花坛用苗类。果树生产主要栽培葡萄、桃、柑橘、梨等。

温室内装备有加温、多层保温幕、换气窗、自动灌水、CO_2气体施肥以及水耕栽培设施，为自动控制环境因子创造了条件。

一、外国设施农业发展现状与趋势

以荷兰、以色列、西班牙、美国、日本、意大利等国家为代表，设施农业明显的特征巷设施结构多样化、生产管理自动化、生产操作机械化、生产方式集约化，是以现代工业装备农业，现代科技武装农业，现代管理经营农业。

目前，荷兰拥有的现代化玻璃温室约占世界玻璃温室的 1/4，其每年在花卉产品方面的出口总额较高；以色列拥有各类温室，年产鲜花 10 亿支以上，花卉出口居世界前三位。现在，这些国家的工厂化设施农业均已形成了完整的技术体系，其现代化温室已达到能根据植物对环境的不同需要，由计算机对设施内的温、水、气、肥等因子进行自动监测和调控。同时，部分蔬菜和花卉品种还实现了从育苗、定植、采收到包装上市的专业化生产和流水线作业。其设施畜禽生产系统，专业分工明确，从育种、孵化、育雏、育成到产蛋（育肥）等环节均可在专业车间内进行，畜禽可以在完全密封且环境可控的条件下进行生产，并通过人工补光、自动供料、乳头饮水、皮带式粪便输送、自动检蛋以及屠宰加工等专业化设备的使用，实现畜禽生产的规模化和自动化作业[98]。

（一）设施结构的创新与发展

当前，国外温室产业发展呈以下态势。温室建筑面积呈大型化趋势，在农业技术先进的国家，每栋温室的面积都在 0.5 hm^2 以上，便于进行立体栽培和机械化作业；覆盖材料向多功能、系列化方向发展，比较寒冷的北欧国家，覆盖材料多用玻璃，日本、法国及南欧国家多用塑料；无土栽培技术迅

速发展；由于当今科学技术的高度发展，采用现有的机械化、工程化、自动化技术，实现设施内部环境因素（如温度、湿度、光照、CO_2浓度等）的调控由过去单因素控制向利用环境计算机多因子动态控制系统发展；温室环境控制和作物栽培管理向智能化、网络化方向发展，而且温室产业向节约能源、低成本的地区转移，节能技术成为研究的重点；广泛建立和应用喷灌、滴灌系统。

（二）温室环境控制与自动控制技术创新

环境控制的目的是要为植物的生长创造适宜的光照、温度、湿度、通气、肥等优化的环境条件，要对复杂生态系统中使用的各种设备的运行状态和多种环境因素的协调配合进行监测诊断，制定灵活多样的控制策略和管理决策，要适应多变的市场环境，调节作物生长过程和成熟上市时间，以获得更好的经济效益；要创造更为均匀的生长环境保证产品品质的均一性与商品价值[99]。

（三）生物技术的研究创新

设施农业生产专用品种的创新为高效的设施农业生产奠定了基础；对作物生长发育过程的研究更为深入，由此建立作物生长的模型；生物工程技术在设施农业中得到了应用，例如组培技术与无土栽培技术的结合，使脱毒马铃薯的产量提高了一倍，效益提高了 4 倍。在栽培技术上实现了周年生产，产量得到大幅度提高。

（四）生产技术与产业发展

工业的发展和科技的进步是设施农业发展的基础，17 世纪玻璃在欧洲问世后，荷兰便有了最早的玻璃温室；第二次世界大战后塑料薄膜在美国的发明及其后来在现代温室上的应用带来了世界范围内设施农业的一场革命。20 世纪 70 年代以来，随着现代工业向农业的渗透和微电子技术的应用，集约型设施农业在荷兰、以色列、美国和日本等一批发达国家得到迅速发展，并形成了强大的支柱产业。

荷兰是世界设施园艺技术与产业领先的国家，培育出大批专用的蔬菜、花卉专用品种，形成了标准化的栽培模式，从而获得高产、优质、高效的园艺产品。荷兰温室以文洛（Venlo）型连栋温室为主，温室高度一般在 4～5.5 m，蔬菜以生产番茄、辣椒和黄瓜为主；花卉以月季、菊花、香石竹、百合、兰花为主；盆栽植物以榕树、朱蕉类、秋海棠等为主。荷兰设施园艺专用品种的配套栽培技术非常完善，利用高新技术创造出理想的环境条件和封闭循环式无土栽培系统，使设施内的光照、温度、湿度、空气、水、肥各个环境因子完美结合为作物高产、稳产提供保证。无土栽培的番茄年产量可达到 80 kg/m^2，黄瓜的年产量达到 100 kg/m^2，是我国的 6～8 倍。近年来许多先进技术不断应用到温室中，包括环境调控设备、机器人等机械化和智能化装备。荷兰政府投入大量的经费用于节能技术和新能源技术的创新研究，包括大幅度提高覆盖材料的透光率、增加太阳能的人射量，如普遍使用大块玻璃覆盖，以减少骨架遮光；对温室覆盖材料的内侧进行镀膜处理，阻止长波向外辐射，减少热损耗；采用节能高效的 LED 冷光源，对园艺作物进行不同高度、位置补光等[100]。

美国国土比较辽阔，自然、地理条件比较复杂，对设施农业的要求多种多样。美国经济发达，科技水平高，因而温室发展很快，对设施栽培尖端技术如太空设施生产技术的研究已形成成套的、全自动设施栽培技术体系，尽管温室种植面积并不大，但温室技术、无土栽培的研究工作在世界居领先地位。美国的温室主要集中在南部气候温和地区，以周年生产高品质的新鲜花卉为主，盆花和切花销售量最大，而蔬菜很少。玻璃、薄膜、塑料板材都普遍应用，温室骨架一般都经过很好的防腐处理，寿命长达 20～30 年。

日本设施农业技术居世界前列，是设施农业技术强国，日本政府采取扶持高效设施农业的政策，每年的补助额高昂，已经实现了“植物工厂”的实用化，能够完全不受自然条件的限制，像工业生产那样每天有计划地生产出

高质量、无公害的蔬菜产品。

二、我国设施农业发展概况与趋势

（一）基本情况

20 世纪 80 年代，我国蔬菜生产在北方采用传统的加温温室，由于煤火费用太高，产量效益相对低下，这在能源短缺的我国，无法大面积发展，节能型日光温室便应运而生。1985 年，辽宁省在海城地区采用塑料日光温室，冬季不加温生产黄瓜取得成功，并且已由第一代节能型日光温室发展到第二代节能型日光温室。20 世纪 80 年代末 90 年代初又迅速发展遮阳网覆盖栽培，主要在南方。近年来，设施农业面积有了更快的发展，到 2016 年年底，全国主要省、自治区、直辖市设施农业总面积达到 5561.77 万亩。

据统计，我国设施农业面积前几位的省份是山东、河北、江苏、辽宁、河南和陕西。而高效节能日光温室面积前几位的省份为山东、河北、辽宁。各种设施的效益与其设施状况、所处地理位置，该地区市场发育水平、种植作物种类以及栽培者技术水平和生产中投入，都有很大的相关性。

（二）我国设施农业发展的趋势

1. 新设施、新技术逐渐普及

目前我国设施农业的发展呈现以下趋势：

温室大棚等设施大型化发展。大型化的温室大棚，空间大、适宜于机械化操作，土地利用率高，节省材料，降低成本，提高采光率和提高栽培效益。例如由西北农林科技大学研究并推广建造的大跨度非对称大棚具备了以上特点。当前日光温室占地面积大，自动化、机械化管理水平低，施工周期长，建设标准化程度低，随着劳动力成本的迅速上涨和土地资源的不断减少，发展大跨度大棚可能成为术米部分替代当前日光温室的有效途径[101]。

机械化、自动化。设施内部环境因素（如温度、湿度、光照度、CO_2

浓度等）的调控技术应用，由过去单因子控制向利用环境计算机多因子动态控制系统发展。以典型大宗叶菜和茄果类蔬菜为对象，将蔬菜生产农艺和农机融合，形成蔬菜生产全过程机械化技术体系。

发展无土栽培。无土栽培具有节水、节能、省工、省肥、减轻土壤污染、防止连作障碍、减轻土壤传播病虫害等多方面优点。

覆盖材料多样化。除玻璃纤维增强塑料板（FRP）、聚乙烯（PE）薄膜、聚氯乙烯薄膜（PVC）等常用材料外，现已开发了多种覆盖材料。例如聚碳酸酯塑料板（多制成波浪板）透光好、耐冲击强度好，使用寿命长；双层或多层聚碳酸中空板（PC 板）重量轻、保温好，价格比较便宜；还研制了新技术遮阳膜，具有不同的遮光率和保温性能，可供用户根据需要选用。发展温室生物防治。减少农药用量，发展超低量喷雾设备，开发生物防治技术。温室内部广泛使用喷灌或滴灌等节水灌溉系统[102]。

2. 设施农业产业园建设不断推进，品牌意识进一步强化

由于我国农业现有科技体制和农民分散经营两方面的制约，设施农业科技成果转化为现实生产力仍存在不少障碍，设施农业产业园为农业技术和农业种植者的结合创造了条件、设施农业产业的不断发展，对科技的需求日益迫切。因此，应通过积极引进、推广和示范先进的设施生产方式和栽培技术，完善设施农业生产基地建设，形成一定规模和特色的设施农业产业园，起到带动辐射作用。

随着市场化程度日益提高，农业市场化进程也在加快。创建品牌是农产品参与市场竞争的必然趋势，围绕设施农业产业主打产品，实行标准化生产、规模化经营。严格按照设施校培技术标准和规程、进行采收、分级、加工、包装、上市，以优质的产品和服务，创建更多特色品牌。作为以现代高新技术为核心的农业科技园区，在成果转化、技术示范推广、产业升级等方面扮演了越来越重要的角色，已成为设施农业的重发组成部分。

3. 设施农业功能不断拓展，成为都市农业发展的重要载体和支撑力量

设施农业产业在现代科学技术的推动下，在发挥其生产这一主要功能的

前提下，不断拓展功能，其中，设施园艺功能向都市农业方向拓展的趋势越来越明显。进入 21 世纪，我国城市工业化、农村城镇化速度加快，为了解决都市农业资源的先天不足及人口和环境带来的巨大压力，满足城市发展需求，我国东部沿海发达地区率先在城郊发展生态农业等都市型观光农业，有效缓解经济快速增长与环境资源保护的矛盾。经过短短十余年的发展，我国都市型生态农业已初具规模，基本具备了农产品供应、社会服务、生态保护、休闲观光、文化传承等多种功能。设施园艺是都市农业的主要载体和技术支撑，都市农业的建设发展需要温室、大棚等设施和现代农业栽培技术作为依托，设施园艺作物的创意性栽培又为都市农业增添观赏性和经济效益。近年来，我国在都市型设施园艺关键技术方面进行了积极的探索。在设施园艺作物墙式栽培（立体栽培）、空中栽培、蔬菜树栽培、植物工厂化栽培、栽培模式与景观设计等关键技术和配套设备研究方面取得了一些重要进展，满足了人们对都市农业园艺产品新奇特和观光休闲的要求[103]。

4. 设施农业生产推广服务体系逐步完善，组织化程度更高

近年来，随着我国不断加大对设施农业科技资金投入的力度，一些制约设施农业生产的关键技术和共性技术得到突破，然而基层农技推广服务体系还存在许多突出问题，使得一些好的技术停留在科研者手中，未能进入种植、养殖户手中。未来一段时期，应重点深入基层推广服务体系的改革与建设，提升基层农业技术推广。

（三）我国设施农业面临的问题及对策

1. 数量较大，质量较差。虽然我国主要省、自治区、直辖市早在 2016 年设施农业总面积已达五千多万亩，但 90%以上的设施仍以简易型为主，有些仅具简单的防雨保温功能，抗御自然灾害能力差，根本谈不上对设施内温、光、水、肥、气等环境因子的调控，一旦受到恶劣气候的影响，蔬菜产量和品质即受严重冲击；设施内作业空间小，立柱多，不便于机械操作，只能靠手工作业，更谈不上自动化管理；保温、采光性能差，强度弱，难以抵御雨

雪冲击，年年冲垮年年维修。对于农户而言，一家一户还能随时补修，只不过增加维修费。但是对于农业企业来说，大规模专业化生产，年年维修的成本太过高昂。所以要想实现设施农业产业化就必须从设施水平和管理水平上提高。具体来说，改造普通型温室，逐步升为提高型温室。要改土墙为砖墙，改竹木水泥为钢架骨架，改草帘为保温被覆盖，改手工操作为小型农机操作，改单纯温室骨架为内部装备调节环境功能的设备，逐步向现代化、自动化方向发展。

2. 设施种类较多，内部功能较差。从我国设施农业来看，虽然有温室（总称）、大棚、中小棚、遮阳棚、阳畦等种类齐全的设施，但内部控制环境的设备较少。比如调节室内温度高低仍靠人工打开窗户、人工拉开薄顺进行自然通风散热；灌溉仍然照露地那样大水漫灌，而不是喷滴灌；施肥仍是盲目追化肥，而不是定量定时施用。温室的栽培方式落后，科技含量低，缺少科学系统的育种体系，而且没有得到足够的重视，大多数高产优良品种还依赖于进口，作物的产量比较低。因此，必须逐步改善，才能提高设施水平。

3. 机械化程度低，劳动强度大。我国设施栽培的作业机具和配套设备尚不完善，生产仍以人力为主，劳动强度大，劳动生产率低。

4. 生产技术不规范，单位面积的产量较低　与发达国家相比较，我国设施栽培作物单位面积的产量相对较低，其原因之一是生产管理技术不规范，没有标准化生产技术，管理粗放。因此，必须研究推广简易无土栽培技术、设施标准化栽培技术，增施有机肥和 CO_2 气肥，变温管理和综合防治病虫害，才能稳产高效。

5. 设施养殖业主要表现为：畜舍环控能力差，受季节和气候条件影响明显。中国工厂化畜禽舍普遍缺乏四季适宜的环境调控技术，抗极端冷热气候能力差，使蛋鸡全周期死亡率高于发达国家 20%～25%，年产蛋量每只低 3～4 kg；猪年出栏率低于发达国家 50%～60%。

机械化、自动化程度低。中国工厂化畜禽舍日常管理还主要以人力为主，喂料、清粪、检蛋及通风、补光、加热、降温等设备的开关控制还主要由手

工来操作，机械化、自动化程度低，人均管理畜禽数远远低于发达国家的水平。

畜禽粪便的污染，已经成为制约工厂化养殖业的关键因素。目前绝大多数畜禽场自净能力很差，粪污处理功能不健全、不完善，甚至不经处理即行排放，造成对周围环境的污染，已经对我国畜产品的出口造成了较大影响。

（四）设施农业发展展望

1. 需要研究的主要问题

设施农业发展到今天，已经从结构、管理技术方面初步形成了一定的规格化，也在农业生产中占有重要地位，但从长远看，还有以下几方面的技术开发需要进一步探讨、研究。

适宜于不同地区、不同生态类型的新型系列温室及相关设施的研究开发，提高我国自主创新能力和设施环境的自动化控制技术水平。

设施配套技术与装备的研究开发，包括温室用新材料、小型农机具和温室传动机构、自动控制系统等关键配套产品，提高机械化作业水平和劳动生产率。

温室资源高效利用技术研究开发，如节水节肥技术、增温降温节能技术、补光技术、隔热保温技术等，降低消耗，提高资源利用率。

作物与环境互作规律与温室环境智能控制技术研究。解析设施作物动态生长需求的环境控制逻辑；建立基于作物最优生长和调控成本结合的环境控制决策；开发多环境因子耦合算法的温室卷帘、通风、降温等控制系统；实现基于物联网的温室环境智能控制模式；深入推进精确传感技术、智能控制技术在温室环境监测与调控中的应用。

设施栽培高产优质栽培技术研究，特别是依据节能日光温室环境特点的水分管理技术研究。

实用无土栽培技术研究。开发生态型复合无土栽培基质，研究无土栽培作物根区环境的调控技术、营养液的消毒技术和配套设施设备、无土栽培模式、无土栽培肥料。

自主知识产权的品种选育研究，改变我国设施园艺主栽品种长期依赖国外进口的局面。

设施农业生产安全技术研究，如绿色产品生产技术、环境控制与污染治理技术、土壤和水资源保护技术等。

2. 我国设施农业的发展前景展望

在国民经济发展的总趋势下，人民生活要实现从温饱向小康和富格型过渡，人们对肉蛋奶、水产品以及蔬菜、水果等农产品的需求会越来越大，而人均土地资源将会逐渐减少。因此，以高产、优质、高效为目标的设施农业将会得到更大的发展。具体表现：

城郊型设施农业将会在规模和技术水平上得到快速推进。随着城市化进程的加快，城市人口的增加，要满足更多的城市人口对农产品的需求，利用有限的土地创造出更多的农产品，必然要求设施农业在规模和技术上得到更加快速的发展，设施农业在技术和资金方面将会得到进一步扶持，使其向规模化、专业化和产业化方向发展。

设施农业的结构将进一步趋于合理，设施内配套技术、操作机械、环境调控设施将进一步完善，并实现可持续发展，在引进、消化、吸收发达国家温室生产技术的基础上，开发出具有集热、蓄热和保温、调温能力的大型智能化连栋温室；开发出透光保温合一型材料、遮光保温合一型材料、光调节薄膜和生物可降解薄膜等新型复合材料；研究温室微环境内的生态循环过程，减少化肥和农药的投入，控制最佳灌溉，实现设施农业的可持续生产。

一大批高产、优质、抗劣性强、适宜于设施农业生产的作物品种将会得到进一步开发和应用。在设施条件下将实现基因工程育苗和组培育苗实用化，开发出具有抗逆性强、抗病虫害、耐贮和高产的温室作物新品种，全面提高温室作物的产量和品质。对引进的优良动物品种进行驯化和选育，在规模化饲养条件下充分发挥其高产的遗传潜力。

设施农业的区域辐射面积将进一步扩大。我国的设施农业区域将从目

前的华北、东北和沿海地区向西北地区和一些欠发达地区辐射，由于这些地区的自然资源对发展设施农业十分有利，只要得到资金、技术等方面的支持，将会有一个高速发展和快速增长的势头。因此，设施农业将对我国的扶贫工作和西部大开发战略的实施具有重大意义。

第二节　设施农业专家系统

一、发展概述

专家系统是一种常见的人工智能系统，在农业及其他领域有非常广泛的应用。它可代替农业专家走向地头、走进农家，在全国各地具体指导农民科学种植农作物，这是科技普及的一项重大突破。专家系统指利用人工智能技术使相应系统具备某个领域专家的经验、知识，并且可以利用这些经验、知识为使用者解决问题。在农业生产过程中，专家系统起着非常重要的作用，不仅在种植业应用广泛，在养殖业、渔业等行业也应用普遍。专家系统由知识库、推理机以及大数据处理引擎等核心部分构成。1978 年，美国伊利诺斯大学开发的大豆病虫害诊断专家系统（CPLANT/ds）是世界上应用最早的专家系统。

20 世纪 80 年代以后，技术变革使得农业专家系统朝着更智能、更高效的方向发展，研究覆盖范围也不断广阔，不拘泥于单一的病虫防治向着生产管理、环境监测等各方面进行落地应用，涉及领域不仅仅有生产作物，畜牧养殖、设施园艺和渔业养殖等领域也均有普及，研发深度与广度不断加深和扩宽。

专家系统基本运作模式为首先把从专家获取的专业知识和经验转化为信息纳入知识库，数据库存储原始数据和中间信息；解释模块对用户提出的问题经系统处理进行推理得出结果，人机接口将内部形式的信息转化为用户可接收的信息形式输出给用户，知识获取模块既对专家知识进行录入，也对用户索取更多反馈信息。基于这种运作模式专家系统，数据库根据筛选出的具有针对性的农业问题，对不同的用户所需，通过已经建立的知识体系进行推理分析，可以做出严谨科学的判断，同时可以不断更新和学习新的知识，获取知识渠道多样，具有高度的适应性和调整性，使原有系统变得更加灵活。通过增加新的知识，及时地对知识库更新换代，同时让新知识与原有知识相互融合，达到高度的协调与统一。而其最突出的优势是不受空间和时间的限制，高效地工作，迅速、及时、准确地完成任务，并且系统代码可以无限拷贝，知识能够以程序的形式永久保留下来。除此之外，知识库是对人类专家所拥有的丰富的专业知识的高度概括和总结，它的影响力可以堪比该领域的专家的指导，具有高度的说服力和可行性[104]。

二、专家系统研究现状

美国和日本作为对专家系统研究起步较早的国家，到 20 世纪 80 年代后期才投入实际应用。中国起步比较晚但发展较快，20 世纪 90 年代中国对农业数据库的建设已成效显著，明显加速了中国农业专家系统发展的步伐。各涉农科研院校、高校、社会团体十分重视农业专家系统建设工作，历经多年探索实践，并取得了重大进展。在中国科学院智能机械研究所和安徽农科院土肥所的共同努力下，砂姜黑土小麦施肥专家系统被成功地研发出，并应用到实际。在土壤肥料研究所、在畜牧研究所、植物保护研究所、农科院作物研究所、辽宁农科院、北京农业大学、河北省农业农村厅与廊坊市农业局等的辛勤付出和研究下，研发出了禹城施肥专家系统饲料配方、粘虫测报、品种选育、水稻新品种选育、作物病虫预测专家和农作制度、冀北小麦等一系列农业专家系统，大大改善了中国多个地域的农业经济的发展状况，并适用于复杂的地域。随着信息技术发展越来越迅速，应用越来越广泛，对传统农业的改造也越来越深入，农业专家系统也在不断地改进优化中。中国还将物联网、大数据、云计算、神经网络训练应用在农业专家系统中，致力于建设

农业信息化、规范化、集约化。

三、模糊专家系统

而在专家系统中，实际过程会不可避免地遇到一些不精确或不完整的输入特征。专家系统要更具实际效用，必须要妥善处理不精确数据。由于模糊集理论是面向数值处理和处理不确定或不精确信息的，因此在专家系统中使用模糊推理代替传统推理和语言变量对专家知识进行编码具有重要意义。模糊专家系统是将模糊集和模糊逻辑纳入其推理过程和知识表示方案的专家系统。开发模糊专家系统的一个典型过程包括以下步骤。

步骤 1 说明问题并定义语言变量。

第一步也是最重要的一步，确定问题的输入和输出变量及其范围。在实际实现过程中，所有的语言变量、语言值及其范围通常都是由该领域专家选择。

步骤 2 确定模糊集。

模糊集可以有各种形状，但三角形或梯形模糊集可以充分表示专家知识，同时显著简化了计算过程。在此基础上，保证模糊系统在相邻模糊集上有足够的重叠，以保证系统的平稳响应。

步骤 3 引出并构建模糊规则。

为了获得模糊规则，我们可以请专家描述如何使用前面定义的模糊语言变量来解决问题。所需的知识也可以从其他来源收集，如书籍、计算机数据库、流程图和观察到的人类行为。

步骤 4 将用于进行模糊推理的模糊集、模糊规则和程序编码到专家系统中。

模糊集合和模糊规则进行编码，因此实际构建一个模糊专家系统，我们可以选择以下两个选项之一：构建我们的系统使用一种编程语言如 C 语言或 Pascal，或应用模糊逻辑开发工具如 MATLAB 模糊逻辑工具箱 MathWorks 或模糊知识构建器。

步骤 5 评估和调整系统。

最后也是最费力的任务是评估和调优系统。评测建立的模糊系统是否满足开始指定的要求。一些测试情况取决于平均延迟、服务器数量和修复利用系数。但一般而言，调整一个模糊专家系统要比确定模糊集和构造模糊规则花费更多的时间和精力。通常情况下，问题的合理解可以由第一组模糊集和模糊规则得到。然而，改进这个系统变成了一门艺术而不是工程。调整模糊系统可能涉及执行以下顺序的一些行动。

如果需要重新定义输入输出变量的范围，需要检查模型输入和输出变量。特别注意可变的单位。如果在同一领域使用的变量必须用同一篇章的相同单位来衡量。

回顾模糊集，如果需要的话可以定义额外的篇章集。广义模糊集的使用可能会导致模糊系统运行粗糙。相邻集之间提供足够的重叠。虽然没有精确的方法来确定重叠的最佳数量，但建议三角形到三角形和梯形到三角形的模糊集重叠的基数应该在 25%～50%之间。

检查现有的规则，如果需要，可以添加新的规则到规则库。检查规则库，寻找编写对冲规则的机会，以捕捉系统的病态行为。调整规则执行权重。大多数模糊逻辑工具允许通过改变权重乘子来控制规则的重要性。在模糊逻辑工具箱中，所有规则的默认权重为（1.0），但用户可以通过调整其权重来降低任何规则的力度。修改模糊集的形状。在大多数情况下，模糊系统对形状近似具有高度的容忍度，因此，即使在模糊集的形状没有被精确定义时，系统仍然可以表现良好。

随着大数据技术的快速发展，大数据在农业领域的应用也逐渐增多，设施农业专家系统将大数据技术、人工智能技术结合起来，通过大数据处理引擎对各种农业大数据进行分析、处理，并且利用推理机挖掘出最有价值的信息，再结合专家知识库中的专家经验、专业知识等，为农业生产各项决策提供帮助，实现农户对农业生产监管、生产操作及生产成本的管理与控制，并提供专家咨询辅导功能，为智慧农业的发展提供思路以及解决方案。工作人

员还可以将农业生产过程中收集到的土壤环境、作物生长状况等数据，利用专家系统进行分析，从而推测出农作物未来生长过程中可能出现的问题，并利用专家系统寻找到合适的解决方法[105]。

设施农业专家系统把人工智能技术与农业技术充分结合，采集农业领域专家、历史案例的知识与经验进行分析和储存，对遇到的新农业问题模拟农业专家进行推理诊断，克服时空等限制因素，将专家知识、经验等信息资源汇集，实现信息共享，极大地提高资源利用率，更好地服务于农业生产和推进农业信息化建设。20 世纪 80 年代以后，技术变革使得农业专家系统朝着更智能、更高效的方向发展，研究覆盖范围也不断广阔，不拘泥于单一的病虫防治向着生产管理、环境监测等各方面进行落地应用，涉及领域不仅仅有生产作物，畜牧养殖、设施园艺和渔业养殖等领域也均有普及，研发深度与广度不断加深和扩宽。

第三节 设施农业环境调控技术

一、设施光环境及其调控

光是作物进行光合作用以及形成设施内温度条件的能源。光照对设施作物的生长发育会产生光效应和热效应，直接影响光合作用、光周期反应和器官形态建成。在以日光为主要光源与热源的设施作物生产中，光环境具有无与伦比的重要性。

（一）设施内的太阳辐射

设施内的光照来源，除少数地区和温室在育苗或栽培过程中采用人工光源外，主要依靠自然光，即太阳光能。人们习惯上用光照度或光照强度（单位为 lx 或 klx）表征光环境，它是指太阳辐射能中可被人的眼睛所感觉到的部分，也即波长 390～760 nm 的可见光部分。事实上，不同波长的光亮度存在很大差异。例如，在光波长 5 500 m 即黄绿光处，是人眼感光最灵敏的峰段，然而对绿色植物而言，该波长却是吸收率较低的波段。除了可见光以外，太阳辐射能中的红外线和紫外线对作物的生长发育都有重要影响。太阳辐射能在可见光（390～760 nm）、红外线（>760 nm）和紫外线（<390 nm）波段的分布分别约占辐射能总量的 50%、48%～49%和 1%～2%。温室作物生产中光环境功能的表达，不仅依赖于可见光，还包括红外和紫外辐射。因此，光照度或光照强度，不如表示太阳辐射能状况的辐射通量密度[单位为 W/m^2 或 kJ/（m^2 • h）]，更能客观地反映光对植物的生理作用。

辐射通量密度（又称辐照通量密度）（Radiant Flux Density，RFD）表示太阳光辐射总量，即单位时间内通过单位面积的辐射能。其中，被植物叶绿素吸收并参与光化学反应的太阳辐射称为光合有效辐射（Photosynthetically Active Radiation，PAR），PAR 的单位为 W/m^2 或 kJ/（m^2 • h）或 mol/（m^2 • d）。当涉及与植物生理中光合作用有关的光能物理量时，则采用光量子通量密度（Photon Flux Density，PFD）或光合有效光量子通量密度（PPFD）来表示，前者指单位时间内通过单位面积的光量子数，后者期指在光合有效波长范围内的光量子通量密度，两者的单位均为 mol/（m^2 • d）。

（二）设施内的光环境

设施内的光照环境不同于露地，光照条件受设施方位、骨架材料和结构，透光屋面形状、大小和角度、覆盖材料特性及其洁净程度等多种因素的影响，影响设施作物生长发育的无照环境除了光照强度、光照时数、光的组成（光质）外还包括光的分布均匀程度。太阳辐射到达设施表面后，经过反射、吸收和透射而进入设施内部，形成室内光环境，进而对作物的生长发育产生影响[106]。

光照强度。设施内的光环境明显不同于露地，光照强度较弱。这是因为自然光线透过透明屋面的覆盖材料进入设施内部时，由于覆盖材料的吸收、

反射，覆盖材料内表面结露水珠的吸收、折射等原因，使透光率下降。尤其在寒冷的冬春季节或阴雪天，透光率只有自然光的 50%～70%，如果透明覆盖材料染尘而不清洁或者使用时间过长而老化，透光率甚至会降低到自然光强的 50%以下。这种现象往往成为冬季喜光果菜类生产的主要限制因子。

设施内的光照强度受外界环境影响较大，日变化趋势基本上与外界同步，但不同天气条件下光照强度的日变化也不一样。早晨从日出后开始光照强度逐渐上升，中午 12:00—13:00 之间达到最大值，然后逐渐下降。从上午 10:00 左右开始，随着外界光强度的增加，连栋温室内不同位点的光照分布曲线开始明显分化，晴天的光照强度大于多云天气，光照分布曲线也更明显，由于阴天外界环境中散射光的成分所占比重较大，而晴天进入设施的光线以直射光为主，因此连栋温室的整体透光串阴天高于晴天。

光照时数。设施内的光照时数受设施类型的影响。塑料大棚和大型连栋温室，通常没有外覆盖，全面透光，内部的光照时数与露地基本相同。日光温室等单屋面温室内的光照时数一般比露地要短。这是因为在寒冷季节为了防寒保温而使用的蒲席、草苫等不透明覆盖材料揭盖时间直接影响到设施内的受光时数。在寒冷的冬季或早春，一般日出后开始揭草苫，日落前或刚刚日落时盖草苫，1 日内作物的受光时间只有 7～8 h，在高纬度地区甚至不足 6 h。

光质。设施内的光组成与自然光不同，光谱结构与室外有很大差异，这主要与透明覆盖材料的性质有关。透光覆盖材料对不同波长光的透过率不同，尤其是对于 380 m 以下紫外光的透光率较低，虽然有一些塑料薄膜可以透过 310～380 m 的紫外光，但大多数覆盖材料不能透过波长在 310 nm 以下的紫外光。另外，当太阳短波辐射进入设施内部并被作物和土壤等吸收后，又以长波的形式向外辐射，但其中的大多数会被覆盖材料所阻隔，从而使整个设施内的红外光长波辐射增多。此外，覆盖材料还可以改变红光和远红光的比例。

光分布。在自然光下露地的光分布是均匀的，但设施内光分布在时间和空间上则极不均匀，特别是直射光的入射总量。在高纬度地区，冬季设施内光照强度弱，光照时间短，严重影响作物的生长发育。同时，由于设施墙体、骨架及覆盖材料的影响，也会产生不均匀的光分布，使得作物的生长不一致。例如，高效节能日光温室的东、西、北三面有墙，后屋面也不透光，因此在每天的不同时间和温室内不同部位往往会有遮阴，而朝南的透明屋面下，光照明显优于北部。设施内不同部位的地面，距屋面的远近不同，光照条件也不同。一般而言，靠近顶部的光照条件好于底部。在作物生长旺盛阶段，由于植株遮阴往往造成下部光照不足，导致作物生长发育不良。

2. *影响设施光环境的主要因素*

设施内部的光照条件除受太阳位置和气象要素影响外，还受设施结构和管理技术的影响。其中，光照时数主要受地理纬度、季节和天气状况及防寒保温等管理措施的影响；光质主要受透明覆盖材料特性的影响；光照强度和光分布则随太阳位置而变化，并受设施结构的影响，相对比较复杂。从作物对光环境的需求来看，要求设施的透光率高、受光面积大且光的分布均匀[107]。

设施的透光率。设施的透光率是指设施内的太阳辐射或光照强度与室外的太阳辐射或光照强度之比，以百分奉表示。因为太阳光由直射光和散射光两部分组成，设施的透光率也就相应地分为直射光的透光率（T_s）与散射光的透光率（T_d）。若设施内全天的太阳辐射量或全天光照为 G，室外直射光量和散射光量分别为 R_a、R_s 的话，则 $G=R_d \cdot T_s+R_s \cdot T_s$。一般 T_s 由温室结构与覆盖材料决定，与太阳位置和设施方位无关。

散射光的透光率（T_s）。散射光是太阳辐射的重要组成部分，在设施设计和管理上要考忠充分利用散射光的问题，若以 T_{s0} 表示洁净透明的覆盖材料水平放置时的散射光透光率（当屋面倾斜角度较大时，应折减 2%～3%），r_1 为设施构架材料等的遮光损失率（一般大型温室在 5%以内，小型温室在 10%以内）。r_2 为覆盖材料老化的这光损失率，r_3 为水滴和尘染的透光损失率（一般水滴透光损失可达 20%～30%，尘染透光损失可达 15%～20%），

则设施的散射光透光率 $T_s=T_{s0}(1-r_1)(1-r_2)(1-r_3)$。

直射光的透光率（T_d）直射光的透光率主要与其入射角有关，也与纬度、季节、时间、设施方位、屋面坡度和覆盖材料等有密切关系。直射光的透光率可用下式表示：$T_d=T_a(1-r_1)(1-r_2)(1-r_3)$。其中，$T_a$ 为洁净透明的覆盖材料在入射角为 a 时的透光率。a 大小取决于太阳高度、设施方位和屋面角度。提高设施直射光的透光率，必须选择适宜的结构、方位、连栋数和透明覆盖材料。

覆盖材料的透光特性。光照到设施透明覆盖材料表面后，一部分被吸收，一部分被反射。其余部分则透过覆盖材料进入设施内部。干净玻璃或塑料薄膜的光吸收率为 10%左右。剩余的就是反射率和透射率。覆盖材料对设施内的光照条件起着决定性的作用。由于不同覆盖材料的光谱特性不同。对各个波段光的吸收、反射和透射能力各异，从而影响设施内部的光谱组成。玻璃能透过 310～320 nm 以上的紫外线，面红外线域的透过率低于其他覆盖材料。至于可见光部分，各种覆盖材料的透光率大多为 85%～92%。差异较小。

覆盖材料对太阳辐射的透光率除了与自身的特性有关外。还受其表面附着的尘埃水满（膜）以及老化程度的影响。覆盖材料的内外表面很容易吸附空气中的尘埃颗粒，使透光率大大减弱，光质也有所改变。一般 PVC 膜易被污染，PE 膜次之，玻璃受污染较轻。水汽在设施覆盖材料内侧冷凝后对透光率的影响，与所形成的状态有关。水珠影响较大，水膜影响较小。当形成的水膜厚度不超过 1.0 mm 时，几乎没有影响。防雾膜、无滴膜就是在膜的内表面涂抹亲水材料，使冷凝的水汽不能形成珠状，减少其影响（图 5-4）。灰尘主要削弱光强中的红外线部分。老化则主要削弱光强中的紫外线部分。一般因附着水滴而使塑料薄膜的透光率降低 20%左右，因污染使透光率降低 15%～20%，因本身老化使透光率降低 20%～40%，再加上设施结构的遮光，透光率最低时仅有 40%左右。

设施结构和方位。温室的建筑方位影响光的透过率。由单栋温室和连栋温室直射光透过率的季节变化可以看出，东西向单栋温室的直射光透过率在冬至时最高，以后逐渐下降，夏至时最低。东西向连栋温室的直射光透过率比单栋温室低了许多，随季节的变化也小。南北向单栋温室直射光的透光率和东西向单栋温室刚好相反，冬至时透光率最低，以后逐渐提高，到夏至时达到最高点。南北向连栋温室直射光的透过率和单栋温室呈现相同的变化趋势，只是透过率低5%左右。

温室的方向不仅影响直射光的透光率，而且还会影响光的分布均一性。东西向温室的直射光透过率比南北向的高，但均一性却很差。温室的天沟等骨架材料和北侧屋面会在温室内形成阴影弱光带，且弱光带在一天中不太移动，导致温室内的直射光分布不均匀。南北向温室，太阳位置从早到晚在不断移动，架材等的阴影和过大入射角所形成的弱光带也在不断移动，因而不会形成特定的弱光带，光照分布相对要均匀一些。

因此，在生产实践中，我国中高纬度地区温室的建造方位是东西向优于南北向。随着纬度的增加，东西向与南北向温室的透光率差值增大，但地面栽培床的光分布均匀程度则是南北向优于东西向。我国北方地区日光温室的向阳面受光，实际建造方位应为东西延长，坐北朝南，以便充分采光，达到防寒保温的目的。在黄淮地区以南偏东 5°～10° 为好，而气候寒冷的高纬度地区则以南偏西朝向居多。

屋面角。太阳直射光入射角是指直射光照射到透明覆盖物后与其法线所形成的夹角。入射角愈小，透光率愈大，入射角为 0° 时，光线垂直照射到透明覆盖物上，此时反射率为 0。透光率随入射角的增大而减小，入射角为 0° 时透光率约为 83%；入射角增加到 40°～45°，透光率明显减少；入射角超过 60°，反射率迅速增加，透光率急剧下降。透光率与入射角的关系还因覆盖材料种类而异，硬质塑料覆盖材料中波形板的透光率高于平面板材。

东西向单栋温室的透光率随屋面角的增大而增大。而对于东西向连栋温室，屋面角增大到约 30° 时透光率达最高值，再继续增大透光率则迅速下降。这是由于屋脊升高后，直射光透过温室时经过的南屋面数增多的缘故。南北向温室的透光率与屋面角的关系不大。

设施结构形状通常，冬季双屋面单栋温室的直射光透光率高于连栋温室，夏季则相反。塑料温室拱圆形比屋脊形的透光要好。对南北向温室来说，连栋数与透光率关系不大。东西向连栋温室的连栋数越多，透光率越低，但超过 5 栋后，透光率变化较小。我国北方的单屋面日光温室，东西北三面不透光，虽有部分反光，也是越靠南光线越强，等光强线近于与透明屋面平行，拱圆形屋面的塑料大棚。直射光透光率与入射角大小和距屋面的距离有关。南北延长的拱圆形屋面，当光线从棚上方直射时，顶部入射角最小，光线最强，两侧入射角变大，光照减弱，因此等光强面几乎与地面平行，而不是与拱面平行，栽培作物上部光线分布比较均匀。

温室通常由透明覆盖材料和不透明的构架材料所组成。不透明的结构骨架（或框架）材料的受光面积占整个温室面积的比例，称为构架事。构架率越大，说明其遮光面积越大，直射光透过率越小。一般情况下，简易大棚的构架率约为 4%，普通钢架玻璃温室约为 20%，Venlo 型玻璃温室约为 12%。

相邻温室大棚的间距以及室内作物的群体结构和畦向为保证相邻的温室内获得充足的光照，彼此必须保持一定的间距。单屋面日光温室的前后间距应不小于温室脊高加上草苫高度的 2～2.5 倍。南北延长的温室，相邻间距要求为脊高的 1 倍左右。作物群体结构依种类和品种而异，通常南北向畦受光均匀，日平均透射总量大于东西向畦。

二、设施温度环境及其调控

温度是影响植物生长发育的最重要的环境因素。植物的所有生命活动都要求一定的温度范围，即存在最高、最适和最低的“三基点”温度。

园艺作物对温度环境的要求是对原产地生态环境条件长期适应的结果。原产于热带、亚热带的多为喜温性作物，不耐低温，甚至短期霜冻就会造成极大危害；原产于温带的则多为喜冷凉性作物，耐寒性较强。即使同一种作物，在生长发育的不同阶段，对温度的要求也不同。天中要求白天温度高，夜间温度低，具有一定的昼夜温差，这就是所谓的“温周期”现象[108]。

（一）设施内温度环境的状况和特点

1. 温室效应

温室效应是指在没有人工加温的条件下，设施内因获得和积累太阳辐射能，从而使内部气温高于外界气温的一种能力。

产生温室效应的原因，一方面，设施内热量的来源主要为太阳辐射，太阳光线透过玻璃、塑料薄膜等透明覆盖物照射到地面上，可以提高室内的地温和气温，但是土壤和大气所发射的长波辐射却大多数被透明覆盖物所阻挡，从而使热能保留在设施内部；另一方面，设施覆盖物的封闭或半封闭状态减弱了内外气流交换，设施内蓄积的热量不易散失，室内的温度自然要比外界高。

2. 温度的季节变化和日变化

设施内温度随外界温度的变化而变化，不仅具有季节变化，而且具有日变化。气象学规定，以候平均气温≤10℃，旬平均最高气温≤17℃，旬平均最低气温≤4℃作为冬季指标；以候平均气温≥22℃，旬平均最高气温≥28℃，旬平均最低气温≥15℃作为夏季指标；冬季夏季之间作为春、秋季指标。按照这个标准，在我国北方地区，日光温室内的冬季天数可比露地缩短3～5个月，夏天可延长2～3个月，春秋季也可延长20～30天，所以可以四季生产喜温果菜。普通大棚的冬季只比露地缩短50天左右，春秋比露地只增加20天左右，夏季很少增加，所以对于果菜类只能进行春提前和秋延后栽培，通过多重覆盖才有可能进行冬春季生产。设施内气温的日变化趋势基本与露地一致，昼高夜低。白天设施内的空气和地面受太阳辐射而逐渐升温，最高值出现在13:00—14:00，此后太阳辐射减少，气温逐渐降低。夜间当气温低于地温时，土壤中贮存的热量向空间释放，并通过覆盖物以长波福射向周围放热，在早晨日出之前气温最低。设施内的日温差受保温比（设施内土壤面积与覆盖及围护结构表面积之比）、覆盖材料和天气条件等影响，晴天大于阴雨天。

3. 设施内“逆温”现象

通常设施内的温度都高于外界，但在无多重覆盖的塑料大棚或玻璃温室中，日落后的降温速度往往比露地快，特别是有较大北风后的第一个晴朗微风的夜晚，设施通过覆盖物向外辐射放热剧烈，室内空气因覆盖物的阻挡得不到热量的及时补充，常常出现室内气温反而比室外气温低 1～2℃的逆温现象。温度逆转现象通常出现在凌晨，10 月份至翌年 3 月份容易发生。逆温时间过长或温度过低会对作物造成较大危害。

4. 设施内温度的分布

设施内温度的分布不均匀，无论在垂直方向还是水平方向都存在着温差。设施内气温一般是上部高于下部，中部高于四周。设施内温度分布状况受太阳入射量分布、温度调控设备的种类和安装位置、通风换气方式、外界风向、内外温差以及设施结构等多种因素影响。保护设施面积越小，低温区所占的比例越大，温度分布越不均匀。与设施内气温相比，不论季节和日变化，地温的变化均较小。

（二）设施的热收支状况

设施是一个半封闭系统，它不断地与外界进行能量与物质交换。以温室为例，根据能量守恒原理，蓄积于温室内的热量：ΔQ = 进入温室内的热量（Q_{in}）－散失的热量（Q_{out}）。当 $Q_{in}>Q_{out}$ 时，温室蓄热升温；当 $Q_{in}<Q_{out}$ 时，温室失热而降温；当 $Q_{in}=Q_{out}$ 时，室内热收支达到平衡，此时的温度不发生变化。基于热平衡原理，人们采取增温、保温、加温和降温措施来调控温室内的温度。

1. 设施的热量平衡

设施内的热交换是极为复杂的，因为热量的表现形式和传递方式多种多样，设施内部的土壤、墙体、骨架、空气、植物、薄膜、水分之间，无时无刻不在进行着复杂的热量交换。而且，设施的热状况因地理位置、季节和天气条件而不同，还受结构和管理技术等影响。

设施内的热量主要来源于两个部分：一部分是太阳辐射（包括直射光与散射光，以 q_r 表示），另一部分是人工加热（用 q_g 表示）。而热量的支出则包括如下几个方面：① 地面、覆盖物、作物表面有效辐射失热（q_f）；② 以对流方式，温室内土壤表面与空气之间、空气与覆盖物之间热量交换，并通过覆盖物表面失热（q_c）（显热部分）；③ 温室内土壤表面蒸发、作物蒸腾、覆盖物表面蒸发，以潜热形式失热（q_i）；④ 通过排气将显热和潜热排出（q_v）；⑤ 土壤传导失热（q_s）。由此，在忽略室内灯具的加热量，作物生理活动的加热或耗热，覆盖物、空气和构架材料的热容等条件下，温室的热量平衡方程式如下：

$$q_r + q_g = q_r + q_c + q_i + q_v + q_s \quad (5\text{-}1)$$

2. 设施的热量支出途径

贯流放热。把透过覆盖材料或围护结构的热量叫做设施表面的贯流传热量（Q_t）。设施贯流传热量的大小与设施内外气温差、覆盖物及围护结构表面积、覆盖物及围护结构材料的热贯流率成正比。

贯流传热量的表达式如下：

$$Q_t = A_w \cdot ht\,(t_r - t_o) \quad (5\text{-}2)$$

式中，Q_t 为贯流传热量，kJ/h；A_w 为设施表面积，m^2；h_t 为热贯流率，kJ/（m^2 • h • ℃）；t_r 为设施内气温℃；t_o 为设施外气温℃。

热贯流率是指每平方米的覆盖物或围护结构表面积，在设施内外温差为1 ℃的条件下每小时放出的热量。热贯流率的大小，除了与物质的热导率入、对流传热率和辐射传热率有关外，还受室外风速大小的影响。风能吹散覆盖物外表面的空气层，刮走热空气，使室内的热量不断向外贯流。风速 1 m/s 时，热贯流率为 33.47 kJ/（m^2 • h • ℃），风速 7 m/s 时，热贯流率大约为 100.41 kJ/（m^2 • h • ℃），增加了 3 倍。一般贯流放热在无风情况下是辐射放热的 1/10，风速增加到 7 m/s 时就为 1/3，所以保护设施外围的防风设备对保温很重要。

贯流传热是几种传热方式同时发生的，它的传热过程主要分为三个过

程：首先设施的内表面 A 吸收了从其他方向来的辐射热和空气中来的对流热，在覆盖物内表面 A 与外表面 B 之间形成温差，通过传导方式，将上述一面的热量传至另一面，最后在设施外表面，又以对流辐射方式将热量传至外界空气中。

贯流放热在设施的全部放热量中占绝大部分，必须予以足够重视。减少贯流放热的有效途径是降低覆盖物及围护结构的热导率，如采用热导率低的建筑材料，采取异质复合型建筑结构做墙体和后屋面，前屋面覆盖草苫、纸被、保温被，室内张挂保温等，都可以取得良好的保温效果。

通风换气放热。设施内自然或强制通风，通过覆盖物及围护结构的缝隙（裂缝）、门窗、放风口等，均会造成设施内的热量流失，这种放热称为通风换气放热或缝除放热。设施内通风换气失热量，包括显热失热和潜热失热两部分，显热失热量的表达式如下：

$$Q_v = R \cdot V \cdot F(t_r - t_o) \quad (5\text{-}3)$$

式中，Q_v 为整个设施单位时间的换气失热量；R 为每小时换气次数；F 为空气比热容，为 1.3 kJ/（m^3 • ℃）；V 为设施的体积，m^3。

换气失热量与换气次数有关。此外，通风换气传热量还与室外风速有关，风速增大时换气失热量增大。因此应尽量减少缝隙，注意防风。

由于通风时必然有一部分水汽自室内流向室外，所以除有显热失热以外，还有潜热失热。通常在实际计算时，往往将潜热失热忽略。普通设施不通风时因结构不严，由间隙逸出的热量，为辐射放热的 1/5 – 1/10。

土壤传导失热。白天进入设施内的太阳辐射能，除了一部分用于长波辐射和传导，使室内的空气升温外，大部分热量传入地下，成为土壤贮热。这部分热量，加上原来贮存在土壤中的热量，将向四周、土壤下部、温室空间等温度低的地方传热。热量在土壤中的横向和纵向传导称为土壤传热，土壤传导失热包括土壤上下层之间的传热和土壤横向传热。但无论是在垂直方向还是在水平方向上传热，较为复杂。土壤在水平方向上的横向传热，是保护设施的一个特殊问题。在露地由于面积很大，土壤温度的水平差异小，不存在横向传热。设施则不然，由于室内外土壤温差大，横向传热不可忽视。土壤横向传热占温室总失热的5%～10%。

三、设施湿度环境及其调控

空气湿度和土壤湿度共同构成设施内的湿度环境。设施内湿度过大，容易造成作物茎叶徒长，影响正常生长发育。同时，高湿（湿度90%以上）或结露，常常是一些病害多发的原因。对于多数蔬菜作物来讲，光合作用的适宜空气湿度为60%～85%。

（一）设施内湿度环境特征

由于园艺设施是一种封闭或半封闭的系统，空间相对较小，气流相对稳定，使得内部的空气湿度和土壤湿度有着与露地不同的特性。

1. 设施内空气湿度的形成

空气湿度通常用绝对湿度或相对湿度表示。绝对湿度是指单位体积空气内水汽的含量，以每立方米空气中含有水汽的克数（g/m^2）表示。水蒸气含量多，则空气的绝对湿度高。空气中的含水量有一定限度，达到最大容量时，称为饱和水蒸气含量当空气的温度升高时，空气的饱和水蒸气含量相应增加；温度降低时，饱和水蒸气含量也相应降低。相对湿度是指在一定温度条件下，空气中水汽压与该温度下的饱和水汽压之比，用百分比表示。干燥空气为0，饱和水汽下为100%。

空气的相对湿度决定于空气含水量和气温，在含水量不变的情况下，随着温度增加，空气的相对湿度降低；温度降低时，相对湿度增加。在设施内，夜间蒸发、蒸腾量下降，但因为温度降低空气湿度反而增高。

在一定温度下，空气中水汽压与该温度下的饱和水汽压之差称为饱和差，单位以kPa表示。饱和差越大，表明空气越干燥。当空气中气压不变时，水汽达到饱和状态时的温度为露点温度。此时的相对湿度为100%，饱和差为0。

常用露点温度表和干湿球温度表测量空气湿度，或者使用湿敏元件，如半导体湿敏元件（硅湿敏元件）、湿敏电阻等。干湿球温度表也可用来测量设施内的空气温度。

设施内的空气湿度是在设施密闭条件下，由土壤水分的蒸发和植物体内水分的蒸腾形成的。室内湿度条件与作物蒸腾、土壤表面和室内壁面的蒸发强度有密切关系。设施内作物生长势强，叶面积指数高，蒸腾作用释放出大量水汽，在密闭情况下很快会达到饱和，因而空气相对湿度比露地栽培要高得多。白天通风换气时，水分移动的主要途径是土壤—作物—室内空气—外界空气。如果作物蒸腾速度比吸水速度快，作物体内缺水，气孔开度缩小，蒸腾速度下降。不进行通风换气时，设施内蓄积大量的水汽，空气饱和差下降，作物则不容易出现缺水。早晨或傍晚设施密闭时，外界气温低，室内空气骤冷会形成“雾”。

2. 设施内空气湿度的特点

空气湿度相对较大。一般情况下，设施内空气相对湿度和绝对湿度均高于露地，相对湿度一般在 90%左右，经常出现 100%的饱和状态。日光温室及塑料大、中、小棚，由于设施内空间相对较小，冬春季节为保温很少通风，相对湿度经常达到 100%。

季节变化和日变化明显。设施内湿度环境的另一个特点是季节变化和日变化明显，季节变化一般是低温季节相对湿度高，高温季节相对湿度低。在长江中下游地区，冬季（1～2 月份）各旬平均空气相对湿度都在 90%以上，比露地高 20%左右；春季（3～5 月份）由于温度的上升，设施内空气相对湿度有所下降，一般在 80%左右，比露地高 10%左右，因此，日光温室和塑料大棚在冬春季节生产，作物多处于高湿环境，对其生长发育不利。绝对湿度的日变化与温度的日变化趋势一致，相对湿度则与之相反。相对湿度的日变化为夜晚湿度高，白天湿度低，白天的中午前后湿度最低。设施空间越小，这种变化越明显，春季的白天光照好，温度高，可进行通风，相对湿度较低；夜间温度下降，不能进行通风，相对湿度迅速上升。由于湿度过高，当局部温度低于露点温度时，会出现结露现象。设施内的空气湿度因天气而异。一般晴天白天设施内的空气相对湿度较低，一般为70%～80%；阴天特别是雨天，设施内空气相对湿度较高，可达80%～90%，甚至100%。

湿度分布不均匀。由于设施内温度分布存在差异，导致相对湿度分布也存在差异。一般情况下，温度较低的部位，相对湿度较高，而且经常导致局部低温部位产生结露现象，对设施环境及植物生长发育造成不利影响。此外，空间较大的保护设施内部，局部湿差往往较大。

3. 设施内空气湿度的影响因素

在非灌溉条件下，因艺设施内部空气中的水分来源于土壤水分蒸发、植物叶面蒸腾以及在设施围护结构和梭培作物表面形成的结露等沾湿水分的蒸发。影响设施内空气湿度变化的主要因素有以下几点。

设施的密闭程度。在相同条件下，设施密闭性越好，空气中的水分越不易排出，内部空气湿度越高。因此，冬在季节由于通风不足，常常导致空气湿度过高，病虫害发生严重。

设施内温度状况。温度对设施内覆度的影响在于：一方面，温度升高使土壤水分蒸发量和植物蒸腾量增加，空气中水汽含量增加相对湿度相应增加；另一方面，温度影响空气中的饱和含水量，温度越高，空气饱和含水量越高。因而在水气质量相等的情况下，温度升高，空气相对湿度降低。在光照充足的白天，虽然设施内温度升高导致士襄蒸发量和植物蒸腾量增加，但由于空气饱和含水量增加更多，空气相对湿度反而下降。夜间或低温时间，空气湿度明显升高。

灌溉方式。不同灌溉方式对温室内空气湿度的影响非常大。比如传统的漫灌或沟灌不仅浪费水资源，而且很容易造成温室内高湿环境，因此不宜在温室内采用。温室灌溉应主要采用膜下滴灌或渗灌技术，不但节水，而且可有效控制温室内空气湿度，防止作物沾湿，从而有效控制病害。

4. 设施内的土壤湿度

设施内由于降水被阻截，空气交换受到抑制，水分收支状况与露地不同，

收支关系可用下式表示：

$$I_r + G + C = E_T \tag{5-4}$$

式中，I_r 为灌水量；G 为地下水补给量；C 为凝结水量；E_T 为土壤蒸发与作物蒸腾，即蒸散量。

设施内的水分收支状况决定了土壤湿度。设施内的土壤湿度与灌溉量、土壤毛细管上升水量、土壤蒸发量、作物蒸腾及空气湿度有关。与露地相比，由于设施内空气湿度高于室外，土壤蒸发量和作物蒸腾量均小于室外，因而设施土壤相对较湿润。一般而言，设施内的蒸腾和蒸发量为露地的 70%左右，甚至更低。土壤湿度直接影响作物根系对水分、养分的吸收，进而影响到作物的生育和产量品质。

（二）设施内湿度环境的调控

1. 设施内空气湿度的调控

设施内空气湿度的调控涉及除湿和增湿两个方面。一般情况下，设施内经常发生的是空气湿度过高，因此，降低空气湿度即除湿成为设施湿度调控的主要内容。

除湿目的：从环境调控方面来说，除湿主要是为了防止作物沾湿和降低空气湿度。

除湿方法：空气除湿方法可分为两类，即被动除湿和主动除湿，其划分标准是看除湿过程是否使用了动力（如电力能源）。如果使用，则为主动除湿，否则为被动除湿。

被动除湿。自然通风通过打开通风窗、揭开薄膜、扒缝等方式通风，达到降低湿度的目的。目前亚热带地区使用一种无动力自动涡轮状排风扇安置于大棚、温室顶部，靠热气流作用使风扇转动。覆盖地膜地膜覆盖可以减少地表水分蒸发，从而降低相对湿度。没有地膜覆盖，夜间温室、大棚内相对湿度可达 95%～100%，覆盖地膜后则可降至 75%～80%。科学灌溉采用滴灌、微喷灌，特别是膜下滴灌，可有效降低空气湿度。减少土壤灌水量，限制土壤水分过分蒸发，也可降低空气湿度。采用吸湿材料覆盖材料选用无滴长寿膜，在设施内张挂或铺设有良好吸湿性的材料，用以吸收空气中的水汽或者承接薄膜滴落的水滴，可有效防止空气湿度过高和作物沾湿。如在大型温室和连栋大棚内部顶端设置具有良好透湿和吸湿性能的保温幕，普通大棚、温室内部张挂无纺布幕，地面覆盖稻草、稻壳、麦秸等吸湿材料等。农艺技术适时中耕，阻止地下水分通过毛细管上升到地表，蒸发到空气中。酒过整枝、打杈、摘除老叶等措施，可提高株行间的通风透光条件，减少蒸腾量，降低湿度。

主动除湿。主动除湿主要依靠加热升温和通风换气来降低室内湿度，包括强制通风换气、热交换型通风除湿、除湿机除湿、热泵除湿等。其中热交换型除湿是通过通风换气的方法降低湿度，当通风机运转时，室内得到高温低湿的空气，同时排出低温高湿的空气，还可以从室外空气中补充 CO_2。增加空气湿度的方法：作物正常生长发育需要一定的水分，当设施内湿度过低时，应及时补充水分，以保持适宜的湿度。园艺设施周年生产时，高温季节经常遇到高温、干燥、空气湿度不足的问题。另外，栽培空气湿度要求较高的作物，也需提高空气湿度。常见的加湿方法有喷雾加湿（常与日中降温结合）、湿帘加湿、喷灌等。

2. 设施内土壤含水量调控

设施内土壤含水量的调控主要依靠灌溉。目前，我国的设施栽培已开始普及推广以管道灌溉为基础的多种灌溉方式，包括直接利用管道进行的输水灌溉，以及滴灌、微喷灌、渗灌等节水灌溉方式。

采用灌溉设备对设施作物进行灌溉就是将灌溉用水从水源提取，经适当加压、净化、过滤等处理后，由输水管道送入田间灌溉设备，最后由田间灌溉设备对作物进行灌溉。一套完整的灌溉系统通常包括水源、首部枢纽、供水管网、田间灌溉系统、自动控制设备等五部分，

水源：江河湖泊、井渠沟塘等地表水源或地下水源，只要符合农田灌溉水质要求，并能够提供充足的灌溉用水量，均可以作为灌溉系统的水源。应

尽量选择杂质少、位置近的水源，以降低灌溉系统中净化处理设备和输水设备的投资。设施栽培更多的是在设施内部、周围或操作间修建蓄水池（罐），以备随时供水。

首部枢纽：灌溉系统中的首部枢纽由多种水处理设备组成，从而将水源中的水变成符合田间灌溉系统要求的水，并将其送入供水管网中。完整的首部枢纽设备包括水泵与动力机、净化过滤设备、施肥（加药）设备、测量和保护设备、控制阀门等。有些还需配置水软化设备或加温设备等。

供水管网：供水管网一般由干管、支管两级管道组成，干管是与首部枢纽直接相连的总供水管，支管与干管相连，为各灌溉单元供水。一般干管和支管应埋入地下定深度以方便田间作业。设施灌溉系统中的干管和支管通常采用硬质聚氯乙烯（UPVC）、软质聚乙烯（PE）等农用塑料管。

田间灌溉系统：田间灌溉系统由灌水器和田间供水管道组成，有时还包括田间施肥设备、田间过滤器、控制阀门等田间首部枢纽设备。灌水器是直接向作物浇水的设备，如灌水管、滴头、微喷头等。根据田间灌溉系统中所用灌水器的不同，灌溉系统分管道灌溉系统、滴灌系统、微喷灌系统、喷雾灌溉系统、潮汐灌溉系统和水培灌溉系统等多种类型。

自动控制设备：现代化温室灌溉系统中已开始普及应用各种灌溉自动控制设备，如利用压力罐自动供水系统或变频恒压供水系统控制水泵的运行状态；采用时间控制器配合电动阀或电磁阀对温室内的各灌溉单元按照预先设定的程序自动定时定量灌溉；利用土壤湿度计配合电动阀或电磁阀及其控制器，根据土壤含水情况进行实时灌溉等。目前，先进的自动灌溉施肥机不仅能够按照预先设定的程序自动定时定量灌溉，还能按照预先设定的施肥配方自动配肥并进行施肥作业。

采用计算机综合控制技术，能够将温室环境控制和灌溉控制相结合，根据温室内的温度、湿度、CO_2浓度和光照水平等环境因素及植物生长的不同阶段对营养的需要，及时调整营养液配方和灌溉量。自动控制设备极大地提高了温室灌溉系统的工作效率和管理水平，将逐渐成为温室灌溉系统中的基本配套设备。

四、设施环境的综合调控

在实际生产中，设施内的光照、温度、湿度、养分、CO_2等环境因子互相影响、相互制约、相互协调，形成综合动态环境，共同作用于作物的生长发育及生理生化等过程。因此，要实现设施栽培的高产、优质、高效，就不能只考虑单一因子，而应考虑多种环境因子的综合作用，采用综合环境调控措施，把各种因子都维持在一个相对最佳的组合下，并以最少限度的环境控制设备，实现节能和省工省力，保持设施农业的可持续发展[109]。

随着科学技术、计算机和信息技术的发展，设施调控技术逐步由单因子调控向综合调控及高层次的自动化、智能化和现代化调控方向发展，实现由传统农业向现代化集约型农业的转变。

（一）设施环境综合调控的目的和意义

设施生产中，光、温、湿、气、土等环境因子是同时存在的，综合影响作物的生长发育过程，具有同等重要和不可替代性，缺一不可又相辅相成，当其中某一个因子发生变化时，其他因子也会受到影响而随之变化。例如，温室内光照充足时，温度也会升高，土壤水分蒸发和植物蒸腾加剧，使得空气湿度增大，此时若开窗通风，各个环境因子则会出现系列的改变。因此，生产者在进行管理时要有全局观念，不能只偏重于某一个方面。

设施内环境要素与作物体、外界气象条件及人为的环境调节措施之间发生着密切的联系，环境要素的时间、空间变化都很复杂。

所谓综合环境调控，就是以实现作物的增产、稳产为目标，把关系到作物生长的多种环境要素（如温度、湿度、CO_2浓度、气流速度、光照等）都维持在适于作物生长的水平，而且要求使用最少量的环境调节装置（通风、保温、加温、灌水、施用 CO_2、遮光、利用太阳能等各种装置），既省工又节能，便于生产人员管理的一种环境控制方法，这种环境控制方法的前提条

件是，对于各种环境要素的控制目标值（设定值），必须依据作物的生长发育状态、外界的气象条件及环境调节措施的成本等情况综合考虑。

（二）设施环境综合调控的方式

设施环境综合调控有三个不同的层次，即人工控制、自动控制和智能控制。这三种控制方法在我国设施园艺生产中均有应用，其中自动控制在现代温室环境控制中应用最多。

1. 设施环境的人工控制

单纯依靠生产者的经验和头脑进行人工控制，是其初级阶段，也是采用计算机进行综合环境管理的基础。有经验的菜农非常善于把多种环境要素综合起来考虑，进行温室大棚的环境调节，并根据生产资料成本、产品市场价格、劳力、资金等情况统筹计划，合理安排茬口，调节上市期和上市量，通过综合环境管理获取高产、优质和高效益。他们对温室内环境的管理，多少都带有综合环境管理的色彩。比如采用冬前翻耕、晾垡晒土，早扣棚并进行多次翻土、晒土提高地温，多施有机肥提高地力，选用良种、营养土提早育苗，用大温差育苗法培育成龄壮苗，看天、看地、看苗掌握放风量和时间，配合光温条件进行灌水等，都综合考虑了温室内多个环境要素的相互作用及其对作物生育的影响[110]。

依靠经验进行的设施环境综合调控，要求管理人员具备丰富的知识，善于和勤于观察，随时掌握情况变化，善于分析思考，并能根据实际情况做出正确的判断，让作业人员准确无误地完成所应采取的调控措施。

2. 设施环境的自动控制

所谓自动控制，是指在没有人工直接参与的情况下，利用控制装置或控制机器，使机器、设备或生产过程的某个工作状态或参数自动地按照预定的规律运行。例如温室灌溉系统自动适时地给作物浇灌补水等，这一切都是以自动控制技术为前提的。

自动控制的基本原理和方式：自动控制系统的结构和用途各不相同，自动控制的基本方式有开环控制、反馈控制和复合控制。近几十年来，以现代数学为基础，引入电子计算机的新型控制方式，例如最优控制、极值控制、自适应控制、模糊控制等。其中反馈控制是自动控制系统最基本的控制方式，反馈控制系统也是应用最广泛的一种控制系统。

自动控制系统的分类：自动控制系统可以从不同的角度进行分类。比如线性控制系统和非线性控制系统；恒值控制系统、随动系统和程序控制系统；连续控制系统和离散控制系统等。为了全面反映自动控制系统的特点，常常将各种分类方法组合应用。

对自动控制系统的基本要求：尽管自动控制系统有不同的类型，对每个系统也都有不同的要求，但对于各类系统来说，在已知系统的结构和参数时，我们感兴趣的都是系统在某种典型信号输入下，其被控量变化的全过程。对每一类系统被控量变化全过程提出的基本要求都是一样的，且可以归结为稳定性、快速性和准确性，即稳、准、快的要求。

3. 设施环境的智能化综合调控

智能控制技术概况：智能控制是种直接控制模式，它建立在启发、经验和专家知识等基础上，应用人工智能、控制论、运筹学和信息论等相关理论，通过驱动控制系统执行机构实现预期控制目标。为了实现预期的控制要求，使控制系统具有更高的智能，目前普遍采用的智能控制方法包括专家控制、模糊控制、神经网络控制和混合控制等。其中，混合控制将基于知识和经验的专家系统、基于模糊逻辑推理的模糊控制和基于人工神经网络的神经网络控制等方法交叉融合，实现优势互补，使智能控制系统的性能更理想，成为当今智能控制方面的研究热点之一。近年来，基于混合控制理论的方法在智能控制方面的应用研究非常活跃，并取得了令人鼓舞的成果，形成了模糊神经网络控制和专家模糊控制等多个研究方向[111]。

设施环境智能化的主要表现：

作物生长评估系统的建立。设施农业的发展使得对作物生长影响因子的研究，从局限于单因子作用转到对作物综合影响因子之间的互动性研究，从

而建立更为严密的作物生长评估体系。反过来，根据作物评估体系建立机电控制数据模型，从而达到环境控制系统的智能化。在设施农业中，作物评估体系和环境控制系统的关系十分密切，事实上，作物评估体系也是计算机环境控制系统的有机组成部分。研究作物评估系统成为设施环境调控研究的一个方向。

模糊控制理论在设施环境调控中的应用。针对温室环境控制的复杂性，目前许多专家正在研究模糊理论在设施环境调控方面的应用。

设施生产环境自动化、智能化控制。要实现设施生产现代化，必须应用现代科学技术特别是计算机技术，实现设施环境控制自动化。

智能控制技术在现代温室环境控制中的应用：现代温室环境智能控制系统是一个非线性、大滞后、多输入和多输出的复杂系统，其问题可以描述为：给定温室内动植物在某一时刻生长发育所需的信息，并与控制系统感官部件所检测的信息比较，在控制器一定控制算法的决策下，各执行机构合理运作，创造出温室内动植物最适宜的生长发育环境，实现优质、高产（或适产）、低成本和低能耗的目标。智能控制系统通过传感器采集温室内环境和室内作物生长发育状况等信息，采用一定的控制算法，由智能控制器根据采集到的信息和作物生长模型等比较，决策各执行机构的动作，从而实现对温室内环境智能控制的目的。

设施环境智能化控制系统：现阶段，计算机技术作为重要的高新技术手段，被广泛应用于设施农业领域。传统的设施管理采用模拟控制仪表和人工管理方式，已不能适应现代农业发展的需要，将计算机技术引入设施农业，实现计算机智能控制，是最有效的途径之一。设施环境智能化控制系统的功能在于以先进的技术和设施装备人为控制设施的环境条件，使作物生长不受自然气候的影响，做到周年工厂化生产，实现高效率和高收益。

系统组成为实现对温室环境因子（湿度、温度、光照、CO_2、土壤水分等）的有效控制，本系统采取数据采集和实时控制的硬件结构。该系统可以独立完成温室环境信息的采集、处理和显示。该系统设计由 A/D、D/A 的多功能数据采集板、上位机、下位机、继电器驱动板及电磁阀、接触器等执行元件组成。这些执行元件形成测量模块、控制输出模块及中心控制模块三大部分。

测量模块是由传感器把作物生长的有关参量采集过来，经过变送器变换成标准的电压信号送入 A/D 采集板，供计算机进行数据采集。传感器包括温度传感器、湿度传感器、土壤水分传感器、光照传感器以及 CO_2 传感器等。

控制输出模块实现了对温室各环境参数的控制，采用计算机实现环境参数的巡回检测，依据四季连续工况设置受控环境参数，对环境参数进行分析，通过控制通风，遮阳、保温、降温、灌溉、施肥设备等，根据温室某环境因子超出设置的适宜参数范围时，自动打开或关闭控制设备，调节相应的环境因子。

中心控制模块由下位机作为控制机，检测现场参数并可直接控制现场调节设备，下位机也有人机对话界面以便于单机独立使用。上位机为管理机，针对地区性差异、季节性差异、种植种类差异，负责控制模型的调度和设置，使整个系统更具有灵活性和适应性。同时，上位机还具有远程现场监测、远程数据抄录以及远程现场控制的功能，在上位机前就有身临现场的感觉。另外，上位机还有数据库、知识库，用于对植物生长周期内综合生长环境的跟踪记录、查询、分析和打印报表，以及供种植人员参考的技术咨询。

系统工作原理植物生长发育要求有适宜的温度、湿度、土壤含水量、光照度和 CO_2 浓度，所以本系统的任务就是有效地调节上述环境因子使其在相关要求的范围内变化。环境因子调节的控制手段有暖气阀门、东/西侧窗、排风扇、气泵、水帘、遮阳帘、水泵阀门等。根据不同季节的气候特点，环境因子调节的手段不同，因此控制模式也不同。

设施环境因子参考模型的建立以温度控制为核心，根据设施园艺作物在不同生长阶段对温度的要求不同分期调节。同时，要随作物一天中生理活动中心的转移进行温度调节。调节温度以使作物在白天通过光合作用能制造更

多的碳水化合物，在夜间减少呼吸对营养物质的消耗为目的。调节的原则是以白天适温上限作为上午和中午增进光合作用时间段的适宜温度，下限作为下午的控制温度，傍晚 4～5 h 内比夜间适宜温度的上限提高 1～20 ℃，以促进运转。其后以下限为夜间控制温度，最低界限温度作为后半夜抑制呼吸消耗时间带的目标温度。调节方法 1 天分成 4 个时间段，不同时间段控制不同温度，这也称为变温控制。

在不同生长周期内蔬菜对湿度、土壤含水量、地表温度等环境因子的需水求有明显的差异，而在同一天内的不同时间段内蔬菜的需求量并无明显差异。在不同生长周期内蔬菜对光照度、CO_2 浓度等环境因子的需求无明显的差异，而在一天的不同时间段内蔬菜的需求量却有明显差异。

日光温室环境控制系统的设计应遵循简单、灵活、实用、价廉的原则。

简单指结构和操作简单，系统的现场安装简单，用户使用方便，且具有一定的智能化程度，能通过对室内环境参数的测量进行自动控制。

灵活指系统可以随时根据季节的变化和农作物种类的改变进行重新配置和参数设定，以满足不同用户生产的需求。

实用指所设计的系统应充分考虑我国农业生产的实际情况，特别是我国东北等寒冷地区，保证对环境的适应性强、工作可靠、测量准确、控制及时。

价廉指为便于在我国的日光温室中应用及推广，研制的系统应保持在一般农户可以接受的水平上。

第四节　水肥一体化

一、水肥一体化概述

随着近几年中国对设施农业的持续补贴投入，以及民众对高端蔬菜的需求，国内设施农业的硬件、软件均获得高速发展，精准水肥一体化逐渐成为温室种植者的好帮手，走进各大生产园区。当前国内各类温室设施面积（不含中小拱棚）已突破 210 万公顷，其中日光温室所占比例较大，也比较适合中国国情，因此开发适用于日光温室所需的水肥一体化技术尤为重要。

水肥一体化技术是将灌溉与施肥融为一体的农业新技术，即借助压力系统（或地形自然落差），将可溶性固体或液体肥料按土壤养分含量和作物需肥规律和特点，配兑成的肥液与灌溉水一起相融后利用可控管道系统，通过管道和滴头形成滴灌，均匀、定时、定量浸润作物根系发育生长区域，使主要根系土壤始终保持疏松和适宜的含水量，同时根据不同的蔬菜的需肥特点，土壤环境和养分含量状况。在蔬菜不同生长期需水，按照其需肥规律情况进行不同生育期的需求设计，把水分、养分定时定量，按比例直接提供给作物。应用水肥一体化的优点是节水、节肥、改善微生态环境、减轻病虫害发生、增加产量，改善品质、提高经济效益[112]。

（一）日光温室水肥一体化技术的主要模式

1. 蓄水池＋水泵＋滴灌施肥系统

利用现有管灌系统，在日光温室前建 10～12 m³ 蓄水池一个，配套 0.75 kW 潜水泵一台，温室内配套文丘里式施肥器、过滤器、主管道、滴灌管建成滴灌施肥系统。

2. 蓄水池＋引水主管道＋滴灌施肥系统

利用地形落差，在地势较高（相对高差 8 m 以上）的地方，建 150 m³ 蓄水池一个，通过引水主管道把压力水送到温室前，温室外安装控制阀，温室内配套水表、文丘里式施肥器、过滤器、主管道、滴灌管建成滴灌施肥系统。

3. 蓄水池＋管道加压泵＋引水主管道＋滴灌施肥系统

建 100 m³ 蓄水池通过管道加压泵加压，把压力水送到温室前，温室外安装控制阀，温室内配套水表、文丘里式施肥器、过滤器、主管道、滴灌管建成滴灌施肥系统。

（二）日光温室水肥一体化技术措施

1. 滴灌制度

依靠自压或水泵，控制水压和流量：保证每株蔬菜根部有 1 个滴孔，滴孔大小和间距按照蔬菜类型、密植程度确定。菜叶类蔬菜以小孔径滴孔为宜，茄果类蔬菜以中孔径滴孔为宜。

2. 施肥制度确定

根据种植作物的需肥规律、地块的肥力水平、目标产量确定总施肥量。氮磷钾比例及底、追肥的比例。作底肥的肥料在整地前施入，追肥则按照不是作物生长期的需肥特性，确定其追肥次数、数量和品种。一般农家肥和过磷酸钙及 60%钾肥一次底施，定植 7～10 天后结合灌水亩追纯氮 3～5 kg，连续 5 次，以后每次浇水追纯氮 3～5 kg，氧化钾 2～3 kg。滴灌施肥系统施用底肥与传统施肥相同，可包括有机肥和化肥。用作追肥的肥料品种必须是可溶性肥料。符合国家标准或行业标准的尿素、碳铵、氯化铵、硫酸铵、硫酸钾、氯化钾、磷酸二氢钾等肥料，均可用作追肥。

（三）日光温室水肥一体化技术工程设计

1. 日光温室蓄水池建设

由于井水流量及用水时间难以控制，不能定时定量定温满足日光温室蔬菜生长需求，因此，每个温室工作房前建 12～15 m^3 蓄水池 1 个，并配套小型潜水泵 1 台，随时供作物滴灌使用或建 100 m^3 大蓄水池利用自压或泵压，同时供 7～8 栋日光温室滴灌使用。

2. 日光温室水肥一体化膜下滴灌设备安装及调试

管道布设：按中型温室长 70 m，宽 7 m，种植行按宽窄行平均 0.82 m 布设滴灌带，温室管网由干、支二级形成，主管道东西布置，选用 PE 管材，支管道选用温室滴灌带，每栋温室需滴灌带 840 m，滴灌带孔距一般为 35～40 cm 一个孔，孔径大小视种植蔬菜品种确定，一般番茄、黄瓜、茄子等以中型孔径为宜；室外与室内管网连接用 PVC 管，每栋温室需直径 160 mm 的 PVC 管 10 m；室内管网入口处与滴灌带之间用 32 mm 的 PE 管联接，每栋温室需 PE 管 83 m；PE 管与滴灌带之间由滴灌带旁通联接，每栋温室需滴灌带旁通 85 只。

配套设施：温室内管网入口处安装控制阀、过滤器与文丘里施肥器。

（四）日光温室水肥一体化技术的效益

2007—2008 年原平市引进推广日光温室水肥一体化技术 200 亩，据调查，采用该项技术可以降低生产成本，提高效益，既节约了水肥用量，又提高了水肥利用率，其效益主要表现在“三节”“两省”“两增”：

1. 节水节肥节药

节水：实施水肥一体化技术节水效果明显，据调查，采用水肥一体化技术种植的西红柿共浇水 12 次，用水 182 m^3/667 m^2；常规灌溉共浇水 8 次，用水 335 m^3/667 m^2，水肥一体技术比常规灌溉每 667 m^2 用水减少 153 m^3，节水幅度 45.7%。

节肥：通过实施水肥一体化技术节肥效果明显。据调查，使用水肥一体化技术，共施肥 8 次，其中底施 1 次，追肥 7 次，共施用 N 肥 28 kg、P_2O_5 肥 17.5 kg、K_2O 肥 16 kg，共施化肥（纯养分）61.5 kg；而常规施肥共施肥 4 次，共施用 N_3 肥 9.7 kg、P_2O_5 肥 18.3 kg、K_2O 肥 20.3 kg，共施化肥（纯养分）78.3 kg；水肥一体化技术与常规施肥相比农家肥用量都是 6 000 kg/667 m^2，化肥用量（纯养分）减少 16.8 kg，节肥幅度 21.4%。

节药：根调查，使用水肥一体化技术温室内湿度为 65%～85%，常规灌溉温室内湿度 69%～88%，温室内湿度降低 3%～9%；常规灌溉共防治病虫害 9 次，每 667 m^2 用药量为 8.9 kg，投资 267 元；水肥一体化技术共防治病虫害 5 次，每 667 m^2 用药量 5.6 kg，投资 168 元，水肥一体化比常规灌溉共减少喷药 4 次，节省用药 3.3 kg/667 m^2，节药率为 37.1%，节省农药投资 99 元/%。

2. 省地省工

省地：通过实施水肥一体化技术，温室内由明渠灌水变为滴灌，一栋温室可省耕地 40 m^2。

省工：据调查，西红柿、茄子、黄瓜平均每茬每 667 m^2 省工 8 个，两茬每 667 m^2 省工 16 个。

3. 增产增收

即实现增产与增收。据调查，常规灌溉（对照）亩产西红柿 5 200 kg，每 667 m^2 收益 6 760 元；水肥一体化技术亩产西红柿 5 920 kg，比对照亩增产 720 kg，增幅 13.8%。据调查，常规施肥（对照）每 667 m^2 西红柿 5 480 kg，每 667 m^2 收益 7 124 元，每 667 m^2 投入 1 926 元，每 667 m^2 纯收益 5 198 元；水肥一体化技术每 667 m^2 西红柿 6 230 kg，比对照增产 750 kg/667 m^2，增幅 13.7%，每 667 m^2 收益 8 098 元，比对照增加 975 元；每 667 m^2 投入 1 873 元，比对照减少 89 元，每 667 m^2 纯收益 6 262 元，每 667 m^2 增收益 1 073 元。

（五）建设要领

水肥一体化涉及农田就浇灌和作物种植以及土肥、植保等各个方面，在使用中应该注重以下重点：

1. 灌溉水水质。水源要满足灌溉需要，水质要洁净，不能有杂质，没有受污染，水的温度不能变化幅度过大，关键是要达到灌溉用水的要求。

2. 滴灌装置。主要水源、水泵、施肥器，过滤器、相关控制装置等等，过滤器是比较重要的部件，输水管用 PE 管，直径 50～60 mm，滴灌带采用直径 20～25 mm 滴灌管。一般每个大棚埋设滴管 60～70 m，滴灌带 18 × 7 m。东西向铺设，南北向种植。一般垄宽 500 mm，高度 11～15 cm。滴灌水带沿着种植垄铺设，长度要和种植垄一致，输水管用旁通连接滴灌水带。在滴灌带两旁定植作物幼苗，根据株距确定滴水孔。

3. 连接滴管。做好滴管孔后，连接到主管，支管长度要比垄长 15 cm

以上。种植面较宽的作物可采用双管，一般而言，在垄面宽度在 60 cm 时即可铺设双管。

4. 水溶肥的使用。选择粉状、水剂或小块状肥料，所选肥料要求水溶性要好，没有杂质，同时用好过滤网进行过滤，防止堵塞管道。在滴灌时，要注意所选用肥水的浓度，比较合适的浓度一般是浇灌量的千分之一。灌溉量为 40 m^3/667 m^2，所用肥水液大约为 40 L/667 m^2，滴灌时，先用清水水润管网，然后再注入肥料溶液进滴灌，滴灌完成后，再用清水冲刷系统和管道，做好保养。

广义的水肥一体化（integrated management of water and fertilizer）是指根据作物需求，对农田水分和养分进行综合调控和一体化管理，以水促肥、以肥调水，实现水肥耦合，全面提升农田水肥利用效率。

狭义的水肥一体化是指灌溉施肥（fertigation），即将肥料溶解在水中，借助管道灌溉系统，灌溉与施肥同时进行，适时适量地满足作物对水分和养分的需求，实现水肥体化管理和高效利用。与传统模式相比，水肥一体化实现了水肥管理的革命性转变，即渠道输水向管道输水转变、浇地向浇庄稼转变、土壤施肥向作物施肥转变、水肥分开向水肥一体转变。

二、水肥一体化的价值体现

有利于生态环保。水肥一体化技术的实施，能根据作物的需水特点、结构布局等情况，合理调控选择灌溉、施肥的精量，精准地把控管道、阀门、水肥等等。不同传统灌溉施肥技术，水肥一体化能准确把控灌溉深度、用水水量，这样避免了因用肥不合理、灌溉漫灌等问题而造成水污染和土壤污染。为此，而实现了对生态环境的保护，体现更大的生态效益和社会效益。

有利于节水节肥水肥一体化技术，将施用肥料经溶解后直接灌输到作物根部，确保根部能有效吸收肥料营养物质，大大提升肥效利用率。该项技术的应用，用水量大大低于传统灌溉，同时确保有限肥效的高效利用。

该项技术还能根据水量充盈程度，停止灌溉避免水资源的浪费。经大量的推广实践，该项技术用于设施农业，能起到节水40%的功效，省肥达到50%的功效。

起到控温调湿的作用比较传统灌水技术，该项技术确保灌水的均匀，使水肥均匀比例达95%以上，这样避免大水漫灌而导致的土壤板结情况。此外，该项技术的应用，能确保土壤保持较好的水汽准柜台，对土壤结构的影响较小，土壤水肥蒸发量更小，土壤墒情维持得更好。在这样的环境中，土壤中微生物能始终保持旺盛的存活状态，对土壤养分的转化效果不错。有推广实践证实：设施农业中，该项技术与传统灌水，能大大降低空气湿度10%左右，对涵养土壤水源效果更好。

三、水肥一体化相关装置

首先，在水肥一体化的设施中，包括管网系统，这是滴灌的必备系统。这个系统主要包括输送的管网和水管。在材质的选择上，给水管主要是PVC-U 管材和管件，一定要严格按照相关的行业标准或者是国家标准进行选材，达到使用的要求。安装时，为了让水管中充满水，达到启动的压力，要先在水管的前面安装止回阀。输送水肥的管网主要包括一个主干网和一个支管，这两者都是硬的聚氯乙烯材料，还包括滴灌的管子和滴灌的带。其中滴灌带有硬聚氯乙烯管材及管件：在整地内镶的形式、还有单翼迷宫的形式。设定额定的工作压力时，要能够达到标准的要求，保证滴灌的流量。

动力装置。动力装置在滴灌技术中必不可少，通常包括一个水泵还有动力的机构。在水泵进行选择时，要根据具体田地的情况，能够达到流量还有扬程的需求。要比正常工作时需要的最大扬程和流量要大一些，以保证滴灌的合理。另外，发动机要保证高效，选择合适的动力机。一般情况下，灌溉时，每667亩的水量在2～4 t/h，供水压力是150～200 kPa。

水肥混合装置。水和肥料通过水肥混合装置进行混合，在水肥混合装置中，有一个母液的储存罐，还有一个施肥的装置。在母液储存罐的选择上，要根据田地的大小，施肥的习惯进行选择，保证合适的容量。储存罐要有很强的耐腐蚀性，毕竟化学肥料有一定的腐蚀性。施肥的设备有注射器、文丘里施肥器、施肥的装置还有一个施肥罐子。注射泵主要有动力驱动的注射泵和水力驱动的注射泵这两种。注射泵能够把肥料的母液打入灌溉的系统中，这能够把水和肥料混合均匀，控制好什么时候施肥，施多少肥，让施肥更加科学、合理。文丘里的施肥器利用了水的压力，形成高速的射流，让肥料母液通过侧面的小孔到达吸入灌溉系统中，可以调节肥料母液管的孔径大小，根据自己的需要对施肥浓度进行控制，非常方便灵活。

四、水肥一体化主要技术体系

灌溉制度。实施水肥一体化技术体系的灌溉制度，是通过确定设施温室栽培作物全生育期需水总量、灌溉次数、灌溉周期以及每次的灌水量与灌水延续的时间来衡量灌溉制度。首先要根据设施内救培的果树或者蔬菜的需水量来确定灌水的总量，对于设施温室来说灌水总量要比以往的常规灌水量减少 30%～35%。灌水总量确定后，可以根据设施温室栽培的果树蔬菜的需水规律以及生长期中作物的长势来确定灌水时期、灌水次数以及每次灌水的灌水量、灌水时间、灌水深度。

肥料选择。应用水肥一体化技术体系施用底肥与传统灌溉方式施用底肥基本相同，涵盖多种有机肥和多种化肥。但值得注意的是，应用水肥一体化技术体系的肥料必须是可溶性的肥料品种。必须符合国家化肥行业标准的氮肥（尿素、碳酸氢铵、氯化铵、硫酸铵）、钾肥（硫酸钾、氯化钾）、磷肥（磷酸二铵）等肥料，纯度要求较高，所含杂质较少，并且在被水稀释后要溶于水，并且不会产生沉淀物，符合以上条件的均可用作追肥来用。还要提出的一点是，应用水肥一体化技术体系施用补充微量元素肥料，要严格限制与磷素追肥同时使用，防止产生不溶性磷酸盐沉淀，造成管道堵塞、滴头堵塞、喷头堵塞[113]。

五、水肥一体化其他相关技术

平整地块。首先，设施里面的地块要非常平整。如果地面不平整，进行水肥一体化滴灌时，就不能保证滴灌的均匀，形成旱涝不均的现象，最终不利于作物的正常生长。

适当施播基肥。在对蔬作物的培养上，不能完全依赖化学肥料，还要在地里进行适当的农家肥实施。把农家肥打碎后作为底肥，并掺入一些化学的肥料。深耕 20 cm，最好是耕两遍，然后再把肥料洒到地里。保证土壤疏松透气，作物能够更好生长。

养分管理。在种植时，应该搭配使用不同种类的肥料，并且认真考虑各种肥料之间相容性，尽可能地防止肥料产生沉淀，如果肥料相互混合之后会形成沉淀，则需要单独使用。在应用水肥一体技术时，应该优先使用能够满足农作物生长需求的水溶性肥料。根据农作物的预定产量、用肥量、土壤情况和灌溉情况制定相应的施肥制度。一般可以根据预定和单位产量的养分吸收量，对农作物生长所需的各种养分进行计算。

水肥耦合。根据少量多次、肥随水走、分阶段施肥的原则，对农作物的总施肥量和灌水量进行分配。另外，还应该制定相应的施肥措施，包括不同生长发育时期的灌溉施肥的时间、次数、水量、肥量以及追肥和基肥的比例等，从而满足农作物的生长需求。如果想要充分发挥水肥一体化技术的优势，应该适当增大追肥的次数与数量，从而提高水肥的利用率。应该根据土壤情况、气候条件、农作物的生长情况等因素，在生产过程中及时调整灌溉施肥措施，从而确保水分、养分主要分布在农作物的主根部分。

维护保养。在每次进行施肥之前，应该先滴清水，在压力稳定之后再进行施肥，只有当施肥完成之后，才可以用清水对管道进行清洗。在施肥过程之中，应该定时对灌水器中的水溶液浓度进行监测，从而减少肥害。对系统设备进行及时维修和定期检查，避免设备漏水。定期对设备进行排沙处理，及时清洗过滤器。在秋末应该对系统进行排水，防止管道结冰裂开，做好防护措施。

水肥一体技术是一项集节水、节肥、节药，并且将灌溉与施肥合二为一的农业新型技术体系。水肥相伴、集约供给、一次投资、连续受益是水肥一体技术体系主要特点，它克服了施肥、灌水异步、不精准的许多弊端，水肥一体化技术体系极其适用于日光温室蔬菜、果树等集约化设施栽培，具有广阔的发展前景。

第五节　设施农业典型农业机器人

机器人的概念于1921年由捷克科学家Karel Capek首次提出，之后，1953年美国麻省理工学院成功研制出第1台数控机床，并在此基础上完成了数控技术（NCT）与机械手组合作业，标志着第1台工业机器人的诞生；1959年，德沃尔与美国发明家约瑟夫•英格伯格联合成立世界上第1家工业机器人制造公司；1978年，美国Unimation公司推出通用工业机器人PUMA，工业机器人制造技术趋于成熟。此后，经30余年的理论发展，随着工业机器人理论研究及技术应用的日益深入，机器人逐渐被应用于其他领域，并形成普遍接受的机器人定义：可编程的多功能操作装置，通过可变的、预先编程的运动完成各项指定任务。目前，机器人分为两大类，即工业机器人和特种机器人。所谓工业机器人，就是面向工业领域的多关节机械手或多自由度机器人；而特种机器人则指除工业机器人之外的、用于非制造业并服务于人类的各种先进机器人。

农业机器人以完成农业生产任务为目的，隶属于特种机器人范畴，是一种兼有”肢行动、信息感知能力及可重复编程功能的柔性自动化或半自动化智能农业装备，集传感技术、监测技术、通讯技术及精密机械技术等多种前沿科学技术于一身。1984年，由京都大学近藤直教授首次成功将机器人引入农业工程领域。随着农业生产的日趋工业化、规模化和精准化，农业机器

人研发已经成为农业工程领域的科研重点之一，其在育苗、移苗、嫁接和农产品收获等方面均得到了初步应用。农业机器人在提高农业生产力、改变农业生产模式、解决劳动力不足以及实现农业的规模化、多样化和精准化等方面显示出了极大的优越性。受技术水平、从农劳动力市场以及经济现状等多方面因素的制约，农业机器人在各国均未得到广泛应用。

设施农业用机器人有嫁接机器人、果蔬采摘机器人、除草机器人和农产品分拣机器人等。其中，嫁接机器人包括蔬菜嫁接机器人和油茶嫁接机器人等。目前，嫁接繁殖技术较为成熟，而人工嫁接效率较低，因此加大嫁接机器人的研究投入，推进高速和高质的嫁接机器人的推广与应用，可取得可观的直接经济利益及生态环境价值。嫁接机器人工作时只需操作者将砧木盘及接穗盘各自放入指定位置，便可自主完成抓穗、切苗、接合、固定和排苗等作业项目，省时高效，成活率高。

一、茄果类嫁接机器人

我国的设施栽培面积居世界首位，已达 350 万公顷，“十二五”期间仍将大力发展设施农业。我国每年的蔬菜嫁接苗需求量已突破数百亿株，只有发展工厂化嫁接育苗技术产业，才能保证嫁接苗生产的规模化及高质高效。手工嫁接在短时间内无法完成大批量、标准化的嫁接苗，且嫁接工效低、嫁接质量难以保证。农村老龄化社会发展日趋严重，农业生产面临劳动力缺乏、劳动成本增加等问题，迫切需要作业稳定、高效的嫁接设备来代替手工作业。

日本、韩国、荷兰等国对嫁接机的研究水平最为先进，已开发出基于嫁接夹、黏结剂、套管、嫁接针等技术的茄果类全自动嫁接机，生产效率为 800～1200 株/小时；一次可完成多株秧苗嫁接作业，对秧苗的标准化程度要求非常高，且价格昂贵，不适合我国现有的生产模式。在国内，刘凯等针对流水线作业特点，设计了可完成横向与纵向切削的砧木切削机构；辜松等针对 2JX-M 系列蔬菜嫁接切削器进行切削试验研究，给出切削器的性能优化参数；周兴宇基于橡胶套管，设计了多人作业的茄类嫁接机；赵颖针对营养钵茄苗劈接法的嫁接作业方式，设计了嫁接机器人的机械系统；笔者基于瓜、茄类秧苗通用的贴接法，设计了旋转切削方式的切削装置。综上所述，国内茄果类嫁接机产品尚未实现商品化，相关技术仍处于研究阶段，实际应用率较低，对茄果类专用嫁接设备研究依然缺乏[114]。

二、果蔬采摘机器人

设施农业采摘机器人是指针对设施大棚中的农作物，通过编程能完成这些作物的采摘、输送、装箱等相关作业任务的具有感知能力的自动化机械收获系统，需要涉及机械结构、视觉图像处理、机器人运动学动力学、传感器技术、控制技术、计算信息处理等多方面的学科领域知识。从 20 世纪 80 年代开始，发达国家根据本国国情，纷纷开始对智能机器人进行研发，相继研制成功嫁接机器人、扦插机器人、移栽机器人、采摘机器人等多种农业生产机器人。

采摘类机器人在日本、美国、荷兰等国家已经有了研制和初步使用，主要用于采摘番茄、黄瓜、草莓、葡萄、西瓜、甜瓜、苹果、柑橘、甘蓝等菜果品，具有很大的发展潜力。自 20 世纪 60 年代，美国提出了用机器人采摘果实之后，采摘机器人的研究受到了广泛重视。1983 年第 1 台采摘机器人在美国诞生，在后来的 20 年里，日本及欧美各国相继研究了采摘苹果、柑橘、番茄、葡萄、黄瓜、西瓜等智能机器人。

中国的采摘机器人研究还处于起步阶段。20 世纪 90 年代中期，国内才开始了设施农业采摘机器人技术的研发。中国农业大学是中国农业机器人技术早期研发单位之一，张铁中等人对草莓收获机器人进行了试验性研究；随后，南京农业大学、东北林业大学等高校和科研院所也相继开展了相关研究。如：东北林业大学的陆怀民研制了林木球果采摘机器人；上海交通大学、中国农业大学李伟团队分别进行了黄瓜采摘机器人的研究。在山西省内，山西农大、科技大学、中北大学等高校已经开始研究采摘机器人。

三、除草机器人

（一）除草机器人总体设计

1. 需求分析。考虑到机器人能在关中小麦田间（行宽 15～16 cm，行距 20 cm）进行作业，需满足以下条件：自动导航机器人跨行行走，不过度压实土壤，且重心不宜过高以保持稳定。除草机器人在作业过程中动态进行作物行及路径识别，故识别算法应具有实时性。考虑到除草机器人在垄间作业，导航横向误差直接影响喷施农药、化肥的位置精度，故应有较高的导航精度。

2. 机器人总体设计。除草机器人主要由控制箱、喷头、喷杆、摄像头和履带式行走系统等组成，其中树莓派、L289N 驱动板和锂电池等安装在控制箱中。行走系统由 24 V 的锂电池驱动 37GB520 直流电机带动履带主动轮行走，机体使用 3030 铝型材和 6061 铝板，控制系统包括树莓派 $3B^{+}$、L289N 驱动板和 USB 摄像头。

3. 导航系统。导航系统使用 USB 单目摄像头获取垄间图像，使用树莓派处理垄间图像，获得导航参数，再调用动力系统纠正小车方向。导航摄像头安装在控制箱上方，距地面 20～40 cm，视轴与平面的夹角（俯视角）为 40°。

4. 动力及驱动系统。动力系统由 37GB520 直流电机、L289N 驱动板、树莓派和锂电池组成。树莓派作为动力系统的主控板，负责向驱动板提供占空比为 50%、频率为 60 Hz 的 PWM 波和逻辑信号，再由驱动板控制电机的转速和方向；L289N 驱动板接收树莓派输出的 PWM 波和 24 V 电源，根据使能端和逻辑信号，输出正反方向的电压，进而控制直流电机的方向和转速。

树莓派与 L289N 驱动板、电机连接后，1 块 L289N 驱动板可控制 2 个直流电机，其中引脚 IN_1 和 IN_2 控制 1 个直流电机，IN_3 和 IN_4 控制另 1 个，可调节输入 EnA 或 EnB 的方波的频率和占空比，即形成不同频率的 PWM 波，实现控制电机的转速；同时，控制 IN1～IN_4 的电平高低实现电机的正转和反转；小车通过控制左右车轮的电机方向实现原地转向。

L289N驱动板支持输入0～35 V的电机电源，当常规应用时，电机电源不高于12 V，需安装板载5 V使能跳线帽，+5 V输出口可向外供电。该研究供电电源为24 V，属于非常规应用，需要拔掉板载5 V的跳线帽，+5 V输出口需接入外部的+5 V电压，为驱动板提供逻辑电平，其余端子的接法与常规应用时一致。

（二）除草机器人视觉导航系统的设计

视觉导航系统采用USB摄像头获取作物垄间图像，并对获取的图像进行分析，提取作物行边界以确定机器人导航路径。为实时、准确提取作物边界，需要在确定颜色模型的基础上，研究快速获取边界的方法。颜色模型的选择。常用的颜色模型有RGB、HSI和LAB等。RGB颜色空间是以红（Red）、绿（Green）、蓝（Blue）三原色为基础，通过不同红、绿和蓝色分量值的组合，可生成1 677万种颜色，该颜色模型适合于计算机处理，故广泛使用。但其颜色空间中从蓝色到绿色之间存在较多的过渡色彩，而绿色到红色之间缺少其他色彩，因此存在色彩分布不均的问题。视觉系统获取的田间图像和对应的R、G、B分量图像的直方图处于单峰状态，并不利于作物与土地的区分，因此不适合导航系统的使用。HSI颜色空间用色调H、饱和度S和亮度I表示颜色，其特点是亮度分量与图像的彩色信息无关，可以避免颜色受到光线等条件的干扰，且H和S分量与人眼感受颜色的方式紧密相关。

四、农产品分拣机器人

我国是农业大国，自古以来土地资源与气候环境都很优渥，适宜大面积种植农作物，因此也很早就有以农治国的传统。现如今农作物的采摘与分级拣选成为食品生产加工中不可或缺的重要环节，但以目前我国市场现状来看，现有的农产品分选机器绝大多数仍以一些较为粗略的特征作为分选指标，例如大小、重量等。这样一来由于机器的分选精确度较低，且成本昂贵，

不适于中小型企业的配备。除此之外，大部分此类设施的功能相对单一，只能对某一农产品进行分类拣选，其操作的精准度与效率都有待提高。由此，研制出一套造价低廉、易于操作同时高效而精确的农产品采摘分拣设备势在必行[115]。

其涉及瓜果分拣加工技术领域，包括下底板和清洗箱，所述清洗箱位于下底板的一侧位置处，所述下底板的上方固定安装有上底板，所述下底板与上底板的一侧外表面固定安装有下料板，所述下底板内部两侧均活动安装有第二传动辊，相邻两个所述第二传动辊环形外表面固定连接有第二传送带，所述上底板内部两侧均活动安装有第一传动辊，相邻两个所述第一传动辊环形外表面固定安装有若干个第一传送带。该装置不仅能够有效的对瓜果进行分拣，还能够分拣完成后，对分拣后的瓜果进行依次清洗，增大装置本体的实用性，减少了施工人员的工作负担，加快了工作效率。

在此领域，国内也发明了一种基于视觉伺服的农产品分拣方法及系统，该系统涉及农产品分拣技术领域，采用图像采集装置对需要分拣的农产品进行图像采集捕捉目标图像；控制装置将所述目标图像进行预处理；根据预处理后的目标图像对农产品进行定位和分类；控制装置根据机械臂中每个关节的关节变量确定机械臂的末端姿态，控制机械臂完成农产品分拣作业。通过图像采集装置对农产品目标进行捕捉后，然后对目标图像进行预处理，实现图像中农产品目标的准确定位和分类。然后控制机械臂对确定好的农产品进行抓取，实现了农产品的快速分拣。

第六节　果蔬采收无损检测技术

农产品质量安全是食品安全的基础。近年来，全社会对食品安全问题的关注程度不断提高，农产品质量也受到高度重视。加入世贸后，中国农产品走向世界的关税壁垒将逐渐被技术壁垒所取代，食品的功能性和安全性越来越受到重视；另一方面，食品生产者、政府监管机构和消费者对食品品质分析手段的要求，则向着实时、快速、无损的方向转变，对分析精度的要求则退居到第二位。在这一背景下，新型、快捷、高效的检测技术及仪器设备已经成为这一领域的重大科技需求。以近红外光谱、声波、X 射线、高光谱图像、机器视觉等为代表的无损检测技术受到广泛关注，根据这些原理开展的新型检测方法研究也成为当前的热点。与之相关的化学计量、智能识别、支持向量机、多检测手段融合等新技术也不断向农产品质量安全领域延伸，为深入开展农产品质量无损检测技术研究提供了必要手段和理论依据。

一、无损检测技术研究进展

农产品的蛋白质、糖、脂肪、维生素、多肽、胆固醇等是构成其品质的主要成分。纤维素、激素、黄酮、生物碱等次生代谢物质也对农产品的功能、风味、疗效等品质产生重要影响。农兽药、重金属、有机化学品、硝态氮、微生物及其毒素等污染物是导致农产品质量下降的重要因素。针对上述这几类物质的分析检测方法称为农产品质量检测技术。目前通用的检测方法主要是基于分析化学理论的光谱学与色谱学技术，常见的有以紫外、红外、核磁共振、液相色谱、气相色谱、色-质联用、原子吸收光谱等以样品前处理 + 仪器检测为核心的经典技术。但是这些经典技术大多都具有仪器投资大、技术条件复杂、样品处理繁琐、检测时间长、成本高等特点，不能满足当前大商品流通背景下日益增多的检测需求[116]。农产品质量无损检测技术正是在这种背景下应运而生的。

无损检测技术（Nondestructive Determination Technologies，NDT）是一门新兴的综合性应用学科，它是在不损坏被检测对象的前提下，利用被测物外部特征和内部结构所引起的对热、声、光、电、磁等反应的变化，来探测其性质和数量的变化。根据检测原理不同，无损检测大致可分为光学特性分析法、声学特性分析法、机器视觉技术检测方法、电学特性分析法、电磁与射线检测技术等五大类，涉及近红外光谱、射频识别（RFID，RadioFrequency

Identification Determination）、超声波、核磁共振、X 光成像、X 光衍射、机器视觉、高光谱成像、电子鼻、生物传感器等技术。其中，针对农药和重金属残留的近红外光谱和 X 光衍射检测技术是目前普遍关注的热点。无损检测技术起源于工业检测，传统上以金属构件的 X 光、超声波和热红外成像探伤为主。近年来，无损检测技术在农产品检测方面发展迅速，众多学者在近红外、声学、X 射线、计算机视觉、高光谱成像、电磁特性等领域做了许多有益的探索。此外，利用叶绿素荧光检测果品成熟度和货架期，将电子嗅觉、计算机视觉和近红外光谱三种技术融合在一起，实现人体对应感官功能的模拟，获取农产品的内、外理化信息等方面也取得了较大进展。

二、无损检测技术应用

近红外（Near Infrared，NIR）光是波长范围介于可见光与中红外区之间的电磁波，波长范围为 780～2 526 nm，波数范围 12820～3959 cm^{-1}。该谱区早在 1800 年已经被 Herschel 发现，但由于分子在 NIR 谱区的倍频和合频吸收信号弱，谱带相互重叠多，信息量大，解析复杂，受当时计算分析条件的限制，一直未能得到开发。近年来，随着计算机技术的发展，支持向量机等识别技术的出现使近红外光谱在检测农产品品质和污染物残留方面有了突破性进展[117]。

近红外光谱定量分析的原理主要是利用在近红外区用漫反射光谱作定量分析。根据其检测对象的不同分成近红外反射光谱和近红外透射光谱两种。反射光谱是根据反射与入射光强的比例关系来获得物质在近红外区的吸收光谱，其正常工作范围是 1100～2500 nm。透射光谱是根据透射与入射光强的比例关系来获得物质在近红外的吸收光谱，其正常的工作波长范围是 850～1050 nm。

（一）X 射线检测技术

X 射线具有穿透能力、衍射作用和激发荧光的特性。通过捕获 X 射线的穿透特性，可以得到样品的透射图像和断层图像，进而探明物质的内部结构；通过捕获 X 射线与样品作用产生的荧光和衍射效应，可以检测到样品所含多种元素的情况，尤其是重金属含量。

（二）计算机视觉技术

计算机视觉是基于图像的数字识别技术而发展起来的新兴技术。在农产品色度、成熟度、鲜度等重要品质的快速检测领域具有广泛的发展空间。目前已经有人成功地建立了水果和牛肉色度、鲜度快速自动检测方法。近年来，机器视觉系统不仅在可见光区域，而且扩展到了紫外、近红外、红外、X 射线等区域。人们利用一系列特定波长的光波，开发出一种称为高光谱图像的新计算机视觉技术。它比多光谱图像有更高的波长分辨率，通常精度可达到 2～3 nm。高光谱图像数据是三维的，有时称为图像块。其中的二维是图像像素的横纵坐标信息（以坐标 Z 和 Y 表示），第三维是波长信息。研究表明，在农畜产品品质与安全性检测中应用高光谱图像检测技术的机器视觉系统是一种重要发展趋势。

（三）声学特性检测技术

声学特性检测是利用样品在声波作用下的反射特性、散射特性、透射特性、吸收特性、声阻抗、衰减系数、传播速度、固有频率等，来反映声波与样品相互作用的基本规律，并据此做定量分析，主要用于测定农产品成熟度、硬度等表面特征。

（四）电磁特性检测技术

电磁特性检测技术是利用样品在电、磁场中电、磁特性参数的变换来反映样品的性质。该方法所需设备相对简单，数据的获取和处理比较容易，因此，其应用前景较广阔。Chen P 利用核磁共振方法开展了高速在线检测油梨成熟度的可行性研究，结果表明，用高速单脉冲核磁共振技术评价水果和

蔬菜的质量是可能的，并将该结果成功地用于评价油梨的成熟度。

（五）新型无损检测仪器

随着上述技术的不断进步，无损检测技术的另一个重要进展是一些新型仪器的出现。这些新仪器引导了检测仪器发展的新方向。一是检测过程更加方便快捷，甚至可以实现在线实时检测。例如在柑橘分拣流水线上已经成功地使用近红外光谱进行成熟度检测。二是一些检测精度不高，但具有快捷、便携、不破坏样本等特点的仪器得到认可。美国率先将 X 光衍射重金属仪列为初筛和定性分析的标准方法。三是信息技术与仪器的结合，将极大地拓展仪器本身的功能。

目前国内无损检测技术多是对一种产品某一单项目进行检测的，而对农产品的多种内在品质的综合检测方法研究的不多。随着无损检测技术的发展，数据处理技术、自动控制技术以及计算机技术在农产品无损检测技术中将发挥越来越重要的作用，并将为之提供更广阔的空间。如，近红外光谱中蕴含非常丰富的信息，对分析体系而言，目标成分含量的信息淹没在大量无效信息中，只有发展近红外光谱的特征信息提取和处理技术，才能进一步提高该技术的分析精度。许多高新技术在农产品无损检测领域的应用，使检测技术由半自动化向自动化转化、外部品质向内部品质转化、规格由文字化向数字化转化、单项目检测向综合全方位检测转化，设备结构则由复杂化向便携化、数字化、智能化方向迈进。实现多目标在线无损检测技术，多种传感器融合技术，对提高中国农产品的品质，增强参与国际竞争的能力，降低工人的劳动强度，具有重要的理论意义和实际意义，并能创造较大的经济效益和社会效益。因此，今后中国在农产品无损检测方面应朝如下的方向发展：

（1）简单、快速、准确的综合检测方法和多种检测手段的研究，同时考虑检测设备成本经济合理性；

（2）进一步对农产品内部品质的无损检测新原理和新方法研究，采取自主开发和从国外引进相结合的方式；

（3）应加强多光谱技术与机器视觉技术相结合、机械与光学技术相结合等方面的研究；

（4）应进行多种传感器测量信息集成技术的研究，这是农产品内外品质实现实时自动检测与分级的基础；

（5）应进一步加强图像处理和识别技术的研究，力求图像处理和识别算法快速性、有效性及精确性。

第五章　动物水产农业人工智能技术

第一节　动物水产养殖人工智能技术的概述

一、智能水产养殖背景

农业4.0时代的到来推动着水产4.0时代的发展，随着改革开放、经济发展和人们生活水平的提高，渔业的地位和作用日益凸显。

我国的水产养殖业高速发展，中国水产养殖产量占到了全世界总产量的73%，已成为世界第一养殖大国，产业成效率享誉世界。市场对鱼和鱼蛋白的需求增加，导致野生渔业的普遍过度捕捞。

2000年水产养殖产量高达2578万t，占全国渔业总产量（4279万t）的60.2%。2014年全球水产品总产量7380万t，中国养殖生产水产品4750万t。2015年水产养殖总产量达到4937.9万t。2016年，中国水产品总产量为6900万t，超过50%的海鲜是由水产养殖生产的同时中国提供了全球62%的养殖鱼。

在传统渔业发展进程中，水产养殖业也不断面临着养殖模式落后、养殖规模小，智能化水平低下、管理模式单一，经济效益差，产业发展与资源、环境的矛盾加剧等问题。加快传统渔业的转型升级，使水产养殖向生态化、规模化、智能化发展是水产养殖业创新发展的第一步。

目前，渔业生产已经由随机捕捞转变为人工养殖，水产养殖业也已经由纯粹追求数量增加向技术支撑质量提高成功转变。但是人工养殖还面临着劳动力成本上升，老龄化问题严重，城市安逸的生活、舒适的工作吸引着越来越多的年轻人不愿继续从事水产养殖，选择“上岸”就业。劳动力需求缺口逐渐增大，市场的需求也在逐步提高，依靠人力发展的养殖渔业在现代新型市场中也将淘汰。

政府政策中提出的“绿色发展”在水产养殖中得到了充分运用，强化绿色养殖理念，促进水产养殖绿色发展，在绿色发展的基础上打造科学技术，实现数字渔业和智慧渔业，成为实现渔业现代化的关键，同时也是解决水产养殖资源约束大、生态环境问题严重等负面问题的必由之路。

促进渔业生产过程与经营管理的信息化与规模化，促进大数据与渔业充分融合，推进渔业技术创新，才能不断提升渔业数字化支撑能力，才能大大提高水产养殖的效益和规模。

水产作为重体力工种，在这个背景下，无论是外塘养殖、室内养殖还是循环水养殖，未来都绕不开人工智能这个方向。推动水产养殖业加快转型升级，推广“提质增效、减量增收”的绿色发展模式，依靠物联网、互联网、大数据、人工智能来进行智能化养殖生产，是我国渔业健康可持续发展、迈向 4.0 时代的唯一途径。

二、水产智能养殖概述

（一）渔业信息化

渔业信息化是指利用现代信息技术和信息系统为渔业产、供、销及相关的管理和服务提供有效的信息支持，并提高渔业的综合生产力和经营管理效率的信息技术手段和发展过程。渔业信息化应包括以下几个方面：渔业信息技术的标准化技术；渔业基础数据库；渔业信息网络建设与开发；地球空间信息科学技术在渔业中的应用；人工智能技术在渔业中的应用。

应用于渔业信息化的信息技术主要包括：计算机技术、自动化技术、通信和网络技术、地理信息系统、全球定位系统、遥感等，它们与渔业资源、环境、生态等有机结合起来，对渔业的生产、管理、经营、流通、服务等环节实现管理的数字化和可视化，有效地降低生产成本，实现渔业资源的最优化管理，达到渔业资源和生态环境的可持续化发展。

（二）智能水产养殖

智能水产，或水产 4.0 时代，是指在相对可控的环境条件下，依靠智能化生产，物联网、大数据、人工智能、机器人等来进行养殖生产的发展阶段，从动物出生便可进行个体建档，通过精细喂养、环境监控、疾病诊断等人工智能措施，合理管理该动物的一生，实现集约高效可持续发展的现代超前农业生产方式，就是水产先进设施与陆地相配套、具有高度的技术规范和高效益的集约化规模经营的生产方式。

鱼类养殖包括在鱼缸或池塘等围栏里养鱼，这是水产养殖的主要形式。而其他方法可能属于海水养殖。将幼鱼释放到野外进行娱乐性捕鱼或补充物种的自然数量的设施通常被称为鱼类孵化场。在世界范围内，养鱼业生产的最重要的鱼类是鲤鱼、罗非鱼、鲑鱼和鲶鱼。

（三）水产养殖的优点

生产者能充分掌控鱼的状况与收成细节，让鱼上市时能有较佳的品质。养殖的鱼经仔细选育，可培育出生长快速或具备其他优良特性的鱼，养到整齐均一、适于食用的阶段，然后上市。借由调节水温、水流速率与光的强度等，使鱼儿成长得远比野生状态更快，同时也可在能量消耗与增强肌肉的运动间达到平衡。养殖鱼通常较肥，肉质较为多汁，冷冻养殖鱼可延长最佳品质的期限。

智能水产养殖的优势有：① 降低成本。人工水产养殖需要浪费大量的人力资源，随着生活水平的提高，雇佣工人的工资也日益增长，成本在逐渐增加，而选择机器的智能化管理则降低了成本。② 提高工作效率。由人工饲养则还需要人工陪饲料，抗饲料等艰苦的苦力劳作，降低了工作效率。而采用智能化水产养殖则无需面对这些烦恼，精确投喂和科学放养，水质智能调节，配方科学优化，工作效率得到大大提高。③ 操作简单。智能化水产养殖对养殖户来说则更加简单，只要对机器的熟练使用即可，无需再去研究水产养殖技术等。

（四）水产养殖的危害

外海箱网养殖的废物、抗生素以及未吃完的饲料会污染周围水质，而遗传背景一致的鱼一旦逃脱到海中，也会危及已非常脆弱的野生族群的多样性。食肉性或食腐性海洋生物（鲑鱼、虾）的养殖伺料，主要为富含蛋白质的鱼粉,因此有些养殖业其实是在消耗而非保育野生鱼类。最近的研究发现，鱼粉中含有部分高浓度的环境毒素（多氯联苯），会累积在养殖鲑鱼体内。养殖鱼类有时会荣到水流速率较慢、鱼的运动量有限，以及人工饲料的影响，肉质与风味都变得不一样。现代水产养殖业仍属年轻产业，经过持续的研究与管理，相信终能解决当中某些问题。

智能水产养殖的弊端：① 所要求使用人员的学历较高。② 设备技术成本高，小型渔场难以承担。③ 现有技术还不成熟，常会出现各种错误漏洞，影响决策者判断，给渔场造成损失。

三、动物水产养殖的现状分析

2009 年，日本富士通公司开发的富士通农场管理系统以全生命周期农产品质量安全为重点，带动设施农业生产、智能畜禽和智能水产养殖，实现设施农业管理、养殖远程监控与维护、水产养殖生产全过程的智能化。

中国水产养殖的生产模式已由粗放型向集约型转变，生产结构不断调整升级，生产水平不断提高。但较低的劳动生产率、生产效率和资源利用率，低质量的水产品以及缺乏安全保障等问题都严重制约中国水产养殖业的快

速发展。

进入 21 世纪以来，我国的水产养殖业保持着强劲的发展态势，为繁荣农村经济、提高生活质量和国民健康水平做出了突出贡献，也为海、淡水渔业种质资源的可持续利用和保障“粮食安全”发挥了重要作用。专家初步估计，到 2025 年，农业的人工智能潜在市场总额约为 200 亿美元。

近 30 年来，我国水产养殖理论与技术的飞速发展，为养殖产业的进步提供了有力的支撑，尤其表现在应用技术处于国际先进水平部分池塘、内湾和浅海养殖已达国际领先地位，养殖品种呈现多样化，优质化的趋势。但是，对照水产养殖业迅速发展的另一面，由于养殖面积无序扩大，养殖密度任意增高，带来了种质退化、病害流行、水域污染和养殖效益下降产品质量安全等一系列令人担忧的新问题，加之近年来不断从国际水产品贸易市场上传来技术壁垒的冲击，而使我国水产养殖业的持续发展面临空前挑战。

人工智能在水产中的应用。随着物联网、大数据、人工智能等新一代信息技术的不断进步，在水产养殖中利用机器替代人工成为可能。其中，农业物联网技术可感知和传输养殖场信息，实现智能装备的互联；大数据与云计算技术完成信息的存储、分析和处理，实现养殖信息的数字化，人工智能技术作为智能化养殖中最重要的一部分，通过模拟人类的思维和智能行为，学习物联网和大数据提供的海量信息，对产生的问题进行分析和判断，最终完成决策任务，实现养殖场精准作业。物联网、大数据和人工智能三者相辅相成，深度融合，共同为加快中国完成水产养殖转型升级阶段提供技术支持。与传统技术相比，人工智能技术侧重对问题的计算、处理、分析、预测和规划，这也是实现机器代替人工的关键。

智能水产养殖的发展趋势。近两年水产界谈论最多的话题是工厂化养殖，是设施化养殖，是转型升级。通过实时采集温室内温度、水温、溶解氧、亚硝酸盐、氨氮、光照环境参数，自动开启或者关闭指定设备。可以根据用户需求，随时进行处理，为设施农业综合生态信息自动监测、对环境进行自动控制和智能化管理提供科学依据。通过模块采集温度传感器等信号，经由无线信号收发模块传输数据，实现对池塘或养殖池的远程控制，同时配合疾病监控及远程诊断的专家系统，实现养殖无人化、智能化、科学化。

四、水产生物生命信息获取

（一）鱼种类识别

人工智能技术主要依靠机器视觉的方法对鱼种类进行识别，其基本过程为：获取鱼类图像信息；对输入的图像提取鱼个体形态、颜色、纹理等人为设定的特征；根据这些特征训练分类器；将特征向量输入分类器实现种类识别。基于人工智能技术对鱼类进行种类分类的方法有神经网络分类法、决策树、Bayes 分类法以及支持向量机等。

现主要有三种方式对鱼分类：将光流和高斯混合模型与 YOLO 深层神经网络相结合，对公开数据集中进行鱼种类划分，准确率分别为 91.64%和 79.8%。通过水下摄像机等图像获取工具对真实水产养殖环境情况下的鱼进行分类，一种基于 Krawtchouk 矩、灰度共生矩阵和蜂群优化多核最小二乘支持向量机的识别方法对鱼分类识别，识别精度均达 91.67%以上。深度学习方法以其独特的视觉特征，在鱼种类划分上也取得了较好的效果，该方法对于复杂背景下低分辨率小目标具有较好的识别效果。

以上方法模型准确率都较高，但由于这些模型是针对特定数据集设计的，并不适用所有的数据集，其迁移能力较差，可识别的鱼种类也较少，只能在特定环境中应用。此外，光强和鱼运动产生的表型性状和纹理变化也为鱼种类识别带来了巨大挑战。

（二）鱼行为识别

水产生物对其生存环境十分敏感，当受到水体环境压力胁迫时，其游泳和摄食行为以及体色会发生不同程度变化。例如水中溶氧过低时，鱼类的游

泳速度和深度有降低趋势，鱼群的整体分布也会更加分散。在被疾病感染时，鱼类会伴随明显游速降低，跃出水面行为频率增加。

基于混合高斯模型的 Group Tracker 视频跟踪系统，可对严重遮挡情况下的鱼类进行跟踪，在跟踪的过程中提取出如速度、游泳距离、转弯方向等信息以判断单个鱼的行为。利用 id Tracker 视觉系统，结合多轨迹算法，在记录动物的视频中通过每只动物的指纹来标记并跟踪。利用 BP 神经网络提取图像中鱼群摄食时的颜色、形状和纹理等特征，并对其进行归一化和特征融合处理。目前，鱼类游泳行为与环境因子变化关系的研究，大都是在低氧或有毒物质等刺激环境下进行的，针对温度、pH 或鱼群密度等压力因子研究的较少，由于存在水体污浊，摄像机镜头内滋生藻类等意外情况干扰，导致系统稳定性差、通用性差，因此，未来更应关注智能养殖场特点，建立量化模型。

（三）生物量估算

管理人员需根据不同生长期的鱼类、虾类等生物量信息优化喂养需求并做出有效决策。基于视觉系统的水产生物量估算研究对象主要是鱼类，重点对长度、面积、重量等参数进行估算。生物量估算系统主要由相机、光源以及计算机组成。其中相机分为水上摄像机和水下摄像机两种，可单独或同时使用；光源用来弥补水下图像较暗的缺陷，而计算机则是对获取的图像进行预处理和特征提取实现对生物量信息估算。

针对水下生物在自由移动的情况下非常敏感，环境中的光照强度、可见度和稳性都无法控制；在对性状进行计算时不应该干扰动物的生长或造成压力等问题，可以采用多技术信息融合的方法提高目标识别的准确性，例如将机器视觉技术与声学技术相结合，用图像弥补声呐信号无法监测到的区域，再充分利用声学技术不依赖光强的特性进行计数。还可以将人工智能技术与光谱成像技术相结合，开发生物量估算新方法等。

五、水产生物生长调控与决策

（一）生产决策调控

了解水产生物生长周期内生长与环境因素之间的逻辑关系，确定不同时期的溶解氧、pH、水温等指标，避免水体污染和资源浪费等。基于人工智能技术的生长调控决策支持系统通常包括数据库、模型库、策略评估系统、人机接口和用户界面等，现使用模型的有：① 使用感知机和人工神经网络的方法建立鱼类生长模型，估算最大可持续产量，及时调整生长方案，为实现最大生产量提供技术支持。② 通过测量溶解氧、pH、温度、进料量等参数，利用决策支持系统在线预测压力影响因子，及时采取环境调控措施，制定最适合鱼和虾类的生长方案。

生长模型可以为生长调控提供决策信息，但其通用性和实用性较差，大多参数都是针对特定种类进行预测，将模型应用扩展到更大空间则需要获取更为详细的数据，且随着调控参数的增多，模型的精度也会受到影响。在初步探索鱼类生长调控模型开发和应用后，模块化和综合应用将会成为未来水产生物生长调控和决策的发展方向。

（二）智能投喂

智能投喂控制是根据水质及水产行为参数构建养殖饲料配方模型，可以自动确定鱼类、虾类等的摄食需求，决策出最优投喂方案。

智能投喂控制可分为检测残饵决定投喂量和分析行为确定摄食强度估测投喂量两种方法。Akvasmart CCS 投喂系统，通过安装残饵数量计数器和残饵收集装置，当残饵数量达到阈值时，水下摄像头辅助确认残饵剩余信息，系统将会根据反馈信号停止投喂，该系统是目前世界上信赖程度较高的投喂系统。利用计算机视觉相关图像处理等方法，对鱼群实时摄食欲望程度进行表征和量化，将鱼类的摄食强度分为四个等级，对循环水养殖中游泳型鱼类

进行高效投喂，是近几年设计的较成功的智能化投喂系统。

六、疾病预测与诊断

（一）疾病预测

基于人工智能技术的鱼类疾病预测主要是利用水质监测结果，建立鱼类疾病预测模型，构建完善的鱼类疾病预测系统。可使用的方法有：利用支持向量机的方法构建温度、溶解氧、化学需氧量等水质因子与鱼病之间的关系模型，开发相关的预警系统和基于 Web 的鱼类疾病在线预测系统。以养殖种类、养殖阶段、病原体、感染部位、水温、地域作为输入因素，将鱼类疾病种类作为输出单元，利用 BP 神经网络方法建立池塘养殖疾病诊断模型。由于研究较少和数据源的限制，基于深度学习的模型还未得到广泛应用。

（二）疾病诊断

疾病发生时通常伴随着生物性状的改变，可从鱼类的游动状况和颜色、纹理等表型性状。

对鱼的病因做出初步判断。目前进行鱼病诊断常用的方法为基于模型诊断和基于案例推理、知识库比对诊断两种方法。

将粗糙集与神经网络紧密联系起来建立高性能系统，该模型综合了粗糙集的强大提取能力和神经网络出色的分类能力，可实现对鱼类疾病快速、大规模诊断。但该诊断系统是在鱼的个体表面发生一定变化后进行的诊断，容易错过最佳治疗期。

由于鱼类发病的周期时间以及发病种类都是不固定因素，且水产养殖环境中覆盖面积大、获得自然水环境下的病鱼图片困难较大、影响因素多、研究成本较高，因此，近年来大多采用生物病毒检测等方法进行鱼类疾病的诊断，智能化程度较低。在今后的发展中，可将人工智能技术与病毒检测等方法结合使用，确保疾病判断的准确性和方法的适用性[118]。

第二节　动物水产养殖环境监控

一、基于物联网的水质监控系统

（一）系统目标

通过云计算及移动互联网技术，允许用户在手机上实时监控鱼塘的环境数据（温度、湿度）及水质数据（水温、透明度、酸碱度、溶氧度），从而能够随时随地了解鱼塘水质状况。

通过最新的物联网技术，设计出低成本、低功耗的鱼塘水质监测节点，无需任何外接电源或 Wi-Fi 网络，能在田间野外长时间独立工作，从而具有较高的实用价值[119]。

设计一种水质传感器监控及自清洗装置，该装置对各种水质参数进行实时监控，自清洗装置完成水质参数采集和传感器探头的自动或手动清洗[120]。

（二）整体架构设计

系统由 4 个部分构成：水质监测节点采用最新的物联网技术设计开发，负责采集鱼塘环境水质数据并发送给云服务端存储。远程监控手机端采用移动互联网技术设计开发，为水产养殖户提供图形化的操作界面实时展示鱼塘环境水质变化状况，并能够主动报警提示用户。系统管理 Web 端采用最新的 Web 标准设计开发，为系统管理员提供操作界面维护整个系统的各种数据。云服务端采用主流的云计算平台技术，对外提供一组网络服务接口（API），内部利用云计算平台的各种资源实现数据分析处理和数据存储。

水质监测节点是一个软硬件紧密集成的嵌入式设备，硬件层包含以下 4 个主要模块：微控制器提供基本的计算资源和设备管理，水质传感器采集水

质数据信号发送给微控制器，4G 通信模块提供稳定可靠的 Internet 连接，电源模块通过 AA 电池为节点供电。软件层包含以下 4 个主要模块：驱动程序提供各个硬件模块的基本控制方式，引导程序用于加电时加载需要的软件模块到内存中。数据采集模块获取水质传感器采集到的数据并进行初步整理和处理，对于有效的水质数据则交给数据收发模块，由数据收发模块将水质数据发送到云服务端存储[119]。

（三）监测系统设计

渔场环境监测系统由监测传感器（配置 2 个有义波高传感器，2 个风速风向气象仪，2 个水质传感器，2 个流速计）、数据采集单元、供电单元、电脑和监测软件组成。监测传感器采集数据后转化为电信号，通过船用电缆传输给数据采集单元，数据采集单元对接收的电信号进行采集、处理和存储，最后以图表的形式在电脑上显示，监测软件可以对显示画面进行切换，并对历史监测数据进行查询和比对。供电单元对整套系统进行供电，确保系统电源的稳定性，2 套监测传感器有冗余和比对的作用，避免 1 个传感器故障后采集的不准确数据而产生的误导。

（四）机械结构设计

设计了传感器可变形支架及自清洗结构，主要包括水质传感器可变形支架、清洗刷、上下滑动支架、运动传递机构、微型水泵等。导杆作为上下滑动支架移动的轨道，其具体长度可根据实际水产养殖水域的深度进行调节；导杆底部同步轮和轴承均采用防水、防腐材质，以应对复杂的水质环境；上下滑动支架载有可变形传感器支架，可根据传感器数量自由变形；主控箱内置步进电机、主控芯片等，步进电机的转动将运动通过同步带同步轮传递给上下滑动支架，从而控制水质传感器在水下和水上进行升降；可转动支杆上载有清洗刷，通过电机控制其旋转到指定位置后进行清洗；主控箱下部有精准安装的微型水泵，可提供清洗探头时比较合适的水冲作用。在主控箱侧面置有 LCD 触摸屏，系统硬件控制按钮用于系统硬件开关通断及初始化控制。设计的可变形传感器支架可同时放置 6 个水质传感器，其结构可根据实际情况增减。底板固定装置可将其固定在岸边或者小船等各种监测场所，安全稳定。

（五）控制方案设计

水质传感器智能监控系统根据物联网中的感知层、网络层和应用层体系架构而设计，由监测传输层、综合控制层及远程管理层组成。

监测传输层是由水质传感器和传感器节点构成。许多水质参数都能够在一定程度上反映水体是否被污染，同时监测多种参数的变化能全面反映当前监测水体的污染情况，故需要采用较多的水质传感器。精准的检测水质环境参数数据需要大量的传感器节点，系统在传感器节点上配置了温度、盐度、pH、溶氧、氨氮、浊度等多种传感器。传感器节点分为 4 个部分：电源模块、ZigBee 无线通信芯 CC2530、晶振电路和射频天线 RF，用来采集水产养殖过程中的环境参数信息。综合控制层包括数据分析与处理，自动清洗装置的控制与调节，并将各种参数的数据通过 GPRS 无线网络传输到远程管理层。远程管理层设有上位机监控装置，对本系统进行远程实时智能控制[121]。

（六）数据传输设计

基于无线传感器网络的水产养殖水质监测系统主要包括数据采集终端、ZigBee 路由器、ZigBee 协调器、服务器端等构成。数据采集终端、ZigBee 路由器、ZigBee 协调器通过已配置信道与 Pan ID 完成数据传输，考虑到水质监测节点较多，ZigBee 无线网络采用网状拓扑结构[122]。

1. 硬件结构设计

系统硬件结构分为水产养殖环境参数检测节点、无线通信模块、水质传感器探头清洗装置以及监控管理中心。监控管理中心由 STM32 芯片作为处理器来实现数据运算处理，以及命令决策功能，引出 STM32 的 TTL 串口，

经转换芯片转换为 RS232 接口，连接 1 块 7 英寸的 TFTLCD 触摸屏，同时与 GPRS 模块相连，用于现场端实时参数显示和控制，另设执行机构为变频器和增氧机，PC 上位机发出命令给 PLC 下位机，PLC 根据传感器数据通过模糊控制算法设定变频器频率的大小来控制增氧机的增氧量，实现在不同状态下有不同的增氧速度，避免增氧机频繁启停，延长设备寿命，满足现实情况需求[123]。

水产养殖环境参数监控采用带 CC2530 的传感器节点模块，采集到的数据通过 ZigBee 通信网络传送给 STM32 主控芯片，该芯片对采集的数据进行分析判断，并将数据存储记忆下来，在现场端 LCD 触摸屏上实时显示各种参数的变化情况，并且可以调取之前存储的数据，绘制出详尽的分析报告，方便养殖人员分析某一时期不同阶段的参数变化。清洗状态也可在 LCD 触摸屏上显示和切换。远程 PC 端可以通过无线通信模块接收水质传感器各种环境参数，并对参数变化趋势和传感器探头清洗状态进行实时监控。

数据采集终端主要包括数据采集模块和 ZigBee 通讯模块两部分，数据采集模块包括温度传感器、溶解氧传感器、pH 传感器、溶解氧饱和度传感器、MCU 主控制器构成，ZigBee 通讯模块由 CC2530 构成，电源电路负责为整个采集终端供电。各传感器采集到相关数据后通过 CC2530 模块的 ZigBee 网络传输至协调器，协调器通过 RS232 连接服务器，实现监测数据的实时显示及存储。

2. 系统软件设计

数据采集模块 SM32F405RGT6 采用结构化编程方法，在 MDK 环境下使用 C 语言编程，J-Link 在线调试。ZigBee 通信模块采用 IAR Embedded Workbench 完成程序编译开发。数据采集模块代码主要包括水温数据采集子函数、溶解氧数据采集子函数、pH 采集子函数、溶解氧饱和度数据采集子函数。运行时，数据采集模块首先进行微处理器初始化，对各函数进行调用获得传感器数据，并通过 CC2530 发送至协调器。数据采集模块程序流程如图 5 所示。

根据传感器采集的数据，经模糊控制器处理输出变频器频率，再经公式换算成模拟量来控制变频器，以达到控制增氧机增氧的效果，使养殖环境更适合鱼类生长环境。在模拟量控制变频器的过程中需要先对环境传感器采集数据进行判断，然后再根据不同的环境数据值分配不同的模拟量数值进行输出，模拟量输出模块的数据格式为：0～32000 代表 0～10 V，电压及变频器频率 0～50 Hz[123]。

以嵌入式系统作为基本设计框架，以 ZigBee 无线网络通信技术连接构成。该技术的设计是基于其无线通信协议，采用模块式编程技术来建立无线网络。在本系统中，应用此技术完成了水产养殖环境参数传感器检测节点控制程序的设计，以及协调器控制程序的设计。水产养殖环境参数传感器检测节点控制流程：当判断已成功加入网络后，方可进行传感器数据的检测读取，并将数据定时发送给协调器进行分析处理。当协调器查找到网络并接收到传感器检测节点发来的数据后，会对数据进行处理分析，然后将数据传送给 STM32 主控芯片，再显示在现场端 LCD 触摸屏以及远程 PC 上位机；与此同时，主控芯片会记录所有监测数据，并将每一时期的数据进行分析对比并显示在现场端和远程 PC 上位机，供养殖人员参考。

3. 模糊控制的设计

在调节水环境溶氧量的过程中，为了提高系统控制的准确性和智能化，避免增氧机因频繁启停而缩短设备寿命，以及由于增氧不及时而带来损失的情况，采用模糊控制调节池塘溶氧量并优化增氧机的控制。系统模糊控制器为双输入-单输出二维溶氧参数调节模糊控制器，以溶氧量给定值与实际输出值误差 e 和误差变化率 ec 作为输入，以控制量 U 作为输出。

系统控制器的变量均采用 7 个模糊语言变量：NB、NM、NS、ZE、PS、PM、PB，分别表示正大、正中、正小、零、负小、负中、负大，其隶属函数为三角隶属函数。误差 e、误差变化率 ec 和控制量 u 的隶属函数相同。

根据规则信息，利用取小取大模糊推理法得到结果模糊集，再通过重

心法解模糊化为实际值。将模糊控制表输入到 PLC 中，通过查表方式完成控制任务。

通过 MATLAB 进行仿真试验，得出系统输出变量的曲面图：每个坐标代表一个模糊变量，论域为坐标轴范围。将曲面图与模糊控制查询表比对，可使模糊控制表设计更合理化。本系统设置系统初始值为 3 mg/L，最终值设置为 5 mg/L，分别采用 PID 和模糊控制算法进行系统仿真。采用 PID 算法仿真时系统出现超调，模糊算法仿真比较稳定，超调小、控制效果较好。但由于存在量化误差，基本的模糊控制系统存在静态偏差。因此，系统添加了积分的模糊控制器，使模糊控制和积分项的优势都得到发挥。

4. 传感器探头清洗装置

本系统实现对传感器探头的定期清洗，分为自动清洗和手动清洗两种方式。自动清洗设计为每 5 天清洗 1 次，对每个放置在传感器可变形支架上的传感器进行轮流清洗，采用自制的海绵清洗刷结合微型水泵进行混搭清洗。手动清洗可供现场养殖人员自由选择清洗时间以及所要清洗的传感器，控制芯片则针对所有传感器支架变形组合，执行相应的指令，每种指令选项均在现场端 LCD 触摸屏和远程 PC 机上进行显示，供养殖人员手动控制。

传感器清洗系统程序：设备首次上电后进行硬件初始化，主控芯片 STM32 开始定时器定时，并在现场端 LCD 触摸屏以及远程 PC 上位机端的清洗界面显示剩余时间。设计的传感器支架变形状态共有 6 种，分别可放置 6、5、4、3、2、1 个传感器，且每种状态下各个传感器的摆放角度都有设置，并对每个传感器的位置进行相应的编号。在自动清洗状态下，当定时到第 5 天，主控芯片会根据传感器支架所处的变形状态以及传感器所处位置的编号启动相应的清洗程序指令。

清洗过程：首先将浸在水中的传感器通过电机、同步带、同步轮的传动机构上升到指定高度，载有清洗刷的支架在电机转动下旋转至指定位置，对位于其正上方的水质传感器进行清洗，清洗过程中微型水泵对探头进行泵水，结合清洗刷进行混合清洗操作，当清洗到指定次数后，传感器支架旋转一定的角度进行第 2 个传感器的清洗，直至所有传感器清洗完毕，将其下放至水中。此时，比对监测水质传感器与校准传感器的示数差值，如果在设定的偏差值范围内，则结束清洗，如果不在范围内则报警提醒，并再一次进行清洗工作，直至达标为止。在手动清洗状态下，养殖人员可不受定时时间限制，根据需要随时清洗，并且可以选择性地清洗指定的传感器，只需按下现场端触摸屏，或者远程 PC 上位机的指定按钮即可，清洗过程与自动状态下的一致。

二、基于 LoRa 的水产养殖水质监控系统设计

（一）系统的结构图及功能

水质监测设备主要包括数据采集模块、通信接口电路、控制核心、LoRa 无线发送模块、远程 LoRa 无线接收模块和上位机端可视化平台等。其远程监控终端系统以 STM8L05F3 低功耗单片机为底层，水质数据采集端使用溶解氧/温度传感器、酸碱度传感器、氨氮传感器、盐度传感器实现对水质多重因素的采集。传输层采用 RS485 通信协议接入 LoRa 网关，LoRa 网关数据通过 GPRS 接入云平台，一方面，云平台数据可通过手机移动接口显示出实时水质信息，手机移动端同时发送控制命令给云平台控制监控终端；另一方面，养殖设备上可与云平台通信，来自云平台的控制数据可以开关控制增氧机器、投饲料和增温设备等[124]。其中以 SMT8L051F3 为核心的监控终端系统的工作过程如下：

酸碱度（pH）、溶解氧（DO）、温度（T）、电导率（TDS）等数据采集模块完成对水产养殖环境中 pH、溶解氧、温度、电导率等采集，各自将数据通过转换模块转换成电量，这类电量往往比较小不易读取，通过设计调理电路把电信号放大、滤波转换成单片机可以读取的数字量，单片机再与 RS485 通信，将数据打包好传输出去。单片机也可读取 RS485 数据包，对

中控制信息进行调节[125]。

（二）数据发送与远程接收

系统通过各传感器设备采集水质数据后，按照数据帧的格式传输到LoRa发送模块。

LoRa 模块发送前一直处于待机状态，在初始化 Tx 模块后，将 FifoPtrAddr 设置为 FifoTxPtrBase，并把 PayloadLength 写入 FIFO（RegFifo）。然后方可将待发送数据（Payload）写入 FIFO，通过发送 Tx 模式请求切换到发送状态将数据通过 LoRa 调制成信号帧发送出去，等到发送完成后，会产生 TxDone 中断，同时再次切换为待机状态，完成一个发送流程。

远程无线接收端的数据接收。该监测系统采取连续接收模式，LoRa 调制解调器首先会持续地扫描信道搜索前导码，如果检测到，LoRa 会在收到数据之前对该前导码进行检测及跟踪，然后继续等待检测下一前导码。如果前导码长度超过 RegPreambleMsb 和 RegPreambleLsb 设定的预计值（按照符号周期测量），则前导码会被丢弃，并重新开始搜索前导码，但这种场景不会产生中断标志。与单一 Rx 模式相反，在连续 Rx 模式下，当产生 RxTimeout 中断时，设备不会进入待机模式，这时用户必须在设备继续等待有效前导码的同时直接清除中断信号。接下来开始数据包接收，在睡眠或待机模式下，选择 RxCOUNT 模式；在收到有效报头 Header 后，紧接着会产生 RxDone 中断。芯片一直处于 RxCOUNT 模式，等待下一个 LoRa 数据包；检查 PayloadCrcError 标志，以验证数据包的完整性。如果数据包被正确接受，则可以读取 FIFO；之后不断判断是否有新的数据包待接收[126-127]。

（三）传感器设计

1. 覆膜极谱式 DO 传感器的工作原理

本系统选用覆膜原电池式 DO 传感器。该传感器属于 Clark 电极型，可以满足水产养殖环境溶解氧在线测量的要求。该传感器原电池由阴阳两电极和电解液组成，测量时不需外加电压，电极反应即可自发进行。一个电极材料为 Au，一个电极材料为 Pb，电解液为 NaOH 溶液，则电极反应为：

阴极：$O_2+2H_2O+4e^-\rightarrow 4OH^-$

阳极：$2Pb+4OH^-\rightarrow 2Pb(OH)_2+4e$

电池总反应：$OH^-+2Pb+2H_2O\rightarrow 2Pb(OH)_2$

扩散电流的大小可表示为：$i=K'\cdot C_S$

式中，K'在某一温度下是一个常值，C_S 为溶解氧浓度，电流与水中溶解氧浓度成正比，DO 传感器为线性元件。只要测量该温度下的电流值，就可测得此时水中溶解氧浓度。

2. 溶解氧极化电压电路设计

极谱型电极需要外加 0.6～0.8 V 的极化电压，需要一个分压模块。R11、R12 为分压电阻。U4 为电压跟随器，增强极化电压的驱动能力。R10、C18 构成 RC 滤波电路。

3. 溶解氧极化稳压电路设计

LT1763 是一种稳压电源芯片（LDO）可把 4～20 V 供电电压转换为 3.3 V 电压，再经过小磁珠 FB1 隔离转换为信号调理模块的正输入电压 AVCC。AVCC 经过 ICL7660 转换为 –3.3 V，再经过 L1，C12，C16 组成的 LC 滤波电路提高电源的稳定性，输出 AVCC 供模拟器件使用。

4. 溶解氧温度补偿电路设计

使用 cj431 组成精密电流限制器，供给 NTC 电阻，使其产生精确的电压，依电压值计算出当前的温度，然后由处理器对电极输出信号进行温度补偿。其他传感器硬件部分设计与 DO 传感器设计类似。

（四）低消耗设计

1. 软件节能设计

无线传感器网络在完成水产养殖的水质监测功能的同时，功耗决定系统

工作长短，由于水质监测波动范围有限，并不需要一直监测水质参数信息，传感器节点绝大部分时间是处于休眠状态。

在节点初始能量不变的情况下，要使节点工作周期次数增加，需要降低一个工作周期的能耗，在一个工作周期之内，可以降低节点在各个状态下的时间或者能耗。

在整个无线传感器网络中，传感器和主控模块所需能耗的分量较小，能量的消耗主要是无线通信模块，合理有效地设置无线通信模块的消耗，才能使整个系统达到低功耗设计[128]。

2. 低功耗电路

低功耗电路包括电源开关电路、电源转换电路和数据采集电路 3 个部分。通过电源开关电路的通断控制后续电路供电，定时打开数据采集电路进行数据采集以实现低功耗。

电源开关电路：电源开关电路由 3 V 电池供电，输出电压是由 POWER-ON 开关信号控制 3 V 电压。通过图 3 的电源开关电路实现电池电能的输出。当开关信号为高电平时，N 型金属氧化物半导体管（N-MOS）Q3 打开，控制 P 型金属氧化物半导体管（P-MOS）Q2 导通，输出 3 V 电压；当开关信号为低电平时，2 个 MOS 管均关闭，不消耗电池电量。

电源转换电路：整个硬件电路中，不同器件需要不同的工作电压。8 路 RS485 芯片和光耦芯片的工作电压为 5 V、传感器工作电压为 12 V，其余芯片工作电压均为 3 V。因此，需要设计电源转换电路，将电源开关电路的 3 V 输出分别升压至 5 V 和 12 V。图 4 给出电源转换电路，通过 DC-DC 变压器，将电源开关电路的输出电压升压至 12 V。经过 LDO 芯片将 12 V 电压转至 5 V 电压进行输出。

数据采集电路：数据采集电路由 485 芯片、光隔离模块组成，J1 接传感器，通过 485 芯片进行信号转换，经过光隔离模块送至单片机。当不需要采集时，单片机通过电源开关电路将电路关断，而控制信号 RXD、TXD、

DIR 均输出高电平，使信号线没有漏电流存在，实现零功耗待机；当需要采集信号的时候，打开电源进行数据采集。

基站设计：一般基站数量少，同时选择可以方便接入外部电源的位置进行安装。因此，即使基站工作电流较大，通常也不需要低功耗的特殊设计。如图所示，整个系统核心器件为单片机，考虑到网关需要处理来自各节点的信息，处理难度大、过程复杂、数据量大，因此选择搭载了 ARM 内核的 STM32L 微控制器，该系列产品处理能力较强、稳定可靠，适用于水产养殖环境监测系统。系统搭载与节点相同的 LoRa 模块，用于实现与节点间的通信，该模块与单片机间通过 SPI 总线进行通信。同时，系统搭载了移远的 BC28 NB-IoT 模块，通过窄带蜂窝网络将采集到的数据上传至云平台。

开始工作后，STM32 微控制器判断从第 1 个节点开始，向节点发送数据采集指令；发送后，等待节点响应，并读取节点采集的信息，并将信号发送至云平台。

判断变量 N 是否小于节点数，当数量小于节点数则加 1，继续轮询下一个节点采集到的信息；当 N 到达节点数后，将 N 重置 1。所有流程结束后，延时一定时间，重新开始轮询节点采集到的信息。

信息监测节点设计：在实际的水质监测中，节点由电池供电，能量的消耗决定系统工作周期，因此要求传感器节点可以长时间工作，硬件结构设计要简单化，减少不必要的能量消耗。无线传感器网络需要对数据进行高频率的收发，能量的消耗主要是微控制器和射频模块，硬件设计中主要是对这两部分进行低功耗设计。终端节点包括电源模块，传感器模块，主控模块和 SX1278 射频模块组成。

节点负责采集信息并将采集到的信息汇总到网关。节点大部分时间处于休眠状态，节点定时唤醒，单片机进入工作状态并读取传感器信号，判断是否有无线信号，如果有无线信号则将信息通过通信模块发送给无线基站。整

个流程结束后，系统再次进入休眠状态。如果没有无线信号，直接进入休眠状态。

上位机软件设计：上位机软件主要用来显示水质实时信息、根据水质信息自动发送控制养殖的机电设备的信息。本设计中 LoRa 网关对接云平台，云平台完成了数据服务器功能，当上位机完成主动连接后定时向上位机发送传感器数据，也可接收上位机发送来的各类控制命令。云平台接收到控制命令主动完成对养殖的机电设备如增氧机、投饵机、增热机的开关控制，上位机软件会将突发事故的处理命令发送给云平台。发送控制命令的机制是：采集数据实时发送到远程数据库服务器（云平台），手机可预先设置好数值，数据上传后进行比对分析，继电器通过数据比较做出相应控制。软件也可以手动控制完成主动增氧、投饵、增温等功能。

RS485 通信：采用 RS485 通信，将来自主控芯片的数据传给通信层。RS485 总线是一种常见的串行总线标准，采用平衡发送与差分接收的方式，具有抑制共模干扰的能力。A 线上加一个 3.3 kΩ 的上拉偏置电阻；在 B 线上加一个 3.3 kΩ 的下拉偏置电阻。匹配电阻是 120 Ω的 R20，可以有效增加系统的传输稳定性。

RS-485 标准定义信号阈值的上下限为±200 mV。即当 $V_A-V_B>200$ mV 时，总线状态应表示为“1”；当 $V_A-V_B<-200$ mV 时，总线状态应表示为“0”。但当 V_A-V_B 在±200 mV 之间时，则总线状态为不确定，在 A、B 线上面设上、下拉电阻，可尽量避免这种不确定状态，增强抗电磁干扰的能力。总线上会存在浪涌冲击、电源线与 485 线短路、雷击等潜在危害，所以在 A、B 各自对地端接 6.8 V 的 TVS 管。

基于 LoRa 通信技术，设计了应用于养殖环境场景的信息采集系统。在综合考虑功耗、通信距离等因素的情况下，对系统进行了低功耗优化设计。通过选择一系列低功耗器件、设计低功耗电路、优化通信过程等方式，实现低功耗及远距离信息采集[128]。

第三节　动物水产养殖精细喂养决策

一、动物水产养殖精细喂养决策分析

（一）动物水产养殖精细喂养决策概况

精细喂养决策的核心技术主要包括：饲料配方优化模型和精细喂养决策。饵料配方优化模型是通过分析不同养殖对象在不同生长阶段对营养成分的需求情况，在保证养殖对象正常生长所需养分供给的情况下，根据不同原材料的营养成分及成本，采用遗传算法、微粒群等优化设计方法，优化原材料配比，降低饵料成本。目前大型的水产养殖企业已有比较成熟的配方和模型。精细喂养决策是根据各养殖品种长度与重量关系，通过分析光照强度、水温、溶氧量、浊度、氨氮、养殖密度等因素与饵料营养成分的吸收能力、饵料摄取量关系、建立养殖品种的生长阶段与投喂率、投喂量间定量关系模型，实现按需投喂，降低饵料损耗，节约成本[129]。

（二）动物水产养殖精细喂养的必要性

养殖规模化小，机械化低，集聚性差，导致我国动物养殖成本高；以家庭为单位，科技水平低，从业人员受教育水平低，不懂动物习性和生长点，导致我国动物饲养对环境破坏大且动物质量良莠不齐，多发局部动物疾病暴发事件，以上问题使养殖业难以转型升级。随着人工智能、5G、物联网等技术在各行各业的应用，我国养殖业迎来了新的契机。探索更标准、更智能、更精准的投喂管理策略，实现新型标准化、数据化、信息化、智能化、产业化的智慧渔业将会是水产养殖业由量变转到质变的重要途径。随着国家对智慧渔业的不断探索和推广，对鱼类生产数据分析应用的重要性将日趋凸显。

目前，已有一些依托于互联网的设备和智能平台应用于农业生产过程中，为实现农业的精准和智能化养殖做出了极大的贡献，如养殖环境监控、产品质量溯源、生产记录分析和物流跟踪管理等平台已被广泛的地应用于实际养殖中，使养殖装备工程化、生产规模化、技术精准化和管理智能化水平大大提高。

在德国，可在计算机控制下完成畜禽饲料精准投喂和奶牛数字化挤奶等多项工作。在挪威，使用声加速度传输器可以在计算机后台有效监测循环水养殖系统（RAS）中大西洋鲑的各项活动，通过数据分析为大西洋鲑提供精准饲料投喂策略。上海奉贤区及无锡地区的对虾智能管理系统和物联网智能控制管理系统的应用，有效地提高了水产养殖的经济效益、产品质量和管理效率。

二、精细喂养决策系统

（一）精细喂养决策过程

利用大数据技术进行数学建模，通过采集养殖过程中的生产数据，利用射频识别（RFID）技术、智能控制、计算机技术、通信技术等技术手段，将测得数据加以分类、挖掘和分析，对比已有数据库及文献库中积累的大量数据，实现数据的后台输入、采集、更新、储存、校正和管理，将有用的结果以图表的形式直观地呈现给水产养殖生产管理者和决策者，使用者可通过用户管理操作系统对动物日常行为进行监控分析，通过专家系统制定出全套的喂养决策，此方法是解决水产养殖品种多样、养殖模式各异、养殖环境复杂和影响因子过多而导致的精准监测、检测和控制难等问题的最优途径[130]。

通过监控设备，水温感受器，体重感受器，密度传感器等输入设备，实时监控水产动物的生长状态，摄食状态，健康状态。通过改变某一变量，测定其他量的变化，该变化由路由器，数据分析器传递给精准投喂管理辅助决策系统。将水产动物的生长状况、饲料需求、污染排放转化成可视数据或进行自动化控制[131-132]。

（二）动物水产养殖精细喂养原理

水产养殖精准投喂控制系统以水下摄像头作为获取水下鱼群密度传感器，实时获取投喂过程中鱼群的实时视频影像，由于水下布线对生产活动带来的安全隐患，系统选取带 Wi-Fi 通信功能的水下高清摄像机作为传感器[133]。上位机部分由 PC 机组成，在联网条件下接收传感器部分传输过来的视频图像，经过计算机视觉技术处理，将视频中的前景鱼群分割出来并对其量化，以获得鱼群的实时密度。下机位部分由单片机组成，单片机设置了投喂的开始时间，在投喂开始时接收上位机气象指标与饱食密度阈值相关联的专家库传输过来的饱食密度阈值，在投喂过程中接收上位机传输过来的实时密度值，当实时密度值达到饱食密度阈值时，单片机控制饲料电机关闭[135]。

第四节　动物水产养殖疾病预警和远程诊断

一、水产养殖疾病方面面临的问题

（一）我国水产养殖病害种类繁杂

我国水产品养殖品种包括鱼类、甲贝壳类、藻类等在内的规模化养殖品种有 60 余种。由病毒、细菌、真菌、寄生虫等病原引起的常见水产病害种类多达 200 余种。

我国幅员辽阔，不同的气候和水域环境导致水产病害呈现不同类型；省际间水产苗种的流通促使病原在产地和养殖区域间流通，导致病害发生的时间和频率由原来的季节性发病转向全年发病；由于水产病害防控措施不当导致部分病原产生抗生素耐药性，进一步为病害防控带来困难。

我国主要水产养殖品种的重大疫病发病率高。草鱼是我国最主要水产养殖品种，而草鱼出血病的感染死亡率高达90%，杨映等人对华南、华东地区216份草鱼出血病疑似病例样品检测，阳性检出率高达38.9%，且全部由基因型Ⅱ型 GCRV 感染。对虾是我国最主要水产出口品种，其白班综合征感染死亡率高达85%。柏玲等人对江苏省21个发病养殖场进行检测，结果80%的脊尾白虾被检测出 WSSV 阳性，同时疫情有向邻近区域逐渐扩散的趋势。虹鳟是我国重要的经济水产品种，传染性造血器官坏死病导致的虹鳟死亡率在50%～100%之间。2017年中国水生动物卫生状况报告显示全国冷水鱼养殖场点 IHN 平均阳性率为10%。

（二）基层水产病害防控工作技术服务力量薄弱

面对我国水产业病害种类繁多、形势复杂的情况，养殖户在病害发生时，很难通过自身的知识储备和仪器条件对发生疫病做出正确、全面的判断，容易发生误诊、漏诊等现象，而渔业专家资源有限，无法亲临每一个发病现场直接为养殖户做出诊断并给出正确的处置建议。此外由于部分养殖户缺少用药知识，用药安全意识弱，在病害发生时不能科学、规范地对症下药。因给药剂量、给药途径、用药准确性等方面的问题，导致水产病害防治效果不理想，过量用药还会产生水产品质量安全等问题。我国水产养殖业急需建立一种能够使基层水产养殖户和水产专家有效沟通的平台，使养殖户在水产病害发生时能够得到及时准确诊断，正确得当处治意见[136]。

二、远程疾病诊断原理

为用户提供一些水产养殖常见疾病的查询，并能让用户通过观察到的症状来诊断可能出现的疾病，提供应对办法供用户参考。

疾病诊断：用户通过选择疾病症状，系统查询后列出可能感染的疾病，并提供疾病的应对办法供用户参考。

疾病查询：以列表的形式列出河蟹常见的疾病，用户可以按疾病类别和名称检索。

远程诊断：链接到农业远程专家诊断系统，登录该系统可以提出问题，上传问题图片，专家在线回答用户的问题[137-138]。

项目以计算机技术、通信技术与多媒体技术为平台，以提供水产养殖病害监测、预报、防治和处置技术服务为宗旨，集成了覆盖全国水生动物疾病诊断的大数据知识库和专家资源库，为基层水产技术人员和渔民提供防病治病措施建议，为全国渔业病害预警提供决策模型，为有效预防控制水生动物重要病害发生提供技术支撑。

该页面程序需要用到较多的 jquery 技术，Jquery 是一个 javascript 库，它通过对 JS 选择器、事件等的封装，极大地简化了 JS 的编程。它简单，易学，引用方便，几乎是 JS 编程的必备库。它提供的选择器可以方便地选取 HTML 元素，提供的事件可以清晰地根据操作情况触发函数操作。

在疾病诊断页面中，症状类型的下拉框操作后触发 change 事件，程序根据选择的症状类型查询具体症状，在左侧选择框中列出；选中具体症状点击添加按钮后，触发 click 事件，把左侧选择框中选中的对象添加到右侧选择框中；点击删除按钮则把右侧选择框中选中的对象移回到左侧选择框中。点击提交按钮后，程序根据右侧选择框中最终选定的症状查询对应的疾病，把查询结果展现到页面上。

三、全国远诊网

针对我国水产养殖业在病害防控过程中出现的问题，2012 年全国水产技术推广总站在“中国鱼病会诊网”基础上建立了“水生动物远程辅助诊断服务网”，同时组织建立“水生动物疾病诊断专家组”进行在线诊断和技术咨询，并对原有数据库内容进行完善，形成“常见疾病”和“自助诊室”两个数据库。2015 年，为了进一步扩大网站的数据信息覆盖面，同时解决水生动物疾病远程辅助诊断服务在各地发展不平衡的问题，让更多的养殖渔民从“远诊网”中获益。“远诊网”整合各个省级平台，建立形成了“全国水

生动物疾病远程辅助诊断服务网”（全国远诊网）。建成后的“全国远诊网”可以对 48 个主要水产养殖品种的 200 多种疾病进行自助诊断和专家会诊。“全国远诊网”的建设已初具规模。

（一）建成系列服务平台

通过网络中心，将基层养殖渔民、专家平台和数据中心联系在一起，使数据信息和优质专家资源直接为基层渔业生产服务。新建立的“水生动物远程诊断服务网”设有“常见疾病”“自助诊室”“专家诊室”和“预防控制”四个栏目。

常见疾病栏目中汇集了 188 种、约 8 万字的常见疾病常识及 48 个品种、400 多种疾病、500 多张典型症状图片的数据库，它是我国水生动物疾病最全面的病害资料库，为“全国远诊网”用户普及病害常识和防控技术提供了支撑。

自助诊断栏目中将各主要养殖品种相关疾病的症状和防控资料进行系统整理，并编写成程序，配以图像，构建了自助诊断数据库，输入养殖品种和关键临床症状，用户即可进行自助诊断。

专家诊室栏目中汇集了全国从事鱼、虾、贝、藻等水生动物常见疾病防控的知名专家，构建全国水生动物疾病诊断权威的专家资源库，为用户开展实时在线咨询服务，同时也是对同类疾病的防控提供指导和示范。

预防控制栏目利用病害测报收集的信息，由系统进行数据的整合归纳，及时发布预警信息和预防措施，指导养殖生产。养殖渔民可以通过常见疾病了解常见水产养殖疾病预防和处理方法；可以通过自助诊断和专家诊室进行在线诊断；还可以通过预防控制获得本地区近期不同种类养殖水产易感染疾病的情况。

（二）成立专家服务团队

专家通过网络中心接受来自基层养殖渔民提交的病例报告，对发生的病害进行诊断，再通过网络中心将诊断结果和处置措施发送给养殖渔民，同时将各地发来的疫情信息上传至数据中心，作为疫情测报的数据参考。专家团队利用“全国远诊网”平台，第一方面，直接参与渔业生产，指导渔民应对处理渔业病害；第二方面，获得流行病学等最新、最准确的水产病害信息，为流行病学调查提供数据支撑；第三方面，也可以通过该平台获得的数据信息结合自己的研究结果为管理部门制定政策提供建议。

（三）建设对应的数据中心

“全国远诊网”建立有常见疾病数据库和自助诊断数据库两个数据库。养殖渔民可以通过网络中心，提交发病鱼体的症状特点，通过与数据库中储存的各种疾病症状特征、流行情况及易感染宿主信息进行比对，获得自助诊断结果。数据库同时提供各种疾病的处置指导建议，方便基层渔民在疫情发生时进行自助诊断和疫病处理。

（四）实施分级管理服务模式

对全国各省、市、区（县）疫病情况进行监测，收集自助诊断平台和专家会诊平台上的疫病信息，收录全国水产养殖动植物病情测报和国家水生动物疫病监测的结果汇总。分析整理出我国不同地区、不同养殖季节、不同养殖品种水生动物病害的发生和流行趋势，通过病情预测预报为渔民及时提供养殖水产病情分析、诊断和治疗建议，也为水生动物病害预警和政府渔业管理部门的相关决策提供数据佐证。

（五）全国远诊网的优势

“全国远诊网”系统具有自助诊断、远程会诊、电子用药监督及追溯、疫情监控和电子病历管理、养殖会诊信息 IC 卡管理等多种功能，其使用模式具有以下特点：

1. 使用方便、操作简单。基层渔民和水产技术人员只要有电脑或手机，

有网络就可以免费使用“全国远诊网”，十分简单易行，自网站开通以来已累计辅助诊断疾病近 70 万例。

2. 具备信息互动功能。水产技术人员都可通过“全国远诊网”系统的网络互动平台，进行相互之间的在线互动交流，离线留言，以及发起区域间的网络会议；全国的专家也能不受时间、空间的限制，与基层渔民进行实时音视频互动，提供及时的技术服务。

3. 具备数据存储的稳定性和随时调用的灵活性。“全国远诊网”系统可对诊疗记录进行自动分析，为疫病监测提供数据补充；建有鱼病医院远程终端 2000 多个，试点配发 IC 卡 5000 多张，每个客户终端可对辖区内所有养殖塘口的水生动物的发病情况、用药情况进行存档，实现了防病治病用药情况监控和追溯；建立健全所有塘口的电子病历，做到有据可查，并在将来的诊疗过程中起到指导作用；上级行政单位及会诊中心，可以对本行政区域内所有诊疗点即客户端的电子病历库，进行实时网络监控，对辖区内所有诊疗点的病历信息进行自动汇总，并加以分析统计，为有效监控疫情变化、用药安全以及出台应急政策提供保障[138]。

四、基于专家系统的疾病诊断

专家系统作为信息技术的分支，在农业系统中已得到了广泛应用，如花卉病害诊断专家系统、水稻病虫害诊断专家系统、果树病害诊断专家系统、蔬菜作物病害诊断专家系统等。而水产养殖业作为农业的重要组成部分，对于信息技术的应用虽然起步较晚但发展迅速，如海参养殖专家系统、对虾病害诊断专家系统等。随着高密度、工厂化、集约化水产养殖模式的建立与推广，水产养殖病害问题日趋严重，因此，建立基于互联网的多种水产养殖病害专家系统具有重要意义。设计并实现了基于 WEB 的水产养殖病害诊断专家系统，旨在为水产养殖中的病害问题提供快速诊断和解决方案[139]。

（一）系统设计

1. 系统功能模块

水产养殖病害诊断专家系统包括4个模块：专家诊断模块、查询模块、浏览模块、专家在线更新模块。其中：专家诊断模块是系统的主体，可通过启发式输入，把信息汇总到服务器，服务器对信息进行处理并最后返回给用户诊断结果；查询模块提供站内文档主题的模糊检索功能；浏览模块可以浏览水产养殖病害的图片、视频，以及常见药物的使用方法等详细信息；专家在线更新模块是一个知识库维护模块，可由授权专家进行数据库的在线自动更新、删除、修改、查看用户留言和文件上传等操作，通过此模块可实现专家系统知识的不断积累[140]。

2. 数据库的设计

系统的知识库由4个主要数据库组成，分别为病症库、关键词库、权重值矩阵库和参数矩阵库。病症库是用来存储疾病的详细信息，包括名称、水产品种类、病原、症状和治疗方法。

关键词库是用来存放疾病症状的关键词。专家在更新或者插入病症的时候会标记出每条疾病症状的关键词，系统根据标记可自动更新或者增加关键词库。每条疾病会对应关键词库中的所有关键词，当关键词并不存在于疾病症状中时，权值默认为0，故病症和关键词是一对多的关系。

权重值矩阵库是用来存放不同疾病对应的不同关键词的权重值。权重值矩阵库的结构为disid（主键，对应病症库ID），wordid（主键，对应关键词库ID），weight（当前疾病词汇所对应的权重值）。因为疾病和关键词为1对多的关系，所以disid、wordid作为共同主键的同时，又分别与病症库的病症ID、关键词库的关键词ID构成外键关联。

病症库、关键词库、权重值矩阵库3个库形成一个关联，病症库中每一条疾病的症状都会对应关键词库中的所有关键词，而每个关键词均会对应一个权重值，由此形成一个列数为3（第一列对应疾病，第二列对应关键词，

第三列对应权重值），行数为疾病数×关键词数的矩阵，根据不同的疾病所构成的关键词矩阵可以对不同的疾病进行标识和区分。

参数矩阵库是用来为计算权重值提供参数数据支持。参数矩阵库也以病症 ID 和关键词 ID 为共同主键，并分别与疾病库 ID、关键词库 ID 形成外键关联，在计算权重值时需要用到一个参数，即每个关键词在不同的文章中出现的次数，将此参数储存在这里，计算时方便调取。

（二）专家知识的获取与表示

1. 知识的获取

知识获取就是把问题求解的专门知识从专家头脑中和其他知识源中提炼出来，并按照一种合适的知识表示方法将其转移到计算机中。本系统通过人工和自动两种方式获取知识：一种是与领域专家进行合作，通过网络、期刊和专业书籍获得初步的水产养殖病害诊疗知识，在对知识归纳、整理后初步建立知识库；另一种是通过在线开放的形式获取知识，授权专家登录网站，通过输入病害知识和关键词进行知识库的在线自动更新，通过这种方式对专家系统提供丰富的知识库支持。

因为本系统基于开放网络，用户可以通过网络随时提出各种关于水产疾病的问题，或者上传与疾病相关的文件。授权专家会定期登录系统在线更新模块，一方面，可以查看用户留言以及上传的文件，通过审批将有价值的内容增加到数据库中，同时在公告栏对用户的问题进行回答；另一方面，专家可以通过使用系统的在线更新模块，对病症库、关键词库，以及各种知识文档、图片、视频进行添加。目前，通过这种方式已将 100 篇用于测试疾病的数据信息插入到病症库中。

2. 知识的表示

知识表示是为描述世界所做的一组约定，是知识的符号化、形式化、模型化。系统首先对输入症状进行分词比对，然后计算词的权重，再通过相似度比对得出诊断结果。

3. 系统功能的实现

专家诊断功能：使用启发式的病症输入，加入分好类的常见症状描述集合，用户可以通过复选框选择词汇和文本框输入病症进行共同描述症状，提升诊断的准确性。当用户提交后，服务器会对接收到的症状进行分词。

查询模块及病害浏览模块功能：浏览模块包括疾病图库、视频展示、综合预防、常用药物、疾病防治 5 个部分。通过数据库的模糊查询实现查询功能，通过点击主界面的疾病图库可进行常见病害的图谱浏览。

专家在线更新模块功能的实现：由于每更新一篇病症，参数矩阵和权重值矩阵都会发生变化，因此，系统采用清空原有参数矩阵库和权重矩阵库的方式，面向更新后的病症库和关键词库，重新生成矩阵内容。

为降低两个矩阵库的更新时间和提升系统实用性，使用了动态规划的思想，其原理是将问题分成几个相应的子问题，分阶段分别进行处理，有些子问题会重复出现，将重复出现的子问题的计算和处理结果储存起来，在需要时可直接调用，虽然储存会占据一些内存空间，却可以大幅度提高解决问题的时间，避免重复计算。

以分词算法、TFIDF 算法、余弦相似度模型为核心，通过深入研究水产养殖病害相关知识，并运用动态规划的编程思想，设计并实现了具有专家诊断功能、信息浏览功能、用户查询功能和数据库自动更新功能的水产养殖病害诊断专家系统。

通过分词算法可以将用户输入的信息进行处理，转换为系统可识别的信息；通过 TFIDF 算法计算关键词的权重，用权重值构成的向量可以将病症库中的病症描述以及用户输入的病症描述进行分别的标记；通过余弦相似度模型可将权重值构成的向量进行相似度的匹配，最后得出诊断结果；通过开放式的、可由专家在线更新的知识库，可以让专家系统获取源源不断的知识支持。经实验验证，该系统已达到设计目标和使用要求，可用于水产养殖生产中病害的快速诊断与防治。

第五节　水产养殖管理专家系统

一、专家系统简介

专家系统是应用人工智能技术，根据一个或多个专家提供的在特殊领域内用以分析和解决问题的知识、经验和方法，总结并形成规则，用软件的方式予以实现，然后存贮起来。这样计算机就能利用这个软件，通过系统与用户交互对话的方式，根据用户回答程序的询问所提供的数据、信息或事实，运用系统存贮的专家知识和经验，进行推理判断，模拟人类专家解决问题形成决策的过程，最后得出结论，给出建议，同时给出该结论的可信度，以供用户决策参考[141]。它可以解决那些需要专家才能解决的复杂问题，提出专家水平的解决方案或决策，从而大大提高各类事物的管理和决策水平，向着人类期望的高水平的系统目标迈进。中国水产领域专家系统起步于20世纪90年代初，在水产养殖、疾病诊断、渔业资源评估等方面研发了一些专家系统，如网络化淡水虾养殖专家系统，鲟鱼养殖专家系统，鱼病诊断与防治专家系统，渔业资源评估专家系统，在系统的功能，交互性，可操作性等方面取得了一些进展[142]。

二、专家系统设计

（一）系统结构

水产养殖专家系统主要有知识库、数据库管理系统、解释器、推理机、人机交换界面组成。

（二）系统功能模块

水产养殖专家系统主要分为水质环境监控模块、养殖生产管理模块、专家知识查询模块、经济分析模块、系统设置模块和在线帮助模块。

水质环境监控模块：水质环境监控模块由支持RS-485协议的传感器、控制器、关系型数据库管理系统、系统主控程序，以及连接这些设备的集线器和通信转换器组成。RS-485通信协议允许多个发送器和接收器连接到同一条总线上，且可以进行双向通信。RS-485接口具有良好的抗噪声干扰性，长的传输距离和多站能力等优点。系统通过传感设备能够实时收集养殖环境水质数据，包括水温、pH、溶解氧、氨氮、水位等指标，并能够自动控制渔用设备，包括增氧机、投饵机、水泵等。用户可以根据不同厂商设备的性能价格选择传感设备和控制设备，通过设备接口驱动和数据库管理系统完成这些设备与系统主控程序之间的数据采集、传送、处理及存储工作。

养殖生产管理模块：水产养殖生产流程一般分为养前准备、生长期管理和收获期管理。养前准备包括养殖场地的选择、养殖池的配套建设、养殖池的清塘消毒、生物饵料培养；生长期管理包括鱼苗的选择与放养、水质管理及调控、饲料投喂、巡塘检查与管理、病害防治；收获期管理包括捕捞和运输。

专家知识查询模块：系统专家知识涵盖的知识面较广，包含有生物学基础、基础设施、养成设施、育苗设施、产前管理、投饵管理、水质管理、施肥管理、营养饲料、病害防治、苗种运输、加工运输、育种技术、放养技术、养成技术、收获技术等，系统提供特定品种的专家知识查询。

经济分析模块：养殖户可以根据养殖面积、养殖品种、养殖规格、养殖密度等因素，对养殖生产的成本、养殖产量等进行分析预测。

系统配置模块：系统配置模块主要包括系统通信端口配置、数据库管理系统配置和设备配置。通信端口配置包括端口、波特率、数据位、校验位、停止位、流控制等信息的配置；设备配置主要配置采样设备和控制设备的信

息，包括采样地址、采样指标、采样值、采样周期、保存周期、控制方式、阈值范围、控制误差等信息。

在线帮助模块：在线帮助模块是对整个系统的使用帮助，有助于使用者尽快掌握软件的使用方法，解决系统使用中出现的疑难问题。

（三）系统实现

此系统采用可视化软件开发工具 Visual C++；动态链接库、ADO 及 ODBC 等多种数据库访问技术；LP、NLP、GM、ANN 等多种模型方法初步实现了系统功能，系统提供了特定品种养殖全过程专家知识库，用户只要给出十分简单的问题，就可以找到所需要的问题答案。

系统监控设备包括采样设备和控制设备，采样设备通常是监测设备（传感器）或第三方监测系统，控制设备可以是具有控制诸如增氧机、投饵机、水泵等功能的下位机，通常具有继电功能。

一般情况下，控制器工作的启动方式有自动和人工两种工作方式，在自动方式下，采样设备（下位机传感器）按采样周期间隔读取数据，将读取数据进行智能化计算处理，并在阈值范围内显示自动处理结果，系统按照处理结果自动给控制设备发送控制命令。而在人工工作方式下，系统则按照人工设定的阈值范围进行报警处理。如果控制设备是下位机，则控制状态是设置报警上下限值或是控制继电器断开或连通设置状态；如果控制设备是数据库管理系统，则控制状态实际上是对数据库访问操作的工作状态。

三、专家系统在水产中的应用

（一）在水产动物疾病诊断方面的应用

水产动物疾病诊断专家系统的理论研究主要集中知识库表示和概念模型的构建，把鱼病诊断知识分为事实性知识、经验性知识和决策性知识。并建立概念化体系，为鱼病诊断专家系统开发提供知识表示和推理的理论基础。疾病诊断专家系统多通过与用户交互的方式工作，即用户回答系统提出的问题。系统根据问题答案查询知识库及匹配的规则，根据规则逐步推导，得出答案。

在实际中得到应用的鱼病诊断系统已有很多。如养殖鱼类暴发性死亡诊断的专家系统，对环境因子恶化等原因造成的鱼类暴发性死亡，能非常准确的分析其原因，并提出较为完善的处理措施或建议，但对病理性原因造成的死亡诊断结果却比较粗糙。加拉茨大学开发的鱼病诊断系统，能够对 78 种常见的海淡水鱼类疾病进行诊断，中国农业大学农业工程研究院开发的鱼病诊断专家系统，通过现场调查、目检、深层判断、镜检等模块逐步列出鱼病症状，解释机制模块给出诊断过程及诊断结果。

（二）在水产养殖管理方面的应用

网络化淡水虾养殖专家系统、网络化河蟹养殖专家系统、鲟鱼养殖专家系统旧、河蟹养殖专家决策系统等养殖专家系统，这些养殖专家系统能够处理多种类型的问题。从产前预测、养殖场所的修整建议、放养时间确立到生长期、收获期的管理，同时还能够对病害和饲料方面的问题给予建议。可见，水产养殖方面的专家系统已经向全面和多样化的方向发展，在实际中给予用户更多的帮助。

（三）在水产养殖营养学方面的应用

针对鱼类不同生长阶段、生长状态及周围环境，通过建立一个鱼类营养的动力学模型。给出一个准最优饲养方案。然后进行智能化饲料配方设计及营养疾病诊断。达到减少饲料投资、改善水质环境、提高收益及水产品质量的目的。

（四）在渔业资源评估方面的应用

国内开发了渔业资源评估专家系统。并使用专家系统对东海鲐产量进行

了预测。实际的应用和对过去年产量的回顾预测都表明，该专家系统具一定的实用性，其预测产量与实际产量比较接近，平均预测精度为87.8%。预测结果可供渔业生产和管理部门参考。国外也有运用模糊专家系统对鲱科鱼类的种群结构及分布进行预测的成功实例。

（五）在水产品运输中的应用

针对目前我国生鲜鱼品连续化冷藏链流通程度高，不能形成连续不断的冷藏链的情况，提出养殖鱼冷却链质量流通管理计算机专家系统的方案例，估算鲜鱼流通中的用冰量及鱼品的鲜度。

（六）综合性水产专家系统

智能化水产养殖业系统集中了水产养殖、网上专家、信息咨询、渔业环保、市场商情、观赏鱼、会员注册和相关站点8个模块。不仅为用户群体在水产养殖中可能遇到的各种问题提供了信息。而且会员注册的模式对平台的推广及发展非常有益。保证了信息反馈及平台的可持续性。

四、基于BP神经网络的水产养殖专家系统

专家系统的特点在于知识的逻辑推理，神经网络的特色在于知识获取，将二者结合起来，使得整个神经网络成为专家系统的知识库，产生更智能化的专家系统。本系统把历史数据、规则、函数、国家相关标准以及专家经验转化为可量化定义的样本数据和经验数据，通过神经网络训练、建立模型、进行预测、再经过系统中的解释系统，对预测结果进行分析，达到对养殖全过程进行智能化指导的目的。基于BP神经网络的水产专家系统包括水质评价子系统、水色判别子系统和智能管理子系统。

（一）水质评价子系统

水质评价子系统选取常规重要的量化指标，如DO、pH、三态氮、磷、

水色、饲料投喂技术、浮游植物等，建立水体环境质量评价量化模型，实现池塘水质智能化识别。同时根据环境因子与养殖生物健康状况量化规则，进行产量、疾病早期预警；根据池塘水环境与人工措施关系量化规则，进行水质调节、环保处理等。本子系统分为单因子和多因子二大类，采用 BP 神经网络进行水质预测。

（二）水色判别子系统

水色判别子系统是根据从池塘中取出的水，在相同条件下拍摄的照片，进行图像预处理，水色信息数字化提取，实现将图像文件转化为数据矩阵，再使用颜色中心矩提取图像颜色特征，获取特征值后，以此作为样本数据，训练神经网络，对不同图片对象进行分类。根据水色色度快速判别水质状况，最后结合浮游植物信息，给出水质调节建议。

（三）智能管理子系统

智能管理子系统主要根据预测结果，实现 DO 调节控制、氮磷控制、pH 调控，以及饲料精准投喂和疾病早期预警。饲料精准投喂是指制定投喂规则，并根据水质状况给出合理建议，疾病早期预警是指水质与养殖生物健康状况定量关系等。

在本系统中，专家样本数据、预测数据、各类神经网络模型和智能管理系统中的决策方案，均保存在数据库中。

第六章　无人农场人工智能技术

第一节　无人农场人工智能技术

一、概述

我国是农业大国，农业发展是重中之重，农场经历了传统农场，机械化农场，自动化农场三个阶段，现如今随着科技的发展，迎来了第四个阶段——无人农场。无人农场是传统农场与现代化人工智能技术结合的产物，无人农场将是未来农业发展新模式。

2017 年以来，英国、日本、挪威、美国等国家先后构建了无人大田、无人温室、无人渔场等一批试验性的无人农场，相比之下我国无人农场的运行较慢，但我国福建、江苏、山东等地也已经开展了大量无人农场的试验应用。结合现在国内外各类有关农场的研究探索，可以将无人农场定义为运用新一代高新信息技术，通过对设施、装备、机械等的智能控制，实现农场全空间、全天候、全过程无人化生产作业的一种农业生产组织模式。2019 年，我国农业机械化率达到了 70%，基本实现了农业机械化，特别是多数农场的装备化水平越来越高。物联网、大数据、云计算和人工智能等新一代信息技术不断向农业装备领域渗透，以自动化装备提升传统产业成为当下农业发展热点，技术红利正在取代人口红利[143]。人工智能是研究、开发用于模拟、延伸和扩展人的智能理论、方法、技术及应用系统的一门学科。人工智能是计算机科学中的一个分支，它试图了解智能的实质，并生产出一种新的能以与人类的反应相似，并能做出相似处理方式的智能机器，该领域研究包括机器人、语言识别、图像识别、自然语言处理和专家系统等。人工智能从诞生以来，理论和技术日益成熟，应用领域也不断扩大，农业是其重要的应用领域之一[144]。

我国目前的农业现状为耕地面积逐年下降，过度开发与利用导致我国农业资源利用率下降，出现了土地荒漠化现象，农业生产环境恶化。面对现如今的农业现状，需科学利用农业资源，与人工智能技术相结合，为此，无人农场应运而生。随着科技的快速发展，农业的现代化发展离不开以人工智能为主要的高科技信息技术的支持，人工智能技术应用于农业生产过程中的每个阶段，人工智能运用独特的技术方法大幅度提升了农业生产技术水平，实现了对农业智能化的动态管理，减轻了农业工作者的劳动强度，有巨大的应用潜能。将人工智能技术应用于农业生产过程中，已经取得了良好的应用成效。

二、无人农场类型

目前无人农场有五大类型包括无人大田、无人果园、无人温室、无人牧场、无人渔场。每个不同的农场类型中的不同生产环节都与人工智能技术有不同程度的结合应用。如表 6-1 所示。

表 6–1　无人农场类型

类型	生产过程	产后环节
无人大田	耕地、播种、施肥、灌溉、除草、除虫、生长信息检测、病虫害检测	收割、运输、农作物脱粒、生产资料存储
无人温室	灌溉、施肥、剪枝、喷药、环境控制	采摘、运输、分类、分拣、自动包装
无人果园	除草、套袋、灌溉、剪枝、施肥、施药、长势信息监测、虫情灾情监测	采摘、运输、分类、分拣、自动包装
无人牧场	育种、繁育、饲喂、挤奶、拣蛋、环境调控、疾病防疫、粪便清理	称量、屠宰、自动包装、无人运输
无人渔场	增氧、水处理、饲喂、巡检、养殖对象生产检测、死鱼捡拾、网衣清洗	捕捞、计数、分拣、分类、无人运输

三、无人农场系统

无人农场系统包含以下四个系统：

（一）基础设施系统

无人农场基础设施系统通常包括厂房、道路、水、电、仓库、车库、通信节点和传感器安装节点等基础条件，是无人农场的基础物理构架，为农场无人化作业提供了工作环境保障。基础设施系统为无人农场作业装备系统、测控系统和管控云平台系统提供了基础工作条件和环境，是整个无人农场运行的基础。由于不同地区的地域环境不同，农业场景也大不相同，无人农场的基础设施系统也不相同存在较大差异，但基础前提都是相同的，都是为机器换人提供必要条件。加强农场基础设施建设，推进水林路电房综合配套，提高无人农场的运行规模和综合生产力水平，可以为无人农场的持续稳定运行创造基础条件。

（二）作业装备系统

作业装备系统是无人农场生产和管理过程中使用的设备和装置的统称，根据作业任务的不同特点分为固定装备和移动装备，是无人农场的核心组成部分。固定装备即不需移动就可完成无人农场的自主作业任务的设备，主要包括无人牧场的饲喂设备、奶牛挤奶设备、智能穿戴设备和鸡蛋分拣设备等，还有无人渔场的投饵、增氧、计数和循环水处理设备，无人温室的水肥一体化设备、湿帘风机、环境调控等设备。此外，固定装备还可分为农产品分拣装备和包装装备等。固定装备具有单独可调控能力，可以与其他设备和移动装备结合，在自身不移动的条件下进行系统的作业控制。移动装备系统与固定装备不同的是移动装备指的是在移动过程中完成农场作业任务的设备，如大田农场中耕播种机械、植保机械、收获机械等。作业装备系统为整个无人农场的运行提供动力。

（三）测控系统

测控系统是指无人农场信息的智能感知系统和装置、设备的智能控制系统，是无人农场关键信息的数据来源，测控系统主要是对无人农场进行监控，主要由“测”和“控”两部分组成。测控系统主要是通过各种传感器、空间信息设备、摄像装置、定位导航装置和无线传输模块等快速获取农场各类环境信息、种植对象的生长状态、各类装备的运行状态，来保障农场中各种信息的实时监测和通信，从而进行装备端的精准作业控制。测控系统是农场的感官系统，类似于人的五官，吸收外界信息要素，为无人农场提供了关键信息支撑，如畜禽养殖场的畜禽健康状况、喂养情况、位置信息及发情预测等，大田的气候气象、农作物面积、密度、土壤及病虫害等数据，智能装备运行状态数据、故障诊断以及健康管理等信息。测控系统为无人农场建立了数据平台，提供了各种数据，保障了无人农场的正常平稳运行。

（四）管理云台系统

无人农场具有大量的信息资源，且在不同的场景中作业任务不同且复杂多变，因此无人农场需要对各类数据进行智能存储、识别、学习，并完成知识的推理以及机器的智能决策。无人农场云平台系统就是能够进行无人农场各种信息和数据的存储、学习，对数据进行处理、推理、决策的云端计算系统，也可对有效信息进行挖掘和下达各种作业指令、命令，并建立可视化模型，是无人农场的神经中枢，类似于人类的大脑，控制着无人农场的各个生产环节，确保各系统的正常运行。无人农场海量数据的存储、处理和大量计算都在网络端进行，并通过云平台进行可视化展示，使人们能够清楚地了解到无人农场的运行情况和农作物的生长状态。此外，云平台系统还具有用户管理和安全管理等基础功能。整个管控云平台系统不需人的干预独立完成各项任务，实现了农场无人管理和决策，使农场真正地做到了无人化[145]。

四、无人农场人工智能技术

无人农场的本质是实现机器代替人完成一系列农业生产活动，因此机器必须具有与生产者相同的判断力、决策力和操作技能，能够代替生产者完成农业生产过程中的各个环节。人工智能技术的支撑给无人农场装上了“智能大脑”，让无人农场具备了“思考能力”。一方面人工智能技术给农场装备端以识别、学习、导航和作业的能力。人工智能技术首先体现在装备端的智能感知技术，包括农业动植物生长环境、生长状态和装备本身工作状态的智能识别技术；其次是装备端的智能学习与推理技术，实现对农场各种作业的历史数据、经验与知识的学习，基于案例、规则与知识的推理，机器智能决策与精准作业控制；另一方面人工智能技术为农场云管控平台提供基于大数据的搜索、学习、挖掘、推理与决策技术[146]。

无人农场是一个复杂的系统工程，是新一代信息技术不断发展的产物。无人农场通过对农业生产资源、环境、种养对象、装备等各要素的数据化、在线化监测，实现了对种植养殖对象的精准化管理、生产作业过程的智能化和无人化，使农业生产过程更便捷。在无人农场中人工智能技术、物联网技术、大数据技术和智能装备与机器人技术等 4 大技术起关键作用。

物联网技术可以确保动植物在最佳的环境下生长，可以动态感知动植物的生长状态，为生长调控提供关键参数，可以为装备的导航、作业的技术参数获取提供可靠保证，确保装备间的实时通信。大数据技术提供农场多源异构数据的处理技术，通过处理方法多种，能在众多数据中进行挖掘分析和知识发现，形成有规律性的农场管理知识库，能对各类数据进行有效的存储，形成历史数据，以备农场管控时进行学习与调用，能与云计算技术和边缘计算技术结合，形成高效的计算能力，确保农场正常作业，特别是机具作业的迅速反应。随着技术的不断进步、完善与成熟，机器换人不断成为可能，无人农场未来可期。

五、农业人工智能的主要技术

农业人工智能是多种信息技术的集成及其在农业领域的交叉应用，其技术范畴涵盖了智能感知、物联网、智能装备、专家系统、农业认知计算等。

（一）智能感知技术

智能感知技术是农业人工智能的基础，其技术领域涵盖了传感器、数据分析与建模、图谱技术和遥感技术等。传感器赋予机器感受万物的功能，是农业人工智能发展的一项关键技术。多种传感器组合在一起，使得农情感知的信息种类更加多元化，对于智慧农业至关重要。得益于三大传感器技术（传感器结构设计、传感器制造技术、信号处理技术）的发展，当前在农业中使用较多的有温湿度传感器、光照度传感器、气体传感器、图像传感器、光谱传感器等，检测农作物营养元素、病虫害的生物传感器较少。通过图像传感器获取动植物的信息，是目前农业人工智能广泛使用的感知方式。新兴纳米传感器、生物芯片传感器等在农业上的应用，目前大多还处于研究阶段。

深度学习算法是图像的农情分析与建模的利器。深度学习无需人工对图像中的农情信息进行提取与分类，但其有效性依赖于海量的数据库。农业相关信息的数据缺乏，是深度学习在农业领域发展的主要瓶颈。

（二）农业物联网技术

农业物联网可以实时获取目标作物或农业装置设备的状态，监控作业过程，实现设备间、设备与人的泛在连接，做到对网络上各个终端、节点的智能化感知、识别和精准管理。农业物联网将成为全球农业大数据共享的神经脉络，是智能化的关键一环。

对于农业应用领域，智能感知与精准作业一体化的系统尤其需要边缘智能，无人机精准施药是边缘人工智能的最佳应用场景。物联网设备类型复杂多样、数量庞大且分布广泛，由此带来网络速度、计算存储、运维管理等诸

多挑战。云计算在物联网领域并非万能，但边缘计算可以拓展云边界，云端又具备边缘节点所没有的计算能力，两者可形成天然的互补关系。将云计算、大数据、人工智能的优势拓展到更靠近端侧的边缘节点，打造云—边—端一体化的协同体系，实现边缘计算和云计算融合才能更好解决物联网的实际问题。

多个功能节点之间通过无线通信形成一个连接的网络，即无线传感器网络（Wireless Sensor Network，WSN）。无线传感器网络主要包括传感器节点和 Sink 节点。采用 WSN 建设农业监测系统，全面获取风、光、水、电、热和农药喷施等数据，实现实时监测与调控，可有效提高农业集约化生产程度和生产种植的科学性，为作物产量提高与品质提升带来极大的帮助。

（三）智能装备系统

智能装备系统是先进制造技术、信息技术和智能技术的集成和深度融合。针对农业应用需求，融入智能感知和决策算法，结合智能制造技术等，诞生出如农业无人机、农业无人车、智能收割机、智能播种机和采摘机器人等智能装备。无人机融合 AI 技术，能有效解决大面积农田或果园的农情感知及植保作业等问题。从植保到测绘，农业无人机的应用场景正在不断延伸。无人车利用了包括雷达、激光、超声波、GPS、里程计、计算机视觉等多种技术来感知周边环境，通过先进的计算和控制系统，来识别障碍物和各种标识牌，规划合适的路径来控制车辆行驶，在精准植保、农资运输、自动巡田、防疫消杀等领域有广阔的发展空间。农业机器人可应用于果园采摘、植保作业、巡查、信息采集、移栽嫁接等方面，越来越多的公司和机构加入采摘机器人的研发中，但离采摘机器人大规模地投入使用尚存在一定距离。

（四）专家系统

专家系统是一个智能计算机程序系统，其内部集成了某个领域专家水平的知识与经验，能够以专家角度来处理完善该领域问题。在农业领域，许多问题的解决需要相当的经验积累与研究基础。农业专家系统利用大数据技术将相关数据资料集成数据库，通过机器学习建立数学模型，从而进行启发式推理，能有效地解决农户所遇到的问题，科学指导种植。农业知识图谱、专家问答系统可将农业数据转换成农业知识，解决实际生产中出现的问题。

农业生产涉及的因素复杂，因地域、季节、种植作物的不同需要差异对待，还与生产环境、作业方式和工作量等息息相关。目前人工智能在农业上的应用缺乏有关联性的深度分析，多数只停留在农情数据的获取与表层解析，缺乏农业生产规律的挖掘，研究与实际应用有出入，对农户的帮助甚微。农业知识图谱可以将多源异构信息连接在一起，构成复杂的关系网络，提供多维度分析问题的能力，是挖掘农业潜在价值的智能系统[147]。

第二节　农业 3S 技术

3S 技术主要是指：全球定位系统（Global Positioning System，GPS）、地理信息系统（Geographic Information System，GIS）、遥感技术（Remote Sensing，RS）技术的结合。对于现在面临的农业生产问题，与 3S 技术的结合能使无人农场得到更好的发展。3S 技术在农业领域的应用最早出现在精细农业中，现代农业趋于智能化与精准化，精准农业是通过 3S 技术与自动化技术的综合应用，所以 3S 技术在智慧农业中有显著地位。3S 技术是农业资源、装备、生产过程、农产品质量监测过程中必不可少重要技术手段。GPS 技术是智慧农业的信息来源之一，而 GIS 和 RS 技术是智慧农业中基础农业信息处理技术的一部分。目前国内农业信息化技术的发展呈点状发展，并没有大规模推展，在一些项目的支持下，有部分的农场、园区实现了部分农业信息化系统结合了 3S 技术。3S 技术的推广应用，智慧农业相关系统的实施，提升了我国农业信息化、规模化和智能化的水平，保障了我国农产品

供给，保障了粮食安全，创造了巨大的社会经济效益。

一、3S 技术概括

（一）地理信息系统 GIS

地理信息系统 GIS 是一个较为新兴的主要学科，该学科将计算机科学与地理学知识内容进行结合。经过综合使用计算机技术对空间进行严格管理，对数据信息的整体进行布局。此外，对空间的实际操作流程进行动态化的探索分析为数据信息与规划设计的内容进行整理对以往的农业产量以及最终，获取粮食的数量进行信息、图画形式的分析与管理。并通过图表明确农业生产与产量之间存在的差异。并对较低位置区域进行重点关注，对农业产量图以及土层因素进行对比探索。

（二）全球定位系统 GPS

全球定位系统 GPS 主要分为三个部分。分别是地面控制部分、空间结构部分以及用户装置部分。这三种部分都需要使用 GPS 技术的全球性特征，能够全天进行无间段的定位导航服务，导航的精密程度较强。此外，GPS 系统还具有较强的抗干扰能力。自身所具备的保密性能也较为完善。如果想要增强 GPS 系统的精准度，则需要使用 DJPS 技术。DJPS 技术是 GPS 技术的优化升级版本，且技术的定位功能更加准确，能够按照系统后台所设定的终极目标，选择最合适的路线。（加之，近年来我国北斗系统趋于完善，能够捕获全球定位，已能够与 GPS 系统相媲美，也为智能农业的发展提供了很大帮助）

（三）遥感技术 RS

遥感系统能够在空间平台的支持下对检测仪器做出感应。遥感系统主要分为四个方面，分别是信息源、信息处理、获取信息处理以及信息应用。其中信息源可以借助遥感技术的优势对目标物体进行深入探析。而信息获取可以通过遥感技术对监测目标所反馈的相关信息进行系统化整理。数据信息的有效获取，通过观测平台或是遥感设备就能掌握。简单来讲，遥感系统就是信息数据的传输媒介，能够将不同形式的数据信息传输到遥感系统中，实现对目标物体进行高效设置。从本质上来讲，遥感系统技术能够探测与监管相关实践的全部过程，保证其稳定运行[148]。

二、3S 技术分别在精准农业中的应用

（一）GIS 技术的应用

GIS 技术在农业资源信息管理方面发挥着重要的作用，能将人们从事农业生产或相关农业经济活动所利用的各种资源都紧密联系并使各自都能发挥出最大作用。GIS 技术在农业灾害防治中也发挥了作用，GIS 技术可对灾害区的孕灾条件信息量化，可以进行灾情预警、灾害程度与损失状况评估等应用，也可及时减少人民财产损失。GIS 技术在病虫灾害主要作用包括探寻分析病虫成因与规律、评估灾害发生时的因素、预测灾害演变趋势，从而建立农业自然灾害科学数据库和农业自然灾害信息系统。我国已成功将 GIS 应用到了棉蚜虫、松毛虫等害虫防治工作上。

（二）GPS 技术的应用

GPS 技术在智能农业机械作业中的应用是可根据管理信息系统发出的指令，对智能化农业进行动态定位，实现田间耕作、施肥、灌溉、喷药等精确操作。在农田信息采集中，GPS 技术的准确定位功能为农业技术人员统计各个地理位置的农作物状态，提供了便捷。近些年已有不少学者针对农作物生长状况进行数据采集研究，对提高农作物产量，降低劳动力成本具有重要意义。

（三）RS技术的应用

RS 技术在作物长势监测与作物估产中发挥作用，农作物在不同的生长发育时期，其外部形态和内部结构都具有一定的周期性和差别性变化，并且对于不同的作物，发育期和长势也不尽相同，不同农作物、不同时期的光谱反射率也不同。目前作物长势监测最常见的就是运用 NDVI、新发展的 EVI 指数等来估算生物量、作物产量等反映作物生长特征因子的直接观测法。与此同时，同期对比法即利用 NDVI 值的时序变化来反映年间作物生长状况的差异也是重要运用。RS 技术在农业灾害中的应用即在干旱监测中，针对遥感数据不同波段构建土壤水分指数运用广泛。在农作物的病虫灾害遥感监测中，不同类型的遥感数据成为了开展病害敏感指数的比较研究，构建病害敏感指数的关键。RS 技术在精准化施肥与灌溉的应用可以帮助农业技术人员精准施肥、灌溉，获取最大收益。

三、3S技术在农业方面的应用

（一）3S技术在精细农业中的应用

精细农业改变了传统粗放的农业耕作模式，将各种高科技、专业知识应用到农业生产中，实现对农业生产从耕作、生长到产量全过程的监测与管理。例如将 3S 技术、地理学、土壤学、气候学、计算机网络通讯等技术和知识应用到农业生产中，可以实现对田间病虫害、土壤、生长发育状况、肥力等的监测，通过对监测数据进行分析，能够制定科学合理的整治计划。3S 技术在精细农业中扮演着重要角色。遥感技术是实时获取监测数据的重要技术手段，通过对农作物的长势、病虫害以及田间肥力状况的实时遥感影像进行解译分析，可以辅助管理者决策。地理信息系统技术可以对已有的播种、土壤以及最新获取的作物长势、病虫害等监测数据进行相关分析，得出农田间的空间差异性与关联性，为及时调控提供科学依据。全球定位技术在农业机械化耕种上具有很高的应用价值，利用全球定位系统可以实现精准耕作、精准喷洒农药、精准施肥、精准除草等机械化作业。

（二）3S 技术在农业保险中的应用

农业受自然灾害影响显著，收益低，因此，农民们越来越重视农业保险。农业保险能够降低农业生产受到灾害影响后的成本损失，保障农民生活，在一定程度上也保障了社会的稳定。农业保险公司在为受灾农民进行理赔时，需要精准快速地为农作物进行估产，计算理赔金额，而 3S 技术在为保险公司对农作物进行估产方面展现出强大的优势，能够快速准确预测产量，保障了保险公司理赔的速度，使农民的损失得到及时补救。将遥感技术强大的数据获取能力、地理信息技术高效的整合输出能力和全球定位系统实时的导航定位能力集成应用到农业保险中，能够极大地提升农业保险的经济效益和行业竞争力。

（三）3S 技术在耕地保护中的应用

耕地保护对于保障农业生产具有重要意义。进行农村耕地保护调查，查清土地利用状况，掌握城乡土地利用潜力和未利用土地状况，是统筹城乡用地、促进土地节约集约用地的基础。传统的土地资源调查方式用时长、实时性差，而 3S 技术能够弥补这些缺陷。通过遥感影像能够实时了解土地利用现状，通过对遥感影像的解译能够为 GIS 的分析提供基础数据，GIS 利用这些数据可以直观显示监测数据，完成数据管理，并且可以分析预测耕地变化的趋势以及变化的驱动因素等，为未来耕地保护的管理提供决策依据[149]。

四、3S 技术在农业应用上的不足

3S 技术应用在农业领域已经较为成熟，存在很多典型的应用案例，并且针对不同的方面也开发出了一些农业管理监测系统，但 3S 技术在农业领域应用的广度和深度还存在不足。（1）受农业经营体制的影响，大规模农业

生产较少，农业生产主要是家庭联产承包责任制，小规模的农业生产活动还不能实现利用3S技术对农业生产活动进行高效管理，大规模的农业生产更有利于3S技术的应用。（2）3S技术应用在农业领域一体化集成程度不高，使用过程中大部分停留在功能互补方面，遥感技术主要作为GIS的数据源，GIS技术主要应用在数据的可视化和分析方面，GPS技术主要应用在定位测量等方面，三种技术多以单独的应用形式使用。（3）专业人才的缺乏也是制约3S技术在农业领域应用的主要因素，地理信息系统技术、遥感技术以及全球定位系统都是高科技手段，需要专业人才进行操作，目前我国从事农业生产的相关人员大部分还不具备这样的能力，3S技术的使用者主要是专业技术人员、专家，一些农业科技工作者由于文化水平的限制，使用程度也不高，所以一定程度上制约了3S技术在农业领域应用的广度。（4）3S技术与农业机械的集成程度不高。我国农业生产目前已经进入机械化阶段，农业生产活动大部分都由机械完成，如果能将3S技术与农业机械进行有机结合，实现农作物种植、生长、产量等数据的实时更新，将会大大提高农业生产效率。

五、促进3S技术在农业方面应用的对策

（一）加强农业规模化经营

受家庭联产承包责任制制约，目前我国的农业生产大多是每家每户“各自为政”，难以形成大规模生产，先进的大型农业机械设施难以推广，不利于3S技术对农业生产的有效管理。这就需要加快农业生产转型升级，推进农村土地流转，放大生产单位，实现农业规模化、集约化、高效化经营，使3S技术在农业生产中发挥更大的作用。

（二）加强3S技术在精细农业方面的应用深度

近年来，3S技术、计算机技术、网络技术、通信技术飞速发展，遥感

影像的分辨率不断提高，定位系统多星并存的状态大大提高了定位精度，GIS 技术也不断发展，GIS 技术与大数据、云计算、AI 的结合都给 GIS 的应用提供了新的思路和方向。作为 3S 技术的主要应用领域，随着技术发展，3S 技术在农业应用的技术方法也应该有所提高，探索新的应用技术与方法，使 3S 技术在农业资源、装备、生产过程、农产品质量监测过程中发挥更大作用。

（三）加强 3S 技术集成

相较于发达国家，我国的高新农业机械设备比较少、使用率低，3S 技术与新型农业机械设备结合不紧密，且 3S 技术在农业领域一体化程度不高，存在如空间坐标不统一、数据时间线不一致、受制于计算机硬件等原因，3S 技术在应用过程中大部分停留在各“S”之间的功能互补，难以形成高度自动化、实时化、智能化的 3S 系统。3S 技术的有效集成可以实现自动数据采集、处理以及更新，并且可以利用这些数据实现智能分析，为科学决策提供支持。由此可见，3S 技术集成对农业领域的发展具有重要意义。因此，在今后的研究中，相关具有 3S 专业的高校可以把 3S 集成技术的教学与农业相衔接，相关部门也应在 3S 集成技术的研究中加大经费投入与政策支持，以促进 3S 集成技术快速发展，进而促进农业的建设与发展[150]。

（四）重视专业人才的培训

遥感技术、地理信息系统及全球定位系统都是高科技手段，需要专业性的人才进行操作，但我国目前从事农业生产的相关人员中这类专业人才少之又少，难以将此项技术推广到基层农民手中，并且基层农民的受教育程度基本不高，实行 3S 技术与农业生产的结合就更难。所以，要加大 3S 技术在农业领域应用的广度，就必须注重相关人才的培养，要加强与高校、科研机构的合作。

任何科学技术只有在应用中才能展现其强大，且任何科学技术的应用都

离不开专业人才的培养。高校是培养 3S 技术人才的主要地点，因此高校中 GIS 等专业课程的设置应注重加入 3S 技术在农业领域的应用，且应明显区分不同层次的教育侧重点，并严格要求，达到专业人才拿来即用，研究生人才真正具备创新、科学研究的能力。对于大型的农业生产项目，应该注重配备专业的人才进行管理，更要注重管理人才相关技能的培训，例如 3S 技术的应用培训，要求能够熟练使用相关仪器、软件。

第三节　无人化农业

一、无人化农业在我国的发展现状

近年来，随着我国经济的快速增长，劳动力非农就业数量和比例持续增加，特别是农村青年劳动力加快流向城市非农产业，农村农业劳动力数量不断减少，农村呈现老龄化和幼龄化趋势。与此同时，我国农业生产成本不断升高，推高了生产成本，削弱了农产品的市场竞争力，使农业的发展被人们渐渐忽视。调查发现，在农忙时节湖南省水稻植保作业社会化服务的雇工价格高达 600 元/日，在苏州等经济发达地区，农机装备的数量和质量已基本满足主要农作物生产全程的需要，但是农忙时出现了雇佣机手难的问题，许多农机合作社开始依靠安徽等内地机手来操作农业机械，不然很多农业机械就面临着无人可用的闲置困境。通过提高劳动生产率来减少劳动投入数量就成为降低农业生产成本的主要途径，这种由劳动力成本上升衍生的市场需求必然引致劳动替代技术的创新与应用。所以农业发展急需无人化，既能满足劳动力短缺也能保证农业平稳快速发展[151]。

二、无人化农业的基本内涵

从农业生产方式演进的过程和目标看，农业将经历从传统农业、机械化农业到自动化农业、智慧农业的代际跃迁。智慧农业是根据目前技术发展趋势可以预测的现代农业的高级阶段，其核心内涵是数字化管理，根本目标是精准化作业，典型特征是无人化农业。所谓无人化农业，是指利用新一代信息技术，在机械化、自动化与数字化、智能化、精准化技术深度融合与集成创新基础上，通过对环境、土壤、作物以及机械作业信息的获取、分析、决策，由智能装备自主完成生产全过程的一种农业新兴业态。智慧农业强调的是现代农业的体系化演进，无人化农业侧重的是通过技术上的迭代升级实现农业生产过程中“人”的减量化投入。因此，无人化农业可以被认为是现代农业发展到智慧农业阶段时的俗称，与智慧农业是等价的。从技术上看，无人化农业是以减少劳动投入为目标，在农业作业中通过信息技术和智能装备全部或部分替代人的操作与控制，构建起一个大数据支撑的无人化生产系统，以期满足现代农业对节本、高效、精准和绿色的需求。无人化农业必然是数字农业、精准农业，单纯地追求农业的无人化会失去意义。理论上，无人化农业预期实现类似于无人工厂的全自动的农业生产方式。但是，农业是以自然环境为主要生产场所的产业，环境中不可控因素复杂多变，实践中的无人化农业将在无人或少人的条件下先实现部分环节的无人化作业，逐渐扩延到其他环节上，最终实现生产全过程的无人化。因而，无人化农业将是一个技术替代劳动的长期演进过程，但人的作用最终也不会被完全取代。可以认为，以现代信息技术广泛嵌入和深化应用为标志的无人化农业是智慧农业的典型特征，是现代农业发展的未来愿景。无人化农业这个提法是否科学还需要理论上的沉淀和实践上的检验[151]。

三、国内外无人化农机设备发展

（一）国外无人化农机设备与技术的发展概况

由于国外的科学技术发展相对国内更早，北美、西欧、澳洲等一些发达地区在农业生产中使用农业机械自动化设备的现象已经非常普遍，发达国家

在无人化农机方面有着丰富的技术经验和农机设备基础，因此其无人化农业的发展水平很高。美国的一些大型农场已经开始使用自动导航技术来操纵拖拉机和联合收割机等机械，到 2022 年，美国 95%以上的农场都将配备自动驾驶系统。2016 年，约翰迪尔、凯斯纽荷兰公司也相继推出无人驾驶概念拖拉机等创新产品，利用装有感应监测系统的装置，实现对障碍物的自动控制，同时操作平台可以远程控制、监控和调度，实现 24 小时无人作业，但目前该产品还在商业探索阶段。日本、韩国等面积不大的经济发达国家，由于受土地和劳动力等条件的限制，无人化农机装备的发展仍处于起步的阶段，不过以日本久保田为代表的企业已在 2018 年推出了可以实现自动驾驶的水稻收割机和农用拖拉机，这一产品的推出不仅解放了传统农机手，也提高了农业机械的工作效率，日本井关和洋马公司也计划推出类似的自动驾驶设备。

（二）国内无人化农机设备与技术的发展情况

中国一拖集团有限公司于 2016 年对外发布东方红无人驾驶拖拉机，并展示了其在田间实地工作的应用效果。当时的东方红无人驾驶拖拉机配有国 3 发动机、电动控制悬挂和一系列控制系统，而后为促进我国无人驾驶农业机械设备的发展和进步，组织开展了以整地、插秧等关键作业环节为重点的农机无人驾驶“大练兵”活动，引起了中央电视台等媒体的广泛关注。常规插秧机需要几个人共同操作，其中 1 个人负责驾驶，另外 2 个人负责放置秧盘，而应用无人驾驶技术后，需要的劳动力由 3 人减少到 1 人，每季度可节省人工成本约 5000 元左右。由于劳动力紧张、劳动力成本上升，我国开始大力发展农机无人作业。我国是个农业大国，但是国内粮食供给还不能满足实际需求，每年还需要从国外进口大量农产品，虽然目前我国农业机械自动化发展很快，但是大部分土地还是分散在各地，且规模较小，大型农机无法有效发挥作用，一般都需要雇佣更多的劳动力来弥补，而近年来，农业生产的劳动力急剧减少，导致人力成本不断上升，促进了农业机械无人化发展。

科学技术改变了人们的生活方式，提升人们的生活质量，自动化为人们提供了服务，从而实现了劳动力的自给自足，这也是我国重视发展无人驾驶技术的关键原因[152]。

四、无人化农机的升级发展策略

随着现代农业机械无人化技术在世界范围内的迅速发展，传统的农业知识体系已经不再适应农业机械的发展需要。农业机械的无人化和信息化，要求将自动化、信息化、传感、智能化、网络化技术有机结合起来，因此结合AI与互联网的模式，可以更好地服务于农业生产。

加强农机领域的跨界人才培养。目前，农机无人驾驶作为一个新兴产业，其市场仍处于起步阶段，无论是在企业内部还是在市场中，都包括专业领域在内的各种智能化农机培训项目，但是目前还比较缺乏由完善的理论与实践相结合的培训体系。教育教学资源不足，培训体系不完善，特别是人工智能、互联网、现代农业和农业机械等领域的专业培训机构相对较少，即使是从事培训项目的企业和社会培训机构，也很难形成系统的教学流程。对此，应以系统整合为切入点，以科技创新为导向，以自主创新体系和创新创业平台建设为载体，构建专业行为与社会能力相结合的人才培养体系和机制。训练体系、训练计划要由浅入深，为人才提供一个跨越式发展的环境。首先，要有普及人工智能和网络知识的基础训练；其次，具备人工智能和网络应用能力的技术训练；最后，以市场为导向，结合企业自身发展需求，对企业员工进行专业技术技能培训，使新兴行业从教育训练转向人才使用。

利用人工智能和物联网实现产品跨界发展。尽管我国农机产品的技术创新还存在一些不足，但在AI和互联网方面的发展已经排在世界前列。因此，发展农业机械装备的核心工作内容是就是跨界互联，利用我国的AI和互联网发展优势，自觉引导企业和科研机构跨界合作发展，同时整合传统农机企业和互联网背景企业的产业链，使现代技术和互联网更好地为现代农业服务，加快无人化和信息化现代农业的创新发展。现阶段，国内很多有互联网

背景的企业已经参与现代农机无人化产品的开发和研究，但仍需要其他互联网企业的积极参与，寻找技术上的落脚点，促进成果转化，实现产业落地，从而推动我国现代无人化农机的发展。

五、无人机在现代农业中的应用

无人机（UAV）是利用无线电遥控设备和程序控制装置操纵的不载人飞行器。随着“工业 5.0”时代的来临，无人机在水利、环保、电力等各行各业中被广泛应用。现代农业是在现代工业和现代科学技术基础上发展起来的，其中的一个主要特征就是把工业部门生产的大量物质和能量投入到农业生产中，以换取大量农产品，成为工业化的农业。无人机在现代农业上的应用就是一个典型特例，它主要是利用无人机代替人力畜力提高生产效率。

无人机按外形结构划分，通常包括固定翼无人机和多旋翼无人机 2 种。固定翼无人机采用滑跑或弹射起飞，伞降或滑跑着陆，对场地有一定要求；巡航距离、载重等指标明显高于多旋翼无人机。多旋翼无人机根据螺旋桨数量，又可细分为四旋翼、六旋翼、八旋翼等。一般认为，螺旋桨数量越多，飞行越平稳，操作越容易。多旋翼无人机具有可折叠、垂直起降、可悬停、对场地要求低等优点，因此备受青睐[153]。

（一）机械直播

这里的机械直播不是现代机械的人机直播，而是利用无人机直接将秧苗精准播种于农田的一种新兴种植模式，现在比较成熟的就是水稻无人机直播，刁友等对此进行了专门的研究，认为无人机直播可以提高水稻栽植机械自动化水平，从而节约生产成本，提高生产效益。水稻无人机直播主要分抛洒、条播两类，可以适应各种地形，不受地势限制，与传统机械播种相比，无人机播种效率可达 5 倍以上。除了机械直播秧苗外，无人机还可担负播撒肥料、花粉受精等作业。

（二）喷洒农药

2020年8月28日，江西崇仁县郭圩乡种粮大户刘金龙利用无人机给水稻喷洒农药，不到3小时就完成了50亩的喷洒作业，省时省力省成本，是刘金龙选择无人机喷洒农药的原因，其实也是中国农民选择无人机喷洒农药的普遍心理。植保无人机能够成为农民的“新宠”，是因为无人机具有体积轻便，能够根据农田情况机动灵活地调整飞行速度、高度，确保喷洒的均匀度，从而大大提高农药喷洒效率，又因为无人机多为螺旋机翼，如大疆推出的MG-1农业植保机，就是八轴螺旋机翼，零度智控发布的新品守护者-Z10，为四轴螺旋机翼，机翼旋转时产生的风力摇晃作物叶片，使其背面也能受到药物喷洒，从而更好地杀死农作物病虫。

（三）信息监测

主要包括病虫害监测、旱情监测、作物生长监测等，无人机利用以遥感技术为主的空间信息技术，可以收集到土壤和作物的相关信息，全面准确地了解农作物的生长环境、生长情况、病虫害情况[154]。中国是农业大国，土地广博，地形多变就，随着时代的发展，规模化农业已成为必然趋势，要想很好地解决种植面积广、检测难度大、成本高的农业生产管理难题，利用无人机进行检测就是一个很好的途径，无人机小巧轻便的机身，快捷的飞行速度，强力的环境适应性，使其不受天气和地形影响，同时降低了监测成本，解放了劳动力，可以说无人机在现代农业的应用必将愈来愈广泛，也愈来愈重要[155-156]。

第四节　云计算和大数据平台

我国是名副其实的农产品大国，农产品相关数据量井喷式地增长，使得

原有的农产品数据处理模式已经不能适应大数据时代农产品信息服务工作的需要。因此，急需加快推进农产品信息化，在我国农产品信息服务领域，农产品信息不对称，“卖难”和“买难”现象尴尬并存，农产品生产不均衡，整体规模庞大与个体规模分散现象长期存在，加上城乡数字鸿沟，致使同国外发达国家相比有很大差距，主要表现在：（1）农产品信息资源质量较低。一方面农民文化水平相对不高，没有能力也不爱学习农业信息技术，拉低了农产品信息资源采集质量；另一方面，偏远山区农村信息化基础薄弱，没有信息化系统和信息化设备，结合本地情况开发利用的信息资源极为匮乏。（2）农产品信息未能有效整合。农产品涉及的环节众多，农产品全产业链较长，融合了地域性、季节性、多样性、周期性等自身特征后产生的来源广泛、类型多样、结构复杂的农产品信息，还未出现有效的整合方案，现有的农产品信息比较分散，大数据的优势有望从技术上改变这一问题。（3）农产品市场信息流通不畅。农产品信息接收方式落后、单向、滞后，尤其在农产品市场价格及供求波动方面，在缺乏信息或信息被扭曲的条件下，广大农户一哄而上、一哄而下，不管不顾盲目生产，难以做到对突发事件及时发现苗头并提前应对。产前缺乏市场信息引导，产中缺乏生产技术指导，产后缺乏销售信息和渠道。针对这些问题，我们应充分应用云计算与大数据平台[157]。

一、云计算概念及特点

（一）云计算的概念及内涵

云计算（Cloud Computing），指的一种新型的网络访问模式，这种访问模式能够全面迅速地访问具有共享功能配置的计算机资源。由于云计算的技术可以选择以最少的互动量、最便捷的访问途径，因此其实现了网络信息资源的快速收集、分配与处理。其中的“云”就是指通过信息网络技术将计算机与计算机连接起来汇集成的群组。

云计算技术的发展，它将成为我们生活中不可或缺的一部分。它已经彻底改变了一个前所未有的工作方式，也改变了传统软件企业。云计算是分布式计算、并行计算、网格计算、效用计算、网络存储、虚拟化、负载均衡、热备份冗余等传统计算机和网络技术发展融合的产物，它将彻底改变整个IT 产业结构和运行方式。云计算与人工智能、大数据、物联网甚至通信等技术也密不可分。通过网络“云”将巨大的数据计算处理程序分解成无数个小程序，然后，通过多部服务器组成的系统进行处理和分析这些小程序得到结果并返回给用户。云计算其实主要解决了四个方面的内容：计算，网络，存储，应用。前三者是资源层面的，最后是应用层面的。云计算通俗点讲就是把以前需要本地处理器计算的任务交到了远程服务器上去做。

云计算的核心是资源池，通过专门的软件实现和管理，无须人参与。用户可以动态申请资源以支持各种运用程序运转，无须为烦琐的细节所烦恼，能够更加专注于自己的业务，有利于提高效率，降低成本和技术创新。这与2002 年提出的网格计算池的概念非常相似，它是计算和存储资源虚拟成一个可以任意组合分配的集合。资源池的规模可以动态扩展，分配用户的处理能力可以动态回收重用。这种模式能大大提高资源的利用率，提升平台的服务质量。云计算能按需提供弹性的信息化资源与服务。云计算是一种按需所取、按需付费的模式，其的内核是通过互联网把网络上的所有资源集成为一个叫“云”的可配置的计算资源共享池，如网络，服务器，存储，应用软件，服务等，然后对这个资源池进行统一管理和调度，向用户提供虚拟的、动态的、按需的、弹性的服务，逐渐发展成基于计算机技术、通信技术、存储技术、数据库技术的综合性技术服务。

总的来说，云计算具有以下几个特点：一是具有灵活的虚拟化资源池，可根据用户的需求动态化分配虚拟资源，实现信息资源的有效利用；二是用户在需要计算服务时，可通过自行配置的方式获得该服务，实现了按需分配；三是只要达到云计算的接入标准，则各种接入方法都可以接入云系统中，接入门槛较低；四是云计算的结构与服务具有“弹性”，可根据需

求改变与扩充；五是云计算服务可以量化，以便对数据信息进行统一、高效的处理。

（二）现代农业中云计算技术的应用结构

从本质上而言，云计算是属于网络信息技术的一种新形式，其并不是单独作用于现代农业发展的，而是与其他相关的信息网络技术共同发挥作用的，如物联网技术、大数据技术等。而相较于这些其他信息网络技术，云计算技术主要有网络系统连通广、跨地域及跨部门、服务形式多元化、信息可量化处理等优势，但需要注意的是，大数据技术也有与云计算技术的优势较为相似，可以说是云计算技术的广泛化。现代农业的云计算技术应用主要有三个范围圈。一个是农民、农民合作组织、农业企业等农业用户，此为现代农业云计算技术服务的目标核心；再一个为与农业相关机构、部门及现代农业云计算服务的政府相关部门、运营商、服务商、供应商等，此为现代农业云计算运行的技术资源支撑者；最后一个主要是支持云计算技术的网络、设备提供商，为现代农业中云计算提供普遍所需的网络、设备条件，这三部分共同构成了现代农业的云计算技术。

云计算按部署类型可以分为私有云、公有云和混合云，不同的云对应的是不同的用户群体。私有云与公有云模式的核心区别在于使用云服务的客户是否自己有用对应的云基础设施。公有云模式灵活配置、成本低廉的优点受到中小企业的欢迎，而大型企业更关注解决方案的针对性、信息安全性，对成本相对不敏感，同时银行、电力等行业公有云的部署也受到监管的限制，使得私有云模式多地得到国内大型企业的采纳。对数据安全性较敏感的政府部门将以私有云为主要部署模式。云计算的本质是将各种计算资源和应用程序汇总起来放到网上，然后对用户提供服务。那么，资源多了就存在一个问题，这些资源放在哪里，应该怎么放？这就涉及云计算资源的部署类型。根据放的地方不同可以分为四类：公有云、私有云、混合云和社区云。公有云是放在一个公共的地方，这个地方叫云服务商，一般都是大公司；私有云是放在企业内部满足自身业务需求；混合云则是二者结合起来，公有云服务体量大的业务，私有云负责数据的安全。怎么放近几年出现很多新花样，比如说：与金融相关的放一块形成金融云与政务相关的放一块形成政务云，类似的有视频云、音乐云、直播云等。

（三）云计算应用于现代农业之中的特点

云计算技术满足了大范围的农业用户需求。在现代农业云计算技术的框架内，无论是网络、设备、软件的提供商，还是信息资源的运营商及技术服务商，都在为云计算技术在现代农业中的应用起到了积极的推动作用，在各方配合下，农业信息资源实现了全面开放、资源共享、互相补充、互相促进，从使得零散的农业信息得到有效整合，从而发挥出更大的效用。

及时掌握市场信息，提升效益。在该框架之内，各参与者围绕农业用户为核心确定自己在其中的位置，其进行的一切技术或服务活动都是以农业用户及其他农业客户的价值为目标展开的，因此能够使农业生产活动及时掌握市场信息，从而抓准市场机遇，提升现代农业效益。

增加农业生产过程中的各方利益。云计算技术还将各参与者联系起来，即在该框架内各参与者不是独立的，而是合作共赢的关系，由此实现了多方利益，使农业生产衍生出更多的增值利益[158]。

二、云计算技术在农业中的应用

（一）云计算技术在农业电子商务中的应用

农业电子商务，是指以计算机技术、电子技术、信息网络技术所构建的电商平台为基础所进行的农产品交易活动，实现了通过网上信息交易、电子支付、物流配送。农业电子商务摆脱了传统农产品销售受地域、市场限制的影响，直接连通了农产品与市场。

在利用云计算技术建立农产品电子商务模式时，要尽量实现以下内容：

一是要建立高质量的电商平台界面，便于政府、企业及个人用户的操作；二是要对农产品进行详细的分类，设计高水平的信息数据库，便于信息的搜索与浏览；三是要提供可靠的第三方交易担保，并且对进驻的农业企业及用户进行严格认证，对农产品的品牌、质量进行监管，建立完整的服务体系；四是要保证网络信息的安全，对隐私信息进行加密，同时要对数据进行另外备份，防止数据丢失而造成重大损失。

（二）云计算技术在大数据农业中的应用

发展数字农业是我国由农业大国迈向农业强国的必经之路，近年来国家高度重视数字农业的发展，出台了一系列政策，推动数字技术与农业生产经营管理等方面的融合。2022 年 2 月《中共中央　国务院关于做好 2022 年全面推进乡村振兴重点工作的意见》提出，推进智慧农业发展，促进信息技术与农机农艺融合应用；2021 年 11 月《国务院关于印发“十四五”推进农业农村现代化规划》提出，强化现代农业科技支撑，开展农业关键核心技术攻关，完善农业科技领域基础研究稳定支持机制，加强农业基础理论、科研基础设施、定位观测体系、资源生态监测系统建设。

大数据农业信息共享服务平台的系统结构大数据农业服务信息共享服务平台就是对各种农业相关数据和信息进行收集、整合、汇总，而后为平台内的用户提供信息的共享服务。其中，各用户可从大数据平台数据库中检索所需信息，也可以通过与其他用户之间进行信息交换。根据主要功能进行划分，则大数据农业共享服务信息平台主要实现三方面的内容：

利用云计算技术、大数据技术等，通过互联网将各种农业相关数据收集起来，并对数据进行转换、整合、归类；

为用户提供具有针对性的数据共享和交换服务，用户通过检索及发布信息的方式获得其所需要的信息；

平台对数据的管理要统一整合、统一转换、统一编目，使得数据的整体管理科学规范，便于数据的分类检索，同时也有利于保障数据的安全。与智慧农业平台一样，大数据农业平台也采用B/S结构，如此实现了该平台与其他同结构平台的链接。

（三）云计算技术在智慧农业中的应用

智慧农业物联网，就以云计算技术及信息网络技术为基础，对农业生产活动及农作物的生产情况所进行的监控与管理。具体来说，主要监测农田里的作物生长、病虫害情况、土壤含水情况（墒情）、自然灾害等，并且根据监测数据对农田进行管理，促进农业生产的全面管理。

基于云计算技术的智慧农业物联网系统主要包括3个子系统。

环境监测子系统：通过云计算技术与温湿度传感器、风速传感器、光电传感器等相连接，对农田处的环境气象参与进行实时测量。系统测量的参数可直接在物联网控制平台的显示模块中显示出来；墒情监测及自动灌溉控制子系统：该系统对土壤的温度及水分进行监测，并将监测结果反馈在显示在物联网平台上，使工作人员及时了解土壤墒情。在平台上设置自动灌溉的阈值，一旦系统监测的土壤水分低于阈值，则系统控制自动灌溉设备启动，当土壤水分处于合理范围后，自动灌溉系统停止；可视化监控子系统：通过现场视频连通的方式，相关人员可以实时观测作物的生长情况。该监控系统以B/S服务为基础，在网络上分布各信息处理功能。通过视频服务器实现视频信号的传输、转换。只要用户处于网络中且具有物联网平台的操作权限，就可以实时观测农作物的生产情况。

（四）基于云计算技术的农业物联网平台

农业物联网系统最主要的作用是解决农田管理效率低下的问题，以传感器终端为物联网系统的监测部分，结合云计算技术、以太网、4G技术（5G技术已经得到初步应用）、GPS技术等为系统的网络部分，以计算机、手机（或平板）等设备为监测端和控制端，实现了智慧化农业生产管理。

三、大数据技术的概述

（一）大数据的概念

大数据是指无法在一定时间范围内用常规软件工具进行捕捉、管理和处理的数据集合，是需要新处理模式才能具有更强的决策力、洞察发现力和流程优化能力的海量、高增长率和多样化的信息资产。

（二）大数据的特点与应用

大数据有大量（Volume）、高速（Velocity）、多样（Variety）、低价值密度（Value）、真实性（Veracity）五大特点。它并没有统计学的抽样方法，只是观察和追踪发生的事情。大数据的用法倾向于预测分析、用户行为分析或某些其他高级数据分析方法的使用。伴随着网络信息技术的迅猛发展，传统的粗放式的农业生产模式也正逐步朝着集约化、精准化、智能化、数据化的方向转变。其中大数据在农业领域中的应用，更是对我国农业信息化和农业现代化的融合有着重大的现实意义。

四、农业大数据

（一）农业大数据内涵

农业数据主要是对各种农业对象、关系、行为的客观反映，一直以来都是农业研究和应用的重要内容，但是由于技术、理念、思维等原因，对农业数据的开发和利用程度不够，一些深藏的价值关系不能被有效发现。随着大数据技术在各行各业广泛研究，农业大数据也逐渐成为当前研究的热点。笔者认为农业大数据不是脱离现有农业信息技术体系的新技术，而是通过快速的数据处理、综合的数据分析，发现数据之间潜在的价值关系，对现有农业信息化应用进行提升和完善的一种数据应用新模式。

简单地讲，农业大数据是指大数据技术、理念、思维在农业领域的应用[8]。从更深层次考虑，农业大数据是智慧化、协作化、智能化、精准化、网络化、先觉泛在的现代信息技术不断发展而衍生的一种计算机技术农业应用的高级阶段，是结构化、半结构化、非结构化的多维度、多粒度、多模型、多形态的海量农业数据的抽象描述，是农业生产、加工、销售、资源、环境、过程等全产业链的跨行业、跨专业、跨业务、跨地域的农业数据大集中有效工具，是汲取农业数据价值、促进农业信息消费、加快农业经济转型升级的重要手段，是加快农业现代化、实现农业走向更高级阶段的必经过程。农业大数据解决的问题不是存量数据激活的问题，而是实时数据的快速采集和利用的问题；农业大数据解决的问题不是关系型数据库集成共享的问题，而是不同行业、不同结构的数据交叉分析的问题。农业大数据至少包括下述几层含义：

1. 基于智能终端、移动终端、视频终端、音频终端等现代信息采集技术在农业生产、加工以及农产品流通、消费等过程中广泛使用，文本、图形、图像、视频、声音、文档等结构化、半结构化、非结构化数据被大量采集，农业数据的获取方式、获取时间、获取空间、获取范围、获取力度发生深刻变化，极大地提高农业数据的采集能力。

2. 跨领域、跨行业、跨学科、多结构的交叉、综合、关联的农业数据集成共享平台取代了关系型数据库成为数据存储与管理的主要形式，基于数据流、批处理的大数据处理平台在农业领域中的应用越来越频繁，交互可视化、社会网络分析、智能管理等技术在农业生态环境监测、农产品质量安全溯源、设施农业、精准农业等环节大量应用。

3. 农业产业链各个环节的政府、科研机构、高校、企业达成竞争与合作的平衡，农业大数据协同效应得到更好的体现。农业大数据形成一个可持续、可循环、高效、完整的生态圈，数据隔离的局面被打破，不同部门乐于将自己的数据共享出来，全局、整体的产业链得以形成，数据获取的成本大大降低。

4. 大数据的理念、思维被政府、企业、农民等广泛接受，海量的农业数据成为决策的依据和基础，天气信息、食品安全、消费需求、生产成本、市场价格等多源数据被用来预测农产品价格走势，耕地数量、农田质量、气候变化、作物品种、栽培技术、产业结构、农资配置、国际市场粮价等多种因素被用来分析粮食安全问题，政府决策更加精准，政府管理能力、企业服务水平、农民生产能力都得到大幅度提高。

（二）农业大数据获取

农业大数据获取是指利用信息技术将农业要素数字化并进行有效采集、传输的过程。目前，农业领域的数据积累还处于相对初级阶段，达不到电信、金融、互联网等领域的数据积累水平。然而随着农业数据采集方式的变化，自动化、智能化、人工化信息终端的大量涌现，数据的实时、高清以及长久保存等需求使得农业大数据成为可能。农业大数据源来自农业生产、农业科技、农业经济、农业流通等方方面面，不同的数据源，对应不同的数据获取技术。从目前情况分析，农业大数据获取主要包括以下几个方面。

1. 农业生产环境数据获取

农业生产环境数据获取是指对与动植物生长密切相关的空气温湿度、土壤温湿度、营养元素、CO_2含量、气压、光照等环境数据进行动态监测、采集，主要依靠农业智能传感器技术、传感网技术等。随着多学科交叉技术的综合应用，光纤传感器、MEMS（micro-electromechanical systems）微机电系统、仿生传感器、电化学传感器等新一代传感器技术以及光谱、多光谱、高光谱、核磁共振等先进检测方法[10]在植物、土壤、环境信息采集方面广泛应用，农业生产环境数据的精度、广度、频度大幅度提高。与此同时，传感器终端的成本逐渐降低，大范围、分布式、多点部署成为现实，数据量呈指数级增长。

2. 生命信息智能感知

生命信息智能感知是指对动、植物生长过程中的生理、生长、发育、活动规律等生物生理数据进行感知、记录，如检测植物中的氮元素含量、植物生理信息指标，测量动物体温、运动轨迹等。常用的生命信息感知技术包括光谱技术、机器视觉技术、人工嗅觉技术、热红外技术等。生命信息智能感知改变了原有的以经验为主的人工检测模式，使生命信号感知更加科学、智能，实时性、动态性、有效性得到大大提高。农业生命信息是对农业生产对象本身的数字化描述，是对生命个体进行监测管理的重要依据，具有典型的时效性。

3. 农田变量信息快速采集

农田变量信息快速采集主要是对农田中的土壤含水量、肥力、土壤有机质、土壤压实、耕作层深度和作物病、虫、草害及作物苗情分布信息采集，一般分为接触式传感技术、非接触式遥感技术。国内在农田空间信息快速采集技术领域已经积累了较丰富的理论基础和实践经验，已设计出便携式土壤养分测试仪、基于时域反射仪（TR）原理的土壤水分及电导率测试仪、基于光纤传感器土壤 pH 值测试仪，并在作物病虫草害的识别、作物生长特性与生理参数的快速获取等方面开展了有益的探索。精准农业是农业信息化的重要方向，快速、有效采集和描述影响作物生长环境的空间变量信息，是精准农业的重要基础。高密度、高速度、高准确度的农田信息具有数据量大、时效性强、关联度高等特点。农田变量信息主要服务于精准农业生产，强调实时性、精准性等特点，属于局部、微观、持续的农业数据。

4. 农业遥感数据获取

农业遥感数据获取是指利用卫星、飞行器等对地面农业目标进行大范围监测、远程数据获取，主要采用遥感技术。遥感技术是一种空间信息获取技术，具有获取数据范围大、获取信息速度快、周期短、获取信息手段多、信息量大等特点。农业遥感技术可以客观、准确、及时地提供作物生态环境和作物生长的各种信息，主要应用在农用地资源的监测与保护、农作物大面积估产与长势监测、农业气象灾害监测、作物模拟模型等几个方面。随着遥感技术的飞速发展，特别是高时-空分辨率的大覆盖面积多光谱传感器、高空

间-高光谱传感器的应用等，农业遥感数据精度逐渐提高，数据量急剧增加，数据格式也越来越复杂，多源数据融合需求非常迫切。农业遥感数据能反映大面积、长时间的农业生产状况，属于宏观、全局层面的农业数据。

5. 农产品市场经济数据采集

农产品市场经济数据采集是指对农产品生产、质量、需求、库存、进出口、市场行情、生产成本等数据进行动态采集，涉及农业流通、农产品价格、农产品市场、农产品质量安全等，具有较强的突发性、动态性、实时性、变化性，一般由“智能终端＋通信网络＋专业群体”组成。随着科学技术的发展，移动终端诸如手机、笔记本电脑、平板电脑等随处可见，加上网络的宽带化发展以及集成电路的升级，人类已经步入了真正的移动信息时代，基于智能终端的农产品市场经济数据采集越来越频繁，数据量越来越大，图片、视频等数据格式激增。基于3G的基层农技推广平台等是农产品市场经济数据采集的典型应用。

6. 农业网络数据抓取

农业网络数据抓取指利用爬虫等网络数据抓取技术对网站、论坛、微博、博客中涉农数据进行动态监测、定向采集的过程。网络爬虫（网页蜘蛛），是一种按照一定的规则，自动地抓取万维网信息的程序或者脚本，有广度优先、深度优先2种策略。网络爬虫Nutch能够实现每个月取几十亿网页，数据量巨大；同时由于其与Hadoop内在关联，很容易就能实现分布式部署，从而提高数据采集的能力；另外，Deep Web也包含着丰富的农业信息，面向Deep Web的深度搜索也越来越多。农业网络数据是在互联网层面对农业各方面的客观反映，具有规模大、实时动态变化、异构性、分布性、数据涌现等特点。搜农、农搜等搜索引擎都是基于主题爬虫的农业数据获取平台，在农业网络数据获取方面具有一定基础[159]。

五、智慧农业中的大数据

智慧农业中大数据的应用提高了农业的生产效率，实现了农业生产的智能化，保障了农产品的绿色安全，实现了农业系统的生态化。

智慧农业中大数据的系统构架。第一层，主要是各种农业生产领域，包括农产品种植、畜牧养殖等和农业关联的各种资源环境、科研数据、自然灾害及农业产业链等数据。第二层，构建适合各个农业元素的数据采集网络。利用各种智能终端实时采集各种农情数据；通过物联网、互联网建立数据的实时传输通道、实时监测农业环境数据。第三层，借助大数据、云计算、云存储等技术，建立智慧农业大数据中心。在这个过程中要对采集的原始数据，运用数据挖掘的技术对其进行数据预处理数据清洗、去噪、集成等，保证数据质量，形成精准的数据源；通过数据融合实现与气象、水利、地质、国土、林业、环保等数据共用共享，形成大数据共享中心。第四层，利用关联分析、可视化分析、数据挖掘、数据融合等大数据分析方法，解决农业领域的数据监测和数据发现。在数据价值发现方面，包括精准农业、农业卫星遥感数据、农业生物基因数据农产品质量追溯、农村综合信息等；可以对各种数据进行监测预警，比如农业资源环境、农业自然灾害、农业环境污染、农产品市场监测预警等。第五层，利用智慧农业中采集的大数据，构建“数据支撑、智能监测，产出高效、产品安全，资源节约、环境友好”的智慧农业[160]。

智慧农业中大数据的处理流程。智慧农业中大数据的处理主要包括基础数据的采集、预处理、管理、处理和分析等。在数据采集阶段，主要通过各种终端采集设备，如传感器、移动终端、无人机、温度计等获取环境数据；在数据预处理阶段，主要完成数据标准化、数据去噪等工作；在数据管理阶段，主要依托大型的数据库管理系统对海量数据进行维护和管理；在数据处理阶段，面对不同的应用场景用不同的技术或平台来处理，比如分布式处理等；数据分析阶段主要是通过数据建模、利用挖掘分析软件进行深层次数量分析，获取数据规律或者事件结果。

智慧农业就是将物联网技术运用到传统农业中去，运用传感器和软件通过移动平台或者电脑平台对农业生产进行控制，使传统农业更具有“智慧”。除了精准感知、控制与决策管理外，从广泛意义上讲，智慧农业还包括农业

电子商务、食品溯源防伪、农业休闲旅游、农业信息服务等方面的内容。所谓“智慧农业”就是充分应用现代信息技术成果，集成应用计算机与网络技术、物联网技术、音视频技术、3S 技术、无线通信技术及专家智慧与知识，实现农业可视化远程诊断、远程控制、灾变预警等智能管理。

智慧农业是农业生产的高级阶段，是集新兴的互联网、移动互联网、云计算和物联网技术为一体，依托部署在农业生产现场的各种传感节点如环境温湿度、土壤水分、二氧化碳、图像等）和无线通信网络实现农业生产环境的智能感知、智能预警、智能决策、智能分析、专家在线指导，为农业生产提供精准化种植、可视化管理、智能化决策。

“智慧农业”是云计算、传感网、3S 等多种信息技术在农业中综合、全面的应用，实现更完备的信息化基础支撑、更透彻的农业信息感知、更集中的数据资源、更广泛的互联互通、更深入的智能控制、更贴心的公众服务。“智慧农业”与现代生物技术、种植技术等科学技术融合于一体，对建设世界水平农业具有重要意义。

“智慧农业”能够有效改善农业生态环境。将农田、畜牧养殖场、水产养殖基地等生产单位和周边的生态环境视为整体，并通过对其物质交换和能量循环关系进行系统、精密运算，保障农业生产的生态环境在可承受范围内，如定量施肥不会造成土壤板结，经处理排放的畜禽粪便不会造成水和大气污染，反而能培肥地力等。

“智慧农业”能够显著提高农业生产经营效率。基于精准的农业传感器进行实时监测，利用云计算、数据挖掘等技术进行多层次分析，并将分析指令与各种控制设备进行联动完成农业生产、管理。这种智能机械代替人的农业劳作，不仅解决了农业劳动力日益紧缺的问题，而且实现了农业生产高度规模化、集约化、工厂化，提高了农业生产对自然环境风险的应对能力，使弱势的传统农业成为具有高效率的现代产业。

“智慧农业”能够彻底转变农业生产者、消费者观念和组织体系结构。完善的农业科技和电子商务网络服务体系，使农业相关人员足不出户就能够远程学习农业知识，获取各种科技和农产品供求信息；专家系统和信息化终端成为农业生产者的大脑，指导农业生产经营，改变了单纯依靠经验进行农业生产经营的模式，彻底转变了农业生产者和消费者对传统农业落后、科技含量低的观念。另外，智慧农业阶段，农业生产经营规模越来越大，生产效益越来越高，迫使小农生产被市场淘汰，必将催生以大规模农业协会为主体的农业组织体系。

参考文献

［1］兰玉彬，王天伟，陈盛德，等. 农业人工智能技术：现代农业科技的翅膀［J］. 华南农业大学学报，2020，41（6）：1-13.

［2］高云霞，刘鹏厚. 人工智能在农业中的应用研究［J］. 河南农业，2020，29：53-54.

［3］谢杨春. 传感器在农业上的应用［J］. 工程技术（文摘版），2016（8）：266-267.

［4］搜狐网. 农业 1.0 至农业 4.0 时代分别都是啥概念？［EB/OL］.（2020-05-05）［2022-08-06］. https://m.sohu.com/a/393057916_788212/？_trans_=000014_bdss_dklzxbpcgP3p:CP=&pvid=000115_3w_a.

［5］何道清，张禾. 传感器与传感器技术［M］. 北京：科学出版社，2014.

［6］孙红，李松，李民赞，等. 农业信息成像感知与深度学习应用研究进展［J］. 农业机械学报，2020，51（5）：1-17.

［7］丁春涛，曹建农，杨磊，等. 边缘计算综述：应用、现状及挑战［J］. 中兴通讯技术，2019（3）：2-7.

［8］清华大学. 人工智能芯片技术白皮书（2018）［EB/OL］.（2018-12-18）［2020-09-15］. https://baijiahao.baidu.com/s？id=1619620796784882455&wfr= spider&for=pc.

［11］边缘计算社区. 关于边缘计算和边云协同，看这一篇就够了［EB/OL］.（2019-09-13）［2020-09-15］. https://blog.csdn.net/weixin_41033724/article/details/100841011？biz_id=102&utm_term=%E4%BA%91%E8%

BE%B9%E7%AB%AF%E5%8D%8F%E5%90%8C%E6%A1%86%E6%9E%B6&utm_medium=distribute.pc_search_result.none-task-blog-2～all～sobaiduweb～default-2-100841011&spm=1018.2118.3001.4187.

［12］EPHREMIDESA. Energyconcernsinwirelessnetworks ［J］. Wireless CommunicationsIEEE，2002，9（4）：48-59.

［13］张少军，无线传感器网络技术及应用［M］. 北京：中国电力出版社，2010.

［14］极飞科技. 极飞亮相世界无人机大会：创始人彭斌讲述农业无人机的未来［EB/OL］.（2019-08-13）［2020-9-15］. http://www.zhiguker.com/index/article/detail？id=26267.

［15］极飞科技. 极飞 R1502020 款农业无人车［EB/OL］.（2020-07-28）［2020-09-21］. https：//www.xa.com/xauv_r150.

［16］BACCW，HEMMINGJ，VANTUIJLBAJ，etal.Performanceevaluationofaharvestingrobotforsweetpepper［J］. JournalofFieldRobotics，2017，34（6）：1123-1139.

［17］百度百科. 专家系统［EB/OL］.（2019-07-17）［2020-9-21］. https://baike.baidu.com/item/%E4%B8%93%E5%AE%B6%E7%B3%BB%E7%BB%9F/267819？fr=aladdin.

［18］蒋秉川，万刚，许剑，等. 多源异构数据的大规模地理知识图谱构建［J］. 测绘学报，2018（8）：1051-1061.

［19］邱邱. 问答系统［EB/OL］.（2019-10-09）［2020-09-21］. http://blog.sina.com.cn/s/blog_627ed2e40100fxhi.html.

［20］吴茜. 基于知识图谱的农业智能问答系统设计与实现［D］. 厦门：厦门大学，2019.

［21］高灵旺，陈继光，于新文，等. 农业病虫害预测预报专家系统平台的开发［J］. 农业工程学报，2006，22（10）：154-158.

［22］高灵旺，陈继光，于新文，等. 农业病虫害预测预报专家系统平台的

开发［J］. 农业工程学报，2006，（10）：154-158.

［23］王瑞锋，李斯嘉，王东升. 人工智能技术在工业生产的应用与发展趋势［J］. 热固性树脂，2023，38（5）：86-87.

［24］张治玲. 人工智能在农业领域的应用现状与发展趋势［J］. 农业科技与信息，2020，（19）：93，97.

［25］杨航，黄振叠. 农机智能化的现状与对策探讨［J］. 湖北农机化，2019（21）：11-12.

［26］王若琼. 对当前我国农业机械智能化发展的思考[J]. 农业机械，2020，（10）：79-80.

［27］李亚慧. 现代农业视角下的中国国家粮食安全发展战略研究［D］. 曲阜：曲阜师范大学，2014.

［28］王琼. 快速城市化背景下湖北省农业发展变革对策研究［D］. 武汉：中南民族大学，2017.

［29］百度. 城市化对农业的影响［EB/OL］.（2019-07-20）［2021-10-21］. https://sa93g4.smartapps.baidu.com/pages/squestion/squestion？qid=575612650&rid=3072301074&_swebfr=1&hostname=baiduboxapp.

［30］蔡晓卫，邹良影. 创新创业教育融入“人工智能＋新农科”的实现路径研究［J］. 中国农业教育，2020，21（6）：24-33.

［31］王儒敬，谢成军. 大力发展智慧农业技术提速农业农村现代化［J］. 中国农村科技，2021（1）：24-27.

［32］谭聪. 人工智能对农业机械化发展的影响［J］. 广西农业机械化，2020（4）：23-24.

［33］唐鹏飞，陈勇，顾济珍，等. 基于STM32的智能除草机器人设计[J]. 南方农机，2020，51（18）：62-63.

［34］梁盛开，林甄，谢金冶，等. 无人机在精准农业中的应用现状分析［J］. 山西电子技术，2021（2）：56-58.

［35］车彦卓，刘寿宝. 探析无人机低空遥感技术与人工智能技术融合发展

[J]. 中国安防，2021（4）：34-38.
[36] 肖亚，李玉强. 农业人工智能综述 [J]. 数字技术与应用，2020，38（9）：204-205.
[37] 兰玉彬，王天伟，陈盛德，邓小玲. 农业人工智能技术：现代农业科技的翅膀 [J]. 华南农业大学学报，2020，41（6）：1-13.
[38] 吴俊杰，钟黎明. 基于人工智能的采摘机器人路线规划研究 [J]. 科学技术创新，2021（6）：50-51.
[39] 荆珮，李民赞，程涛，等. 机器学习在苹果智慧生产中的应用 [J]. 吉林农业大学学报，2021，43（2）：138-145.
[40] 陆丽娜. 农业科学数据监管模型构建及应用研究 [D]. 吉林：吉林大学，2018.
[41] 黄艳，杨登强. 基于物联网技术的精准灌溉农业系统应用框架 [J]. 现代计算机（专业版），2012（20）：68-71，76.
[42] 邢方方，黄姗姗. 物联网技术在智能农业中的应用 [J]. 南方农机，2020，51（14）：58-59.
[43] 张凌云，薛飞. 物联网技术在农业中的应用 [J]. 广东农业科学，2011，38（16）：146-149.
[44] 李道亮. 物联网与智慧农业 [M]. 北京：电子工业出版社：2021.
[45] 陈文娟. 基于云计算模式的大数据处理技术 [J]. 电子技术，2021，50（2）：74-75.
[46] 田江林. 云安全体系架构及关键技术 [J]. 电子技术与软件工程，2021（1）：243-244.
[47] 陆兴. 云计算技术在现代农业中的应用及发展策略 [J]. 南方农机，2018，49（2）：136.
[48] 王卫斌. 智慧农业的应用现状与发展趋势 [J]. 湖北植保，2022，（5）：12-14.
[49] 赵献立，王志明. 机器学习算法在农业机器视觉系统中的应用 [J]. 江

苏农业科学，2020，48（12）：226-231.

［50］陈向东，李军辉. 人工智能技术在农业机械上的应用［J］. 农业机械，2018（12）：66-68.

［51］金勇，郑红卫，郑菲. 人工智能与地理信息技术在农业项目审计中的应用［J］. 审计月刊，2021（2）：17-19.

［52］肖玥. 物联网技术运用于农业信息化的探索［J］. 长江技术经济，2021，5（S1）：178-180.

［53］熊颖. 探讨物联网技术在农业信息化中的应用［J］. 科学与信息化，2018（36）：142-142.

［54］任永琼. 人工智能在农业中的应用［J］. 电子技术与软件工程，2021（7）：130-131.

［55］程岳寅. 人工智能在水利行业的具体应用.［EB/OL］.（2019-01-09）［2021-05-21］. https://www.toutiao.com/c/user/token/MS4wLjABAAAAF5K8SpoVk-E7iqiHelX4lI3tR7mh8hA1M3b1sLY_WcM/ ？ source=tuwen_detail.

［56］赵阳. 我国农业智慧灌溉装备与技术发展趋势分析［J］. 产业科技创新，2019，1（6）：17-18.

［57］赵春江. 智慧农业发展现状及战略目标研究［J］. 农业工程技术，2019，39（6）：14-17.

［58］汝刚，刘慧，沈桂龙. 用人工智能改造中国农业：理论阐释与制度创新［J］. 经济学家，2020（4）：110-118.

［59］谢杨春. 传感器在农业上的应用［J］. 工程技术（文摘版），2016（8）：266-267.

［60］何道清，张禾. 传感器与传感器技术［M］. 北京：科学出版社，2014.

［61］孙红，李松，李民赞，等. 农业信息成像感知与深度学习应用研究进展［J］. 农业机械学报，2020，51（5）：1-17.

［62］丁春涛，曹建农，杨磊，等. 边缘计算综述：应用、现状及挑战［J］.

中兴通讯技术，2019（3）：2-7.

［63］清华大学. 人工智能芯片技术白皮书：2018［R/OL］.（2018-12-18）［2020-09-15］https://wenku.baidu.com/view/203678bc0d22590102020740bele650e52eacfe7.html.

［64］张少军，无线传感器网络技术及应用［M］. 北京：中国电力出版社，2010.

［65］极飞科技. 极飞亮相世界无人机大会：创始人彭斌讲述农业无人机的未来［EB/OL］.（2019-08-13）［2020-9-15］. http://www.zhigukercom/index/article/detail？id=26267.

［66］BAC C W，HEMMING J，VAN TUIJl B A J，et al.Performance Evaluation of a Harvesting Robot for Sweet Pepper［J］. Journal of Field Robotics，2017，34（6）：1123-1139.

［67］百度百科. 专家系统［EB/OL］.（2019-07-17）［2020-9-21］. https://baike.baiducom/item/%E4%B8%93%E5%AE%B6%E7%B3%BB%E7%BB%9F/267819？fr=aladdin.

［68］蒋秉川，万刚，许剑，等. 多源异构数据的大规模地理知识图谱构建［J］. 测绘学报，2018（8）：1051-1061.

［69］邱邱. 问答系统［EB/OL］.（2019-10-09）［2020-09-21］. http://blog.sina.com.cn/s/blog_627ed2e40100fxhi.html.

［70］吴茜. 基于知识图谱的农业智能问答系统设计与实现［D］. 厦门：厦门大学，2019.

［71］高灵旺，陈继光，于新文，等. 农业病虫害预测预报专家系统平台的开发［J］. 农业工程学报，2006，22（10）：154-158.

［72］杨立新. 智慧农业驱动湖北农业现代化创新发展［J］. 决策与信息，2020（8）：12-13.

［73］朱登胜，方慧，胡韶明，等. 农机远程智能管理平台研发及其应用［J］. 智慧农业（中英文），2020，2（2）：67-81.

［74］赵弢. 戎美瑞：河北加大农机化投入，形成可推广可复制的技术路线［J］. 农业机械，2020（7）：68.

［75］冉小琴. 中国田间日：雷沃农业装备全程智慧解决方案尽显科技范［J］. 农业机械，2020（7）：72-73.

［76］于万鹏. 计算机视觉技术在拖拉机行进控制上的应用［J］. 农机化研究，2019，41（12）：208-211.

［77］周岩，王雪瑞. 基于 WSN 的智能农机自动导航控制系统研究［J］. 计算机测量与控制，2015，23（9）：3038-3041.

［78］宋春月. 无人驾驶拖拉机控制系统设计研究［D］. 上海：上海工程技术大学，2015.

［79］谭智心，周振. 农业补贴制度的历史轨迹与农民种粮积极性的关联度［J］. 改革，2014（1）：94-102.

［80］何志文，吴峰，张会娟，等. 我国精准农业概况及发展对策［J］. 中国农机化学报，2009（6）：23-26.

［81］董力伟. 我国精准农业的发展现状［J］. 数字通信世界，2014（2）：52-54.

［82］吴建伟. 中国农业物联网发展模式研究［J］. 中国农业科技导报，2017，19（7）：10-16.

［83］孙忠富，杜克明，郑飞翔，等. 大数据在智慧农业中研究与应用展望［J］. 中国农业科技导报，2013，15（6）：63-71.

［84］Pierce F J，Nowak P. Aspects of Precision Agriculture［J］. Advances in Agronomy，1999，67（1）：1-85.

［85］刘林森. 高科技-美国农业生产高效益的源泉［J］. 中国科技资源导刊，1995（10）：29-30.

［86］王培，孟志军，尹彦鑫. 基于农机空间运行轨迹的作业状态自动识别试验［J］. 农业工程学报，2015，31（3）：56-61.

［87］乔晓军，张馨，王成. 无线传感器网络在农业中的应用［J］. 农业工

程学报，2005，21（2）：232-234.
[88] 罗锡文，廖娟，邹湘军. 信息技术提升农业机械化水平［J］. 农业工程学报，2016，32（20）：1-14.
[89] 江永红，宇振荣，马永良. 秸秆还田对农田生态系统及作物生长的影响［J］. 土壤通报，2001，32（5）：209-213.
[90] 董玉玲. 浅谈植保无人机推广中存在的问题及对策［J］. 新疆农垦科技，2016，39（7）：27-28.
[91] 刘科，马根众. 山东省农用植保无人机应用现状及建议［J］. 山东农机化，2017（三）：26-27.
[92] 胡善君. 浅谈计算机在植保无人机系统中的应用［J］. 科技创新与应用，2017（13）：49.
[93] 白广存. 计算机在农业生物环境测控与管理中的应用［M］. 北京：清华大学出版社，1998.
[94] 温祥珍. 图说绿叶蔬菜的工厂化生产新技术［M］. 北京：科学出版社，1998.
[95] 余纪柱. 上海地区发展大型连栋蔬菜温室存在的问题及对策［M］. 北京：北京出版社，2000.
[96] 温祥珍. 从国外设施园艺状况看中国设施园艺的发展［J］. 中国蔬菜，1999（4）：1-5.
[97] 王振龙. 无土栽培［M］. 北京：中国农业大学出版社，2008.
[98] 汪懋华，赵春江，李民赞，等. 数字农业［M］. 北京：电子工业出版社，2012.
[99] 李道亮. 农业物联网导论［M］. 北京：科学出版社，2012.
[100] 何勇，聂鹏程，刘飞. 农业物联网技术及其应用［M］. 北京：科学出版社，2016.
[101] 孙智慧，陆声链，郭新宇，等. 基于点云数据的植物叶片曲面重构方法［J］. 农业工程学报，2012，28（3）：184-190.

[102] 束胜，康云艳，王玉，等. 世界设施园艺发展概况、特点及趋势分析[J]. 中国蔬菜，2018（7）：1-13.

[103] 周萍，陈杰，戴丹丽，等. 不同天气条件下连栋温室内光照分布规律研究[J]. 农机化研究，2007（6），123-125.

[104] 李式军，郭世荣. 设施园艺学[M]. 北京：中国农业出版社，2002.

[105] 邹志荣，邵孝侯. 设施农业环境工程学[M]. 北京：中国农业出版社，2008.

[106] 张福墁. 设施园艺学[M]. 北京：中国农业出版社，2001.

[107] 周长吉，曹干. 蔬菜工厂化穴盘育苗技术[J]. 农村实用工程技术，1998（2）：3-5.

[108] 周兴宇. 茄科自动嫁接机的设计与研究[D]. 哈尔滨：东北农业大学，2010.

[109] 赵颖，孙群，张铁中. 营养钵茄苗嫁接机器人机械系统设计与实验[J]. 农业机械学报，2007，38（9）：94-97.

[110] 姜凯，郑文刚，张骞. 蔬菜嫁接机器人研制与试验[J]. 农业工程学报，2012，28（4）：8-14.

[111] 齐飞，李恺，李邵，等. 世界设施园艺智能化装备发展对中国的启示研究[J]. 农业工程学报，2019，35（2）：183-195.

[112] 林欢，许林云. 中国农业机器人发展及应用现状[J]. 浙江农业学报，2015，27（5）：865-871.

[113] 王儒敬，孙丙宇. 农业机器人的发展现状及展望[J]. 中国科学院院刊，2015，30（6）：803-809.

[114] 刘凡，杨光友，杨康. 农业采摘机器人柔性机械手研究[J]. 中国农机化学报，2019，40（3）：173-178.

[115] 纪超，冯青春，袁挺，等. 温室黄瓜采摘机器人系统研制及性能分析[J]. 机器人，2011，33（6）：726-730.

[116] 张飞飞，孙旭，薛良勇，等. 融合简单线性迭代聚类的高光谱混合像

元　分解策略［J］. 农业工程学报，2015，31（17）：199-206.

［117］高旭东，韩喜春，张正苏，等. 智能果蔬分拣机器人系统设计［J］. 交通科技与经济，2016，12（6）：61-64.

［118］李道亮，刘畅. 人工智能在水产养殖中研究应用分析与未来展望［J］. 智慧农业（中英文），2020，2（3）：1-20.

［119］董清，贾恺. 一种基于物联网的鱼塘水质监控系统设计［J］. 数字通信世界，2020（6）：87，89.

［120］刘雨青，陈泽华，曹守启. 基于物联网的水质传感器监控及自清洗装置设计［J］. 渔业现代化，2019，46（4）：42-48.

［121］刘国泰. 单柱半潜式深海渔场环境监测系统方案研究［J］. 海峡科学，2019（10）：54-56.

［122］施珮，袁永明，张红燕，等. 基于无线传感器网络的水产养殖水质监测系统［J］. 安徽农业科学，2021，49（5）：207-210.

［123］刘雨青，李志浩，曹守启，等. 基于模糊控制的水产养殖环境智能监控系统设计［J］. 渔业现代化，2020，47（2）：25-32.

［124］杨英，任选. 基于 LoRa 的水产养殖水质监控系统设计［J］. 水产学杂志，2020，33（1）：73-79.

［125］陈丽，夏兴隆，卜树坡，等. 基于 LoRa 的低功耗水产养殖监测系统设计［J］. 江苏农业科学，2021，49（3）：176-182.

［126］张琴，戴阳，杨胜龙，等. 基于 LoRa 的低功耗水产养殖水质监测系统设计［J］. 传感器与微系统，2019，38（11）：96-99.

［127］刘传领，陈明，池涛. 基于 LoRa 无线通信的水产养殖监测系统设计及应用［J］. 华南农业大学学报，2020，41（6）：154-160.

［128］刘晓娟，沙宗尧，李大鹏，等. 基于生物能量学模型的尖吻鲈精准投喂管理辅助决策系统构建［J］. 水生生物学报，2021，45（2）：237-249.

［129］刘星桥，蔡研. 基于物联网的生猪精细饲喂系统设计［J］. 农村经济与科技，2018，29（8）：43-45.

［130］沙春燕. 基于改进 EMD 技术的生猪精细养殖系统设计［D］. 镇江：江苏大学，2014.
［131］史利军，刘梅英，张楠，等. 群养母猪智能化精准饲喂装置的设计与试验［J］. 华中农业大学学报，2019，38（2）：131-136.
［132］张亮. 基于专家系统的智能化母猪饲喂系统设计与实现［D］. 衡阳：南华大学，2015.
［133］张锋，尹纪元. 全国水生动物疾病远程辅助诊断服务网在水产病害防控中的应用［J］. 中国水产，2019（2）：21-23.
［134］梁艳，余卫忠，蔡晨旭，等. 全国水生动物疾病远程辅助诊断服务网的构建及示范应用［J］. 中国科技成果，2020，21（10）：31-32.
［135］高清. 水产养殖监管系统的设计与实现［D］. 苏州：苏州大学，2016.
［136］阎笑彤，徐翔，郭显久，等. 基于 WEB 的水产养殖病害诊断专家系统［J］. 大连海洋大学学报，2016，31（2）：225-230.
［137］王海，李莉婕，王红，等. 鹌鹑养殖管理专家系统的开发［J］. 农技服务，2016，33（11）：121-122.
［138］孙长青，黎瑞君，李莉婕，等. 贵州山羊养殖专家系统的开发［J］. 农技服务，2014（11）：135-136.
［139］张伟杰，林森馨，王秀徽，等. 基于 PAID 的养鸽专家系统的应用研发［J］. 农业网络信息，2008（11）：9-12.
［140］张红燕，袁永明，贺艳辉，等. 水产养殖专家系统的设计与实现［J］. 中国农学通报，2011，27（1）：436-440.
［141］李军，黄良敏. 水产专家系统的应用及发展［J］. 农业网络信息，2008（11）：64-66，77.
［142］曹晶，谢骏，王海英，等. 基于 BP 神经网络的水产健康养殖专家系统设计与实现［J］. 湘潭大学自然科学学报，2010，32（1）：117-121.
［143］张彦军，牛曼丽，刘利永，等. 中国无人农场的产生与发展初探［J］. 农业工程技术，2020，40（21）：27-28.

［144］陈皓颖. 人工智能在农业领域中的应用［J］. 灌溉排水学报，2023，42（7）：146.

［145］李道亮，李震. 无人农场系统分析与发展展望［J］. 农业机械学报，2020，51（7）：1-12.

［146］李道亮. 提前布局无人农场加速推进现代农业［J］. 山东农机化，2020（2）：11-12.

［147］兰玉彬，王天伟，陈盛德，等. 农业人工智能技术：现代农业科技的翅膀［J］. 华南农业大学学报，2020，41（6）：1-13.

［148］周培诚. 3S 技术在精准农业中的应用研究［J］. 中华建设，2021（4）：138-139.

［149］王兆兰. 3S 技术在农业方面的应用探讨［J］. 南方农业，2019，13（20）：184-185.

［150］郭锈. 浅析 3S 技术在精准农业中的应用及发展前景［J］. 农业与技术，2020，40（18）：41-43.

［151］侯方安，姚春生. 无人化农业在我国的兴起与发展潜力［J］. 农机科技推广，2020（11）：40-42，44.

［152］如克亚木・木沙江. 无人农用机械的应用前景和发展趋势分析［J］. 南方农机，2021，52（2）：25-26.

［153］苏瑞东. 无人机在现代农业中的应用综述［J］. 江苏农业科学，2019，47（21）：75-79.

［154］张思峰. 无人机技术在现代农业中的应用［J］. 农业工程技术，2020，40（36）：51-52.

［155］赵春霞. 无人机技术在现代农业工程中的应用分析［J］. 南方农机，2020，51（24）：49-50.

［156］曹亮. 基于无人机遥感监测的施肥控制技术探究［J］. 时代农机，2019，46（7）：3-4.

[157] 曹永华. 农业决策支持系统研究综述[J]. 中国农业气象，1997（4）：48-52.

[158] 李梅. 云计算技术在现代农业信息化建设中的应用[J]. 电子技术与软件工程，2020（13）：168-169.

[159] 王文生，郭雷风. 农业大数据及其应用展望[J]. 农民科技培训，2016（12）：43-46.

[160] 陈颖博. 大数据在智慧农业中的应用研究[J]. 湖北农业科学，2020，59（1）：17-22.